科学のことばとしての数学

統計学のための数学入門30講

永田 靖 著

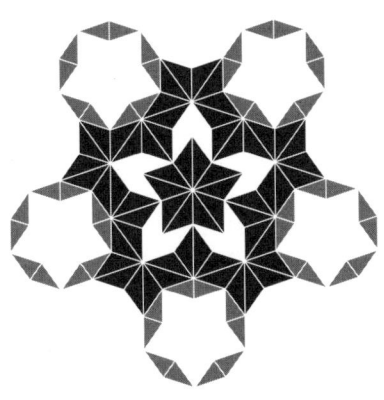

朝倉書店

まえがき

　本書は，タイトルのとおり，統計学を理論的に勉強しようとする方々のための数学の入門書である．特に，微積分と線形代数を中心に解説する．

　本書では，「高校3年生までの数学を理解した(しかし，いまは忘れているところがある)」「大学1年生・2年生で微積分や線形代数の単位を取得した(しかし，必ずしも十分理解したわけではない)」という方々を想定している．言い換えると，高校数学の内容なら少しやれば思い出すことができて，大学初年次の微積分や線形代数の教科書の1冊や2冊は手元にもっておられる方々である．

　統計学に限らず，多くの分野では，大学初年次に学ぶ微積分と線形代数を理解することは大切である．しかし，向上心が特に高いか忍耐強い学生でない限りは，これらは単位取得のためだけの科目になり，必要最小限の勉強や試験対策のノウハウだけで切り抜けてしまうことが多いように見受けられる．そして，高学年になって専門分野の勉強に取り組み始めたとき，高校時代よりも数学力が退化していることを実感する学生が多いように思う．こういったことに気づいた研究室の指導教員は，基礎的な数学の勉強を学生に勧めるが，適切な参考書は少ない．大学初年次に購入した教科書を最初からやり直している時間もなかなかない．

　このような反省に立って，目的意識をもって微積分や線形代数を学ぶために，それぞれの専門分野の内容を念頭においた数学テキストの刊行が近年増えてきた．微積分や線形代数の一般論の中では特殊な内容でも，専門分野の中で多用されるなら，ていねいな説明が必要だからである．本書もそのような目的をもった数学の入門書である．

　本書を執筆するときに考慮したことは，高校数学の内容を多く含めて記述することである．本書を手にされているのは，おそらく，統計学やその周辺の専門分野の勉強に際して基礎数学を固めておきたいと考えている大学高学年の学生や大学院生，そして社会人の方々であろう．そういう方々には，高校数学の重

要な部分を思い出してもらうところから始める方が効率的だと思うからである．

本書の内容と構成は次のとおりである．第1部の多くは高校数学の内容である．そして，ガンマ関数やベータ関数，そして広義積分という大学で学ぶ微積分の内容も含んでいる．第2部は線形代数を述べる．第3部は多変数関数の微積分を述べる．主に2変数関数の微積分を説明する．これらを30講に分けて解説する．

本書では，「使う数学」を手際よく説明すること，手頃な大きさの1冊にまとめることにも留意した．概念としては重要だが「使う数学」に直結しない項目は取り上げなかったものもある．また，定理や公式の証明については，煩雑な場合は概要や例で説明することにした．本書を読まれている途中で厳密な証明に興味をもたれた読者は，手元にある教科書や巻末の参考図書を参照していただきたい．本書で主要な項目の概要をつかんだ後，より深い内容に意欲的に取り組んでいただくことを期待している．

本書は統計学を勉強するための数学のテキストなので，学んだ数学が統計学の理論の中でどのように使われるのかを数多く例示するようにした．簡単な例は本文の中で述べたが，多くは「統計学ではこう使う」というコラムで解説した．ぜひ，本文とコラムをあわせて読み進めていただきたい．

本書のタイトルは，「数学30講シリーズ (全10巻)」(志賀浩二著, 朝倉書店) をヒントにした．志賀先生の著作では，"数学の風景"が優美に描写されている．本書もそのようにしたいと考えて作成したが，なかなか難しいことだった．私の力量不足をご容赦いただければと思う．

読者の皆さんが統計学のしっかりした理論を勉強するきっかけとして本書が少しでも役立つことを望んでいる．

本書の作成にあたり，稲葉太一先生 (神戸大学)，紙屋英彦先生 (岡山大学)，宮川雅巳先生 (東京工業大学) には原稿をていねいに読んでいただき，多くの有益で貴重なご意見をいただいた．また，朝倉書店の編集部の方々には企画から出版にあたりいろいろとお世話になった．心から感謝したい．

2005年2月

永田　靖

目　　次

第1部　基礎と1変数関数の微積分

第1講　基礎事項ア・ラ・カルト ……………………………………………… 2
第2講　和　と　積 ……………………………………………………………… 8
第3講　順列・組合せと2項定理・多項定理 ………………………………… 16
第4講　極　　　限 ……………………………………………………………… 22
第5講　微　　　分 ……………………………………………………………… 30
第6講　関数の極値 ……………………………………………………………… 37
第7講　関数の展開 ……………………………………………………………… 44
第8講　不 定 積 分 ……………………………………………………………… 50
第9講　定　積　分 ……………………………………………………………… 55
第10講　定積分の計算 …………………………………………………………… 62
第11講　ガンマ関数とベータ関数 ……………………………………………… 69
第12講　数 値 積 分 ……………………………………………………………… 75
第13講　広 義 積 分 ……………………………………………………………… 79

第2部　線 形 代 数

第14講　ベクトルと行列の加減 ………………………………………………… 86
第15講　ベクトルと行列の積 …………………………………………………… 91
第16講　いろいろな行列 ………………………………………………………… 98
第17講　行列の基本変形 ………………………………………………………… 106
第18講　部分ベクトル空間 ……………………………………………………… 112
第19講　行列のランク …………………………………………………………… 118
第20講　行　列　式 ……………………………………………………………… 125
第21講　射影と射影行列 ………………………………………………………… 133

第22講	固有値と固有ベクトル	139
第23講	対称行列の固有値と固有ベクトル	144
第24講	分割行列による計算	151

第3部　多変数関数の微積分

第25講	偏微分と微分	160
第26講	テイラーの公式と極値問題	166
第27講	ベクトル微分と条件付き極値問題	173
第28講	重積分	180
第29講	重積分での変数変換	187
第30講	平均ベクトルと分散共分散行列	194

参考図書 …………………………………………………… 202
問題の解答 ………………………………………………… 204
索引 ………………………………………………………… 213

───── 統計学ではこう使う ─────

1　平均・平方和・分散・偏差積和・相関係数　13
2　相関係数の範囲　14
3　最尤推定量　14
4　期待値・分散　19
5　超幾何分布　20
6　累積分布関数の右側連続性　28
7　ポアソン分布の導出　29
8　最小2乗法　43
9　ポアソン分布　49
10　漸近展開　49
11　デルタ法　53
12　確率密度関数・累積分布関数・確率　60
13　期待値・分散　65

統計学ではこう使う

- 14 確率変数の変換　67
- 15 ガンマ分布と χ^2 分布　71
- 16 ベータ分布と F 分布　72
- 17 分散の推定量と推定精度　73
- 18 累積分布関数の計算・期待値などの計算　78
- 19 期待値の存在　83
- 20 多変量データ　90
- 21 相関係数　96
- 22 分散共分散行列・相関係数行列　96
- 23 分散共分散行列と相関係数行列の関係　104
- 24 分散共分散行列と相関係数行列の非負定値性　104
- 25 マハラノビスの距離　105
- 26 フルランクとランク落ち　124
- 27 一般化分散　131
- 28 多重共線性　131
- 29 重回帰式の推定　136
- 30 主成分分析　149
- 31 変数間の線形関係　149
- 32 多変量正規分布の条件付き確率密度関数　155
- 33 2次元の累積分布関数と確率密度関数　165
- 34 最尤推定量の導出　165
- 35 単回帰分析の最小2乗法　172
- 36 重回帰分析の最小2乗法　177
- 37 主成分の導出　177
- 38 2次元分布　184
- 39 2次元分布の期待値　185
- 40 確率密度関数の変数変換　191
- 41 2つのガンマ分布からの変換　191
- 42 2変量正規分布　192
- 43 重回帰分析のモデル選択　197

第 1 部
基礎と 1 変数関数の微積分

　第 1 部では，まず，第 1 講～第 3 講で，本書でしばしば登場する基礎的事項を述べる．次に，1 変数関数の微積分を取り扱う．多くは高校数学の復習であるが，ガンマ関数・ベータ関数，広義積分など，大学初年次で学ぶ内容も含まれている．

　これらの内容は，数理統計学の基礎的な部分で用いられる．特に，確率分布に関連する事項を学ぶために必要である．

　和の記号 $\sum$ や積の記号 $\prod$ の使い方やその性質は数理統計学の理論的内容だけでなく，データ解析の教科書でも頻繁に登場する．添え字が 2 つ以上ある場合は，慣れるまで少々時間と訓練が必要かもしれない．しかし，いったん慣れてしまうと，統計学の修得がずいぶん楽になる．

　指数関数・対数関数の微積分，合成関数の微分法，部分積分と置換積分などを中心にしっかりと復習してほしい．

　ガンマ関数やベータ関数は，数理統計学のさまざまなところで登場する．いくつかの公式は便利なので，覚えておくことが望ましい．

　広義積分は，実際に定積分を求めることにより積分の存在が判明するが，実際に定積分を求めなくても，それが存在するのか・存在しないのかを判定したいことがある．このような考え方や方法は重要であるにもかかわらず，十分理解されていないことが多い．ていねいに勉強しておくべき項目である．

　微分の講の前にロピタルの定理が登場するなど，説明の順序が多少前後する場合がある．読者は微分をすでに知っていることを前提としているから，意図的にそうしている．一方，すでに知っている微積分であっても，本書の範囲まで理解を広げてほしい．

第 1 講

基礎事項ア・ラ・カルト

1.1 平方完成

次の変形を**平方完成**と呼ぶ．$a \neq 0$ とする．
$$ax^2 + bx + c = a\left(x + \frac{b}{2a}\right)^2 + c - \frac{b^2}{4a} \tag{1.1}$$
次の公式はしばしば役に立つ．$a \neq 0, b \neq 0$ とする．
$$a(x-A)^2 + b(x-B)^2 = (a+b)(x-C)^2 + \frac{ab}{a+b}(A-B)^2 \tag{1.2}$$
$$C = \frac{aA + bB}{a+b} \tag{1.3}$$
(1.2) 式は，左辺を展開して (1.1) 式のように計算すれば得ることができる．

(**例 1.1**) (1.2) 式を用いて次式を t について平方完成する．
$$\begin{aligned}
&\frac{(x-t)^2}{2v^2} + \frac{(t-m)^2}{2w^2} \\
&= \left(\frac{1}{2v^2} + \frac{1}{2w^2}\right)\left(t - \frac{\frac{x}{2v^2} + \frac{m}{2w^2}}{\frac{1}{2v^2} + \frac{1}{2w^2}}\right)^2 + \frac{\frac{1}{4v^2w^2}}{\frac{1}{2v^2} + \frac{1}{2w^2}}(x-m)^2 \\
&= \frac{v^2 + w^2}{2v^2w^2}\left(t - \frac{xw^2 + mv^2}{v^2 + w^2}\right)^2 + \frac{(x-m)^2}{2(v^2 + w^2)}
\end{aligned} \tag{1.4}$$
この計算は 2 つの正規分布の確率密度関数を掛け合わす際などに登場する．□

1.2 2 次方程式と 2 次関数

2 次方程式
$$ax^2 + bx + c = 0 \quad (a \neq 0) \tag{1.5}$$
の解の公式を導く．ただし，a, b, c は実数とする．(1.1) 式より，

$$a\left(x+\frac{b}{2a}\right)^2 = \frac{b^2-4ac}{4a} \implies x+\frac{b}{2a} = \pm\frac{\sqrt{b^2-4ac}}{2a}$$
$$\implies x = \frac{-b\pm\sqrt{b^2-4ac}}{2a} \tag{1.6}$$

が成り立つ．$D=b^2-4ac$ を**判別式**と呼ぶ．(1.6) 式は，2 次方程式 (1.5) が，$D>0$ なら 2 つの異なる実数解を，$D=0$ なら 1 つの実数解（重複解，重根）を，$D<0$ なら 2 つの異なる虚数解をもつことを表す．

次に，a,b,c を実数として **2 次関数**を考える．
$$y = ax^2+bx+c = a\left(x+\frac{b}{2a}\right)^2 + c - \frac{b^2}{4a} = a\left(x+\frac{b}{2a}\right)^2 - \frac{D}{4a} \tag{1.7}$$
$a>0$, $D<0$ ならつねに $y=ax^2+bx+c>0$ となる．$a<0$, $D<0$ ならつねに $y=ax^2+bx+c<0$ となる．

1.3 複　素　数

a と b を実数，$i=\sqrt{-1}$ ($i^2=-1$) のとき，$a+bi$ を**複素数**と呼ぶ．a を**実部**，b を**虚部**と呼ぶ．$b\neq 0$ のとき $a+bi$ を**虚数**とも呼ぶ．

$\alpha=a+bi$ に対して，$\bar{\alpha}=a-bi$ を α の**共役複素数**と呼ぶ．2 次方程式の判別式 D が負のとき，2 次方程式の解はたがいに共役な複素数となる．共役複素数の性質をあげておく．

共役複素数の性質
(1) α が実数 $\Leftrightarrow \alpha=\bar{\alpha}$
(2) $\overline{\alpha\pm\beta} = \bar{\alpha}\pm\bar{\beta}$
(3) $\overline{\alpha\beta} = \bar{\alpha}\bar{\beta}$
(4) $\overline{\left(\dfrac{\alpha}{\beta}\right)} = \dfrac{\bar{\alpha}}{\bar{\beta}}$ ($\beta\neq 0$)
(5) $\alpha\bar{\alpha} = a^2+b^2$ ($=|\alpha|^2$ と表す)

これらは，実際に左辺と右辺を計算して比較すればよい (問題 1.1)．

1.4 対　　　数

本節では，m と n は実数，a は $a > 0$，$a \neq 1$ となる実数とする．

$a^m \times a^n = a^{m+n}$, $a^m \div a^n = a^{m-n}$, $(a^m)^n = a^{mn}$ を**指数法則**と呼ぶ．特に，$a^0 = 1$, $a^{-1} = 1/a$, $a^{1/2} = \sqrt{a}$ である．

$a^m = M$ とおくと $M > 0$ となる．逆に，任意の $M > 0$ に対して $a^m = M$ を満たす m は一意に決まるので，それを $m = \log_a M$ と表す．すなわち，

$$a^m = M \iff m = \log_a M \tag{1.8}$$

である．特に，

$$10^m = M \iff m = \log_{10} M \tag{1.9}$$

$$e^m = M \iff m = \log_e M \ (= \log M = \ln M) \tag{1.10}$$

である．

(1.8) の左式において m を**指数**と呼ぶ．(1.8) の右式は指数 m を求める形にしたもので，**底**が a の M の**対数** (logarithm) と呼ぶ．底が 10 の対数を**常用対数**，$e = 2.718281828\cdots$ を底とする対数を**自然対数**と呼ぶ．また，e を**自然対数の底**と呼ぶ．数学書では自然対数の場合には (1.10) の右式のように e を省略することが多い．**本書でも省略する**．一方，工学書や関数電卓などでは，自然対数を ln と表示することが多い．n は natural の意味である．e については 4.3 節で再び述べる．

対数の基本的な性質をあげておく．

対数の基本的性質
　　$a > 0$, $a \neq 1$, $b > 0$, $b \neq 1$, $M > 0$, $N > 0$ とする．
(1)　$\log_a a = 1$
(2)　$\log_a 1 = 0$
(3)　$M = a^{\log_a M}$
(4)　$\log_a MN = \log_a M + \log_a N$
(5)　$\log_a \dfrac{M}{N} = \log_a M - \log_a N$
(6)　$\log_a M^t = t \log_a M$

(7) $\log_a M = \dfrac{\log_b M}{\log_b a}$　　（底の変換公式）

これらは，(1.8) の関係から成り立つ．(4)〜(6) を確認する（その他は問題 1.2）．$a^m = M$, $a^n = N$ とすると，$m = \log_a M$, $n = \log_a N$ である．

$$MN = a^{m+n} \Rightarrow \log_a MN = m + n = \log_a M + \log_a N \tag{1.11}$$
$$\frac{M}{N} = a^{m-n} \Rightarrow \log_a \frac{M}{N} = m - n = \log_a M - \log_a N \tag{1.12}$$
$$M^t = a^{mt} \Rightarrow \log_a M^t = mt = t \log_a M \tag{1.13}$$

□

上の対数の基本的性質は，$a = 10$ や $a = e$ など，$a > 0$ で $a \neq 1$ であれば，どのような底でも成り立つ．

1.5　指数関数と対数関数

$y = a^x$ ($a > 0, a \neq 1$) を**指数関数**と呼ぶ．

本書では，$a = e$ とした指数関数 $y = e^x$ を考えることが多い．$y = e^x$ の定義域は $-\infty < x < \infty$ で，つねに $y = e^x > 0$ である．また，$y = e^x$ は図 1.1 に示すように単調増加であり，点 $(0, 1)$ を通り，次式を満たす．

$$\lim_{x \to -\infty} e^x = 0, \quad \lim_{x \to \infty} e^x = \infty \tag{1.14}$$

e^x を $\exp(x)$ と表すこともある．exp は exponential function (指数関数) の意味である．x が複雑な式になると $\exp(x)$ と表すことが多い．

(**例 1.2**)　次の左辺と右辺は同じことを表している．

$$e^{-\lambda x} = \exp(-\lambda x) \tag{1.15}$$
$$e^{-\frac{(x-\mu)^2}{2\sigma^2}} = \exp\left\{-\frac{(x-\mu)^2}{2\sigma^2}\right\} \tag{1.16}$$

(1.15) 式と (1.16) 式は，それぞれ，指数分布と正規分布の確率密度関数の一部である．(1.15) 式の場合は左辺を用いる方が多い．(1.16) 式の場合は右辺を用いて表現する方が多い．□

$y = \log_a x$ を**対数関数**と呼ぶ．

特に，本書では，$a = e$ とした対数関数 $y = \log x$ を主に考える．「$y = \log x \Leftrightarrow e^y = x$」なので，$y = \log x$ は $y = e^x$ の逆関数である．$y = \log x$ の定義域

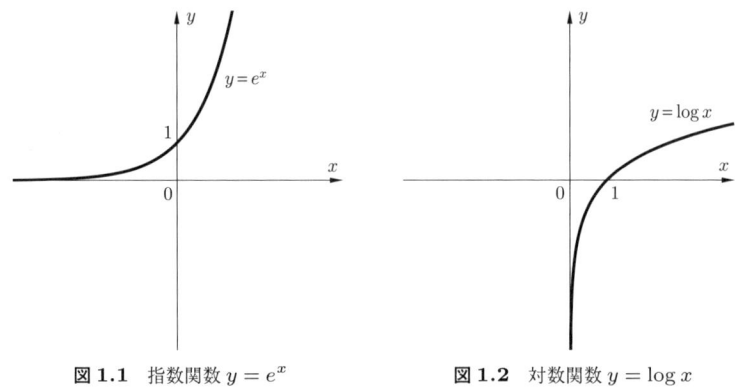

図 1.1 指数関数 $y = e^x$ 　　　図 1.2 対数関数 $y = \log x$

は $0 < x < \infty$ で，図 1.2 に示すように単調増加であり，点 $(1, 0)$ を通り，

$$\lim_{x \to 0} \log x = -\infty, \quad \lim_{x \to \infty} \log x = \infty \tag{1.17}$$

である．

1.6　集　　　合

　数やものを表す x に対して判定可能な性質 $q(x)$ を考える．この性質を満たす x の集まりを**集合**と呼び，$A = \{x : q(x)\}$ または $A = \{x | q(x)\}$ などと表す．集合 A を構成する個々の x を A の**要素**とか**元**と呼び，$x \in A$ と表す．x が A の要素でないときは $x \notin A$ と表す．

　A の要素の個数が無限のとき**無限集合**，有限のとき**有限集合**と呼ぶ．A を構成する要素が存在しないとき**空集合**と呼び，ϕ と表す．

　集合 A と B に属する要素がすべて同じとき，A と B は等しいといい，$A = B$ と表す．A のすべての要素が B の要素であるとき，A を B の**部分集合**と呼び，$A \subseteq B$ と表す．すなわち，任意に $x \in A$ を選んだとき $x \in B$ なら，$A \subseteq B$ である．$A \subseteq B$ かつ $A \supseteq B$ ならば $A = B$ である．$A = B$ を証明するときには，$A \subseteq B$ と $A \supseteq B$ を別々に示すという論法を用いることが多い．

　全体から A のすべての要素を取り除いた集合を A の**補集合** (complement) と呼び，A^c と表す．2 つの集合 A と B について，A の要素と B の要素とをあわせてできる集合を A と B の**結び**とか**和集合**と呼び，$A \cup B$ と表す．また，A

と B の共通の要素からなる集合を A と B の**交わり**とか**積集合**と呼び，$A \cap B$ と表す．さらに，集合 A から $A \cap B$ のすべての要素を取り除いた集合を A と B の**差**と呼び，$A - B$ と表す．

有限集合 A に対して A の要素の個数を $n(A)$ と表す．A と B が有限集合のとき，次式が成り立つ．

$$n(A) + n(B) = n(A \cup B) + n(A \cap B) \qquad (1.18)$$

要素が実数 (real number) とする．実数全体を R と表す．実数 a と b ($a < b$) に対して，$(a,b) = \{x : a < x < b\}$ を**開区間**と呼び，$[a,b] = \{x : a \leq x \leq b\}$ を**閉区間**と呼ぶ．また，$(a,b] = \{x : a < x \leq b\}$ と $[a,b) = \{x : a \leq x < b\}$ を**半開区間**と呼ぶ．さらに，$(a,\infty) = \{x : a < x\}$, $[a,\infty) = \{x : a \leq x\}$, $(-\infty,b) = \{x : x < b\}$, $(-\infty,b] = \{x : x \leq b\}$, $R = (-\infty,\infty)$ ($=$ すべての実数) と定義する．

境界値がすべて含まれない集合を**開集合**と呼ぶ．(a,b) や (a,∞) などは開集合である．境界値がすべて含まれる集合を閉集合と呼ぶ．$[a,b]$ や $[a,\infty)$ などは閉集合である．$(a,b]$ や $[a,b)$ は開集合でも閉集合でもない．R や ϕ は開集合であり同時に閉集合であると考える．

ある実数 M (有限の定数) に対して，R の部分集合 A が $A \subseteq [-M, M]$ のとき，A を**有界集合**と呼ぶ．

2 次元の平面全体を $R^2 = \{(x,y) : x \in R, y \in R\}$ と表す．$I = \{(x,y) : x \in [a,b], y \in [c,d]\}$ を**矩形領域**と呼び，$I = [a,b] \times [c,d]$ と表す．ある実数 M (有限の定数) に対して，R^2 の部分集合 A が $A \subseteq [-M,M] \times [-M,M]$ のとき，A を有界集合と呼ぶ．3 次元以上でも同様である．

◇ 問　　題 ◇

問題 1.1　共役複素数の性質を示せ．
問題 1.2　対数の基本的性質 (1)〜(3) および (7) を示せ．

第 2 講
和 と 積

2.1 和の記号 Σ の定義と性質

和 (sum) の記号 Σ を次のように定義する．Σ の上下に示した範囲で和をとる．

$$\sum_{i=1}^{n} x_i = x_1 + x_2 + \cdots + x_n \tag{2.1}$$

和をとる範囲が明確なら (2.1) 式を $\sum_{i} x_i$ や $\sum x_i$ と省略して表すこともある．

次の性質が成り立つ．

$$\sum_{i=1}^{n}(ax_i + b) = (ax_1 + b) + (ax_2 + b) + \cdots + (ax_n + b)$$
$$= a\sum_{i=1}^{n} x_i + nb \tag{2.2}$$

添え字の付いていない定数の場合には，$\sum_{i=1}^{n} b = nb$ である．

添え字が 2 つ以上ある場合は，「どの添え字を動かして和をとるのか」を明示する必要がある．表 2.1 の合計欄を確認してほしい．

表2.1 データ表

	1	2	$\cdots$	n	合計
1	x_{11}	x_{12}	$\cdots$	x_{1n}	$\sum_{j=1}^{n} x_{1j}$
2	x_{21}	x_{22}	$\cdots$	x_{2n}	$\sum_{j=1}^{n} x_{2j}$
$\vdots$	$\vdots$	$\vdots$		$\vdots$	$\vdots$
m	x_{m1}	x_{m2}	$\cdots$	x_{mn}	$\sum_{j=1}^{n} x_{mj}$
合計	$\sum_{i=1}^{m} x_{i1}$	$\sum_{i=1}^{m} x_{i2}$	$\cdots$	$\sum_{i=1}^{m} x_{in}$	$\sum_{i=1}^{m}\sum_{j=1}^{n} x_{ij} = \sum_{j=1}^{n}\sum_{i=1}^{m} x_{ij}$

次の性質が成り立つ.
$$\sum_{i=1}^{m}\sum_{j=1}^{n}x_iy_{ij} = \sum_{i=1}^{m}(x_iy_{i1}+x_iy_{i2}+\cdots+x_iy_{in})$$
$$= \sum_{i=1}^{m}x_i(y_{i1}+y_{i2}+\cdots+y_{in})$$
$$= \sum_{i=1}^{m}x_i\sum_{j=1}^{n}y_{ij} \tag{2.3}$$

上式の右辺の意味は $\sum_{i=1}^{m}\left(x_i\sum_{j=1}^{n}y_{ij}\right)$ であって,$\left(\sum_{i=1}^{m}x_i\right)\left(\sum_{j=1}^{n}y_{ij}\right)$ ではない.
添え字の付き方をみれば,後者はあり得ない.次式(因数分解)にも注意する.

$$\sum_{i=1}^{m}\sum_{j=1}^{n}x_iy_j = \sum_{i=1}^{m}(x_iy_1+x_iy_2+\cdots+x_iy_n)$$
$$= \sum_{i=1}^{m}x_i(y_1+y_2+\cdots+y_n)$$
$$= (y_1+y_2+\cdots+y_n)\sum_{i=1}^{m}x_i$$
$$= \sum_{j=1}^{n}y_j\sum_{i=1}^{m}x_i = \sum_{i=1}^{m}x_i\sum_{j=1}^{n}y_j \tag{2.4}$$

(2.4) 式は $\sum_{i=1}^{m}\left(x_i\sum_{j=1}^{n}y_j\right)$ または $\left(\sum_{i=1}^{m}x_i\right)\left(\sum_{j=1}^{n}y_j\right)$ と同じである.

(**例 2.1**)　$m=n=2$ の場合,(2.4) 式は次のようになる.
$$\sum_{i=1}^{2}\sum_{j=1}^{2}x_iy_j = x_1y_1+x_1y_2+x_2y_1+x_2y_2$$
$$= (x_1+x_2)(y_1+y_2) = \sum_{i=1}^{2}x_i\sum_{j=1}^{2}y_j \tag{2.5}$$

□

次のように表現することもある.
$$\sum_{\substack{i=1\\i\neq j}}^{m}\sum_{j=1}^{n}x_{ij} = (i\neq j \text{ の場合について } x_{ij} \text{ の和をとる}) \tag{2.6}$$
$$\sum_{\substack{i=1\\i<j}}^{m}\sum_{j=1}^{n}x_{ij} = (i<j \text{ の場合について } x_{ij} \text{ の和をとる}) \tag{2.7}$$

(**例 2.2**)　(2.6) 式と (2.7) 式の例をあげる.
$$\left(\sum_{i=1}^{3}a_i\right)^2 = (a_1+a_2+a_3)^2$$
$$= a_1^2+a_1a_2+a_1a_3+a_2a_1+a_2^2+a_2a_3+a_3a_1+a_3a_2+a_3^2$$

$$= \sum_{i=1}^{3} a_i^2 + \sum_{\substack{i=1 \\ i \neq j}}^{3} \sum_{j=1}^{3} a_i a_j \tag{2.8}$$

$$\left(\sum_{i=1}^{3} a_i\right)^2 = a_1^2 + a_2^2 + a_3^2 + 2a_1 a_2 + 2a_1 a_3 + 2a_2 a_3$$

$$= \sum_{i=1}^{3} a_i^2 + 2 \sum_{\substack{i=1 \\ i<j}}^{3} \sum_{j=1}^{3} a_i a_j \tag{2.9}$$

□

2.2　シュワルツの不等式

次の不等式を**シュワルツの不等式**または**コーシー・シュワルツの不等式**と呼ぶ.

シュワルツの不等式
$$\left(\sum_{i=1}^{n} a_i b_i\right)^2 \leq \left(\sum_{i=1}^{n} a_i^2\right)\left(\sum_{i=1}^{n} b_i^2\right) \tag{2.10}$$
等号は $a_i = k b_i \ (i = 1, 2, \cdots, n)$ のとき成り立つ.

この不等式は次のように証明する. $a_1 = 0, a_2 = 0, \cdots, a_n = 0$ のときは明らかに成り立つので, 少なくとも 1 つは $a_i \neq 0$ とする.

$$0 \leq \sum_{i=1}^{n} (a_i x - b_i)^2 = \sum_{i=1}^{n} \left(a_i^2 x^2 - 2 a_i b_i x + b_i^2\right)$$

$$= \left(\sum_{i=1}^{n} a_i^2\right) x^2 - 2 \left(\sum_{i=1}^{n} a_i b_i\right) x + \sum_{i=1}^{n} b_i^2 \tag{2.11}$$

$\sum a_i^2 > 0$ なので, (2.11) 式を x の 2 次関数と考えると, それがつねにゼロ以上となるので判別式が

$$D = 4\left(\sum_{i=1}^{n} a_i b_i\right)^2 - 4\left(\sum_{i=1}^{n} a_i^2\right)\left(\sum_{i=1}^{n} b_i^2\right) \leq 0 \tag{2.12}$$

とならなければならない. □

(2.10) 式を積分の形で表したシュワルツの不等式もある (証明は問題 2.1) (定積分については第 9 講で述べる).

$$\left\{\int_c^d g(x) h(x) dx\right\}^2 \leq \left[\int_c^d \{g(x)\}^2 dx\right]\left[\int_c^d \{h(x)\}^2 dx\right] \tag{2.13}$$

2.3 数 列 の 和

初項が a, 公差が d の**等差数列**を考える. **一般項** (第 k 項) a_k は

$$a_k = a + (k-1)d \tag{2.14}$$

である. この数列の第 n 項までの和は次式で与えられる.

等差数列 (初項：a, 公差：d) の第 n 項までの和

$$S_n = \sum_{k=1}^{n} a_k = \sum_{k=1}^{n} \{a + (k-1)d\} = \frac{n}{2}\{2a + (n-1)d\} \tag{2.15}$$

上式は次のように示すことができる. 番号順および逆順にそれぞれ並べる.

$$S_n = a + (a+d) + \cdots + \{a+(n-2)d\} + \{a+(n-1)d\} \tag{2.16}$$

$$S_n = \{a+(n-1)d\} + \{a+(n-2)d\} + \cdots + (a+d) + a \tag{2.17}$$

(2.16) 式と (2.17) 式を辺々加えると,

$$2S_n = \{2a+(n-1)d\} + \{2a+(n-1)d\} + \cdots + \{2a+(n-1)d\}$$

$$= n\{2a+(n-1)d\} \tag{2.18}$$

となるから, (2.15) 式を得る. □

自然数の累乗の和について次式が成り立つ.

自然数の累乗の和

$$\sum_{k=1}^{n} k = 1 + 2 + \cdots + n = \frac{n(n+1)}{2} \tag{2.19}$$

$$\sum_{k=1}^{n} k^2 = 1^2 + 2^2 + \cdots + n^2 = \frac{n(n+1)(2n+1)}{6} \tag{2.20}$$

$$\sum_{k=1}^{n} k^3 = 1^3 + 2^3 + \cdots + n^3 = \left\{\frac{n(n+1)}{2}\right\}^2 \tag{2.21}$$

$$\sum_{k=1}^{n} k^4 = 1^4 + 2^4 + \cdots + n^4 = \frac{n(n+1)(2n+1)(3n^2+3n-1)}{30} \tag{2.22}$$

(2.19) 式は, (2.15) 式で $a=1, d=1$ とすればよい.
(2.20) 式を示す. $(k+1)^3 - k^3 = 3k^2 + 3k + 1$ に $k = 1, 2, \cdots, n$ を順次代

入して得られる n 個の式を加えて，さらに (2.19) 式を用いると次のようになる．
$$(n+1)^3 - 1^3 = 3\sum_{k=1}^n k^2 + 3\sum_{k=1}^n k + n = 3\sum_{k=1}^n k^2 + \frac{3n(n+1)}{2} + n \quad (2.23)$$
これより，(2.20) 式が求まる．(2.21) 式，(2.22) 式も同様に考えればよい．□

次に，初項が a，公比が r の**等比数列**を考える．一般項 (第 k 項) a_k は
$$a_k = ar^{k-1} \quad (2.24)$$
である．この数列の $r \neq 1$ のときの第 n 項までの和は次式で与えられる．

等比数列 (初項：a，公比：$r\,(\neq 1)$) の第 n 項までの和
$$S_n = \sum_{k=1}^n a_k = \sum_{k=1}^n ar^{k-1} = \frac{a(1-r^n)}{1-r} \quad (2.25)$$

$r = 1$ なら $S_n = na$ となる．
$r \neq 1$ のとき (2.25) 式は次のように示すことができる．
$$S_n = a + ar + ar^2 + \cdots + ar^{n-1} \quad (2.26)$$
$$rS_n = \quad\;\; ar + ar^2 + \cdots + ar^{n-1} + ar^n \quad (2.27)$$
(2.26) 式から (2.27) 式を引くと
$$S_n - rS_n = a - ar^n \quad (2.28)$$
となる．これより，(2.25) 式を得る．□

初項が a，公比が r の等比数列の無限和は $|r| < 1$ のとき次のようになる．

等比数列 (初項：a，公比：$r\,(|r|<1)$) の無限和
$$\sum_{k=1}^\infty a_k = \sum_{k=1}^\infty ar^{k-1} = \frac{a}{1-r} \quad (2.29)$$

(**例 2.3**) 成功する確率が P $(0 < P < 1)$ のゲームがある．失敗する確率は $Q = 1 - P$ である．最初に成功するまでに重ねた失敗の回数を x とおく．$x = k$ となる確率は，k 回続けて失敗した後，最後に成功する場合なので
$$Pr(x = k) = PQ^k \quad (k = 0, 1, 2, \cdots) \quad (2.30)$$
である．この無限和を考えると (2.29) 式より，

$$\sum_{k=0}^{\infty} Pr(x=k) = \sum_{k=0}^{\infty} PQ^k = \frac{P}{1-Q} = \frac{P}{P} = 1 \qquad (2.31)$$

である．(2.30) 式で定義される確率分布を**幾何分布**と呼ぶ．□

2.4 積の記号 Π の定義と性質

積 (product) の記号 Π (パイと読む) を次のように定義する．

$$\prod_{i=1}^{n} x_i = x_1 x_2 \cdots x_n \qquad (2.32)$$

積をとる範囲が明確なときは，$\prod_i x_i$ や $\prod x_i$ のように略記する．

次の性質が成り立つ．

$$\prod_{i=1}^{n} a x_i = (ax_1)(ax_2) \cdots (ax_n) = a^n x_1 x_2 \cdots x_n = a^n \prod_{i=1}^{n} x_i \qquad (2.33)$$

$$\prod_{i=1}^{n} x_i^2 = x_1^2 x_2^2 \cdots x_n^2 = (x_1 x_2 \cdots x_n)(x_1 x_2 \cdots x_n) = \left(\prod_{i=1}^{n} x_i\right)^2 \qquad (2.34)$$

$$\prod_{i=1}^{n} x_i y_i = \left(\prod_{i=1}^{n} x_i\right)\left(\prod_{i=1}^{n} y_i\right) \qquad (2.35)$$

◇ 問　　題 ◇

問題 2.1　(2.13) 式を示せ．
問題 2.2　(2.29) 式を用いて，$f(x) = \dfrac{x}{1-x}$ について次の設問に答えよ．
(1) $|x| < 1$ とするとき，$f(x)$ を x のべき乗の無限和で表せ．
(2) $|1/x| < 1$ とするとき，$f(x)$ を $1/x$ のべき乗の無限和で表せ．

◆ ══ **統計学ではこう使う 1 (平均・平方和・分散・偏差積和・相関係数)** ══ ◆

n 個の計量値データ $x_1, x_2, \cdots, x_n$ から**平均**，**平方和**，**分散**を次のように求める．

$$\bar{x} = \frac{1}{n} \sum_{i=1}^{n} x_i \qquad (2.36)$$

$$S_{xx} = \sum_{i=1}^{n}(x_i - \bar{x})^2 = \sum_{i=1}^{n}\left(x_i^2 - 2\bar{x}x_i + \bar{x}^2\right) = \sum_{i=1}^{n} x_i^2 - 2\bar{x}\sum_{i=1}^{n} x_i + n\bar{x}^2$$

$$= \sum_{i=1}^{n} x_i^2 - 2n\bar{x}^2 + n\bar{x}^2 = \sum_{i=1}^{n} x_i^2 - n\bar{x}^2 = \sum_{i=1}^{n} x_i^2 - \frac{\left(\sum_{i=1}^{n} x_i\right)^2}{n} \qquad (2.37)$$

$$V_x = \frac{S_{xx}}{n-1} \qquad (2.38)$$

次の性質はさまざまな式変形でよく登場する．

$$\sum_{i=1}^{n}(x_i - \bar{x}) = \sum_{i=1}^{n} x_i - n\bar{x} = 0 \tag{2.39}$$

n 組の計量値データの対 $(x_1, y_1), (x_2, y_2), \cdots, (x_n, y_n)$ があるとき，**偏差積和**と**相関係数**を次のように計算する．S_{yy} は (2.37) 式と同様に求めた y の平方和である．

$$S_{xy} = \sum_{i=1}^{n}(x_i - \bar{x})(y_i - \bar{y}) = \sum_{i=1}^{n}(x_i y_i - x_i \bar{y} - \bar{x} y_i + \bar{x}\bar{y})$$

$$= \sum_{i=1}^{n} x_i y_i - n\bar{x}\bar{y} = \sum_{i=1}^{n} x_i y_i - \frac{\left(\sum_{i=1}^{n} x_i\right)\left(\sum_{i=1}^{n} y_i\right)}{n} \tag{2.40}$$

$$r = \frac{S_{xy}}{\sqrt{S_{xx}S_{yy}}} \tag{2.41}$$

◆──────── **統計学ではこう使う 2**（相関係数の範囲）────────◆

シュワルツの不等式を用いて標本相関係数 r が $-1 \leq r \leq 1$ となることを示す．$a_i = x_i - \bar{x}$，$b_i = y_i - \bar{y}$ とおいてシュワルツの不等式を適用すると

$$\left\{\sum_{i=1}^{n}(x_i - \bar{x})(y_i - \bar{y})\right\}^2 \leq \left\{\sum_{i=1}^{n}(x_i - \bar{x})^2\right\}\left\{\sum_{i=1}^{n}(y_i - \bar{y})^2\right\} \tag{2.42}$$

を得る．これより，

$$r^2 = \frac{\left\{\sum_{i=1}^{n}(x_i - \bar{x})(y_i - \bar{y})\right\}^2}{\left\{\sum_{i=1}^{n}(x_i - \bar{x})^2\right\}\left\{\sum_{i=1}^{n}(y_i - \bar{y})^2\right\}} = \frac{S_{xy}^2}{S_{xx}S_{yy}} \leq 1 \tag{2.43}$$

となるから，$-1 \leq r \leq 1$ である．

◆──────── **統計学ではこう使う 3**（最尤推定量）────────◆

$x_1, x_2, \cdots, x_n$ の同時確率密度関数 $f(x_1, x_2, \cdots, x_n; \theta)$ をパラメータ θ の関数とみて

$$L(\theta) = f(x_1, x_2, \cdots, x_n; \theta) \tag{2.44}$$

を**尤度関数**と呼ぶ．確率変数 $x_1, x_2, \cdots, x_n$ がたがいに独立に同一の分布に従うならば，尤度関数は x_i の確率密度関数 $f(x_i; \theta)$ の積となる．

$$L(\theta) = f(x_1, x_2, \cdots, x_n; \theta) = f(x_1, \theta) f(x_2, \theta) \cdots f(x_n, \theta) = \prod_{i=1}^{n} f(x_i, \theta) \tag{2.45}$$

尤度関数を最大にする**最尤推定量**を求めたい．尤度関数を最大にすることと，その

対数を最大にすることとは同じなので，ふつうは，**対数尤度関数**
$$\log L(\theta) = \log \prod_{i=1}^{n} f(x_i, \theta) = \sum_{i=1}^{n} \log f(x_i, \theta) \tag{2.46}$$
を求めて，これを θ について微分する．積よりも和の方が微分が楽だからである．

第 3 講

順列・組合せと2項定理・多項定理

3.1 順列と組合せ

n 個の異なるものから重複を許さずに k 個を取り出して1列に並べる．この順番を考慮した列を**順列** (permutation) と呼ぶ．順列の総数を ${}_nP_k$ と表す．これは，

$$_nP_k = n(n-1)(n-2)\cdots(n-k+2)(n-k+1) = \frac{n!}{(n-k)!} \quad (3.1)$$

と計算することができる．ここで，

$$n! = n(n-1)(n-2)\cdots 2\cdot 1 \quad (0! = 1 \text{ と定める}) \quad (3.2)$$

であり，これを n の**階乗**と呼ぶ．特に，次式が成り立つ．

$$_nP_n = n!, \quad _nP_0 = 1, \quad _nP_k = 0\,(k<0, k>n)\,(\text{と定める}) \quad (3.3)$$

(**例 3.1**) A, B, C, D, E から重複を許さずに2つの文字を取り出して並べる．1番目は5とおりの可能性がある．1番目に取り出された5とおりのそれぞれに対して2番目には4とおりの可能性があるから，順列の総数は $5 \times 4 = 20$ となる．この考え方を一般化したのが (3.1) 式である．□

n 個の異なるものから重複を許さずに k 個を取り出して1組とする．順列のときのように順番を考慮して並べることはしない．これを**組合せ** (combination) と呼ぶ．組合せの総数を ${}_nC_k$ または $\binom{n}{k}$ と表す．これは，

$$_nC_k = \binom{n}{k} = \frac{{}_nP_k}{k!} = \frac{n(n-1)(n-2)\cdots(n-k+1)}{k!} = \frac{n!}{(n-k)!k!} \quad (3.4)$$

と計算することができる．(3.3) 式に注意すると次式が成り立つ．

$$_nC_n = {}_nC_0 = 1 \quad _nC_k = 0\,(k<0, k>n) \quad (3.5)$$

また，${}_nC_k = {}_nC_{n-k}$ が成り立つ．

(3.4) 式は次のように考えればよい. n 個から重複を許さずに k 個を取り出して 1 組とする ($_nC_k$ とおり). 次に, 取り出した k 個を順番を考慮して 1 列に並べる ($_kP_k = k!$ とおり). これらの手順は, n 個から重複を許さずに k 個を取り出して順列を考える ($_nP_k$ とおり) ことと同じだから,

$$_nC_k \times k! = {_nP_k} \tag{3.6}$$

が成り立ち, (3.4) 式を得る.

(**例 3.2**) A, B, C, D, E から重複を許さずに 2 つの文字を取り出す組合せの総数は $_5C_2 = 5!/(3!2!) = 10$ である. 同様に, 重複を許さずに 3 つの文字を取り出す組合せの総数は $_5C_3 = 5!/(2!3!) = 10 (= {_5C_2})$ である. □

3.2 2 項定理と多項定理

2 項定理を述べる.

---

2 項定理

n を正の整数とするとき, 次式が成り立つ.

$$(a+b)^n = \sum_{k=0}^{n} {_nC_k} a^k b^{n-k} = \sum_{k=0}^{n} \binom{n}{k} a^k b^{n-k} \tag{3.7}$$

一般項: $_nC_k a^k b^{n-k} = \binom{n}{k} a^k b^{n-k}$ \tag{3.8}

$(a+b)^n = (a+b)(a+b)\cdots(a+b)$ の展開式において, $a^k b^{n-k}$ の項は, 1 番目の $(a+b)$, 2 番目の $(a+b)$, $\cdots$, n 番目の $(a+b)$ から k 個の $(a+b)$ を選んで a を取り出し, 残りの $n-k$ 個の $(a+b)$ から b を選ぶことで得られ, その組合せの個数は $_nC_k$ である. これより, 2 項定理の一般項を得る. □

(**例 3.3**) $0 < P < 1$ として $a = P$, $b = 1 - P$ とおくと, 2 項定理より,

$$1 = \{P + (1-P)\}^n = \sum_{k=0}^{n} {_nC_k} P^k (1-P)^{n-k} \tag{3.9}$$

となる. P を不良率とすると, $1-P$ は良品率である. n 個の製品のうち不良品の個数 x が $x = k$ となる確率 $Pr(x=k)$ は, (3.9) 式の一般項であり,

$$Pr(x=k) = {_nC_k} P^k (1-P)^{n-k} \tag{3.10}$$

と表すことができる. したがって, (3.9) 式は次のように表すことができる.

$$1 = \sum_{k=0}^{n} Pr(x=k) \tag{3.11}$$

(3.10) 式で定義される確率分布を **2 項分布** と呼ぶ. □

2 項定理を 3 項に拡張した場合を考える. n を正の整数とするとき,

$$(a+b+c)^n \text{ を展開したときの一般項}: \frac{n!}{k!l!m!}a^k b^l c^m \tag{3.12}$$
$$(k+l+m=n;\ k,l,m \geq 0)$$

となる. それは, $(a+b+c)^n = (a+b+c)(a+b+c)\cdots(a+b+c)$ の展開式において, $a^k b^l c^m$ $(k+l+m=n)$ の項は, 1番目の $(a+b+c)$, 2番目の $(a+b+c)$, $\cdots$, n 番目の $(a+b+c)$ から, まず k 個の $(a+b+c)$ を選んで a を取り出し ($_nC_k$ とおり), 残りの $n-k$ 個の $(a+b+c)$ から l 個を選んで b を取り出し ($_{n-k}C_l$ とおり), 残った $n-k-l=m$ 個の $(a+b+c)$ より c を取り出すことにより得られるので,

$$_nC_k \times {_{n-k}C_l} = \frac{n!}{(n-k)!k!}\frac{(n-k)!}{(n-k-l)!l!} = \frac{n!}{k!l!m!} \tag{3.13}$$

とおりのパターンがあるからである.

3 項を 4 項, 5 項, $\cdots\cdots$ としても同様で, 次の多項定理が成り立つ.

多項定理

n を正の整数とするとき, 次式が成り立つ.

$$(a+b+c+d+\cdots)^n \text{ の一般項}: \frac{n!}{k!l!m!r!\cdots}a^k b^l c^m d^r \cdots \tag{3.14}$$
$$(k+l+m+r+\cdots=n;\ k,l,m,r,\cdots \geq 0)$$

(**例 3.4**) ある製品を 1~4 級品に分類する. i 級品の生じる確率を P_i とおく ($0 < P_i < 1$, $i=1,2,3,4$). $P_1+P_2+P_3+P_4=1$ である. 多項定理より,

$$1 = (P_1+P_2+P_3+P_4)^n = \sum_{k}\sum_{l}\sum_{m}\sum_{r} \frac{n!}{k!l!m!r!} P_1^k P_2^l P_3^m P_4^r \tag{3.15}$$
$$\scriptstyle k+l+m+r=n \atop k,l,m,r \geq 0$$

を得る. n 個の製品のなかで 1~4 級品の個数をそれぞれ x_1, x_2, x_3, x_4 とするとき, $x_1=k, x_2=l, x_3=m, x_4=r$ となる確率は (3.15) 式の一般項である.

$$Pr(x_1=k, x_2=l, x_3=m, x_4=r) = \frac{n!}{k!l!m!r!} P_1^k P_2^l P_3^m P_4^r \tag{3.16}$$

(3.16) 式で定義される確率分布を **多項分布** (4項分布) と呼ぶ. □

3.2 2項定理と多項定理

◇ 問　題 ◇

問題 3.1　$A \sim H$ の 8 文字のカードがある．次の設問に答えよ．
(1) 3 つの文字を選んで並べるときの順列の総数を求めよ．
(2) 3 つの文字を選ぶときの組合せの総数を求めよ．
(3) 5 つの文字を選ぶときの組合せの総数を求めよ．

問題 3.2　次の設問に答えよ．
(1) ${}_6C_0 + {}_6C_1 + {}_6C_2 + {}_6C_3 + {}_6C_4 + {}_6C_5 + {}_6C_6$ の値を求めよ．
(2) ${}_6C_0 - {}_6C_1 + {}_6C_2 - {}_6C_3 + {}_6C_4 - {}_6C_5 + {}_6C_6$ の値を求めよ．

◆━━━━━━━━ **統計学ではこう使う 4 (期待値・分散)** ━━━━━━━━◆

2 項分布や幾何分布のように，離散的な値をとる確率変数 x を**離散型確率変数**と呼ぶ．$Pr(x=k)$ を**確率関数**と呼ぶ．

離散型確率変数については，**期待値**を次のように定義する．

$$E(x) = \sum k Pr(x=k) \tag{3.17}$$

ここで，$\sum$ は x のとりうる値すべてについての和である．

分散を次のように定義する．

$$V(x) = E\left[\{x - E(x)\}^2\right] \tag{3.18}$$

分散 $V(x)$ は，次のように計算することができる．

$$V(x) = \sum \{k - E(x)\}^2 Pr(x=k) = \sum \left[k^2 - 2E(x)k + \{E(x)\}^2\right] Pr(x=k)$$
$$= \sum k^2 Pr(x=k) - 2E(x) \sum k Pr(x=k) + \{E(x)\}^2 \sum Pr(x=k)$$
$$= E\left(x^2\right) - 2\{E(x)\}^2 + \{E(x)\}^2 = E\left(x^2\right) - \{E(x)\}^2 \tag{3.19}$$

分散を次のように計算することもできる．

$$V(x) = E\{x(x-1)\} + E(x) - \{E(x)\}^2 \tag{3.20}$$

2 項分布の確率関数 (3.10) 式に基づいて期待値と分散を求めよう．

$$E(x) = \sum_{k=0}^{n} k \, {}_nC_k P^k (1-P)^{n-k} = \sum_{k=0}^{n} k \frac{n!}{k!(n-k)!} P^k (1-P)^{n-k}$$
$$= \sum_{k=1}^{n} \frac{n!}{(k-1)!(n-k)!} P^k (1-P)^{n-k}$$
$$= nP \sum_{k=1}^{n} \frac{(n-1)!}{(k-1)!\{(n-1)-(k-1)\}!} P^{k-1} (1-P)^{(n-1)-(k-1)}$$
$$= nP \sum_{j=0}^{n-1} \frac{(n-1)!}{j!\{(n-1)-j\}!} P^j (1-P)^{(n-1)-j}$$
$$= nP\{P + (1-P)\}^{n-1} \quad (\text{2 項定理より})$$

$$= nP \tag{3.21}$$

ここで，$j = k - 1$ とおいた．同様に考えて，次式が成り立つ．

$$\begin{aligned}
E\{x(x-1)\} &= \sum_{k=0}^{n} k(k-1) \frac{n!}{k!(n-k)!} P^k (1-P)^{n-k} \\
&= n(n-1)P^2 \sum_{k=2}^{n} \frac{(n-2)!}{(k-2)!\{(n-2)-(k-2)\}!} P^{k-2} (1-P)^{(n-2)-(k-2)} \\
&= n(n-1)P^2 \sum_{j=0}^{n-2} \frac{(n-2)!}{j!\{(n-2)-j\}!} P^j (1-P)^{(n-2)-j} \\
&= n(n-1)P^2 \{P + (1-P)\}^{n-2} \quad (\text{2項定理より}) \\
&= n(n-1)P^2
\end{aligned} \tag{3.22}$$

$$V(x) = n(n-1)P^2 + nP - n^2 P^2 = nP(1-P) \tag{3.23}$$

◆ ─────── **統計学ではこう使う 5（超幾何分布）** ─────── ◆

ある箱の中に白玉と赤玉が全部で N 個入っている．そのうち，赤玉は M 個である．すなわち，赤玉の比率は $P = M/N$ である．この比率 P を推定するために，箱からランダムに n 個の玉を取り出し，赤玉の個数 x を観測する．x は $0, 1, 2, \cdots, \min(n, M)$ のいずれかの値をとる離散型確率変数である（$\min(n, M)$ は n と M の小さい方を表す）．

確率関数は

$$Pr(x = k) = \frac{{}_M C_k \cdot {}_{N-M} C_{n-k}}{{}_N C_n} \tag{3.24}$$

となる．分母は N 個から n 個とるときの組合せの総数である．分子は，M 個の赤玉から k 個の赤玉を選ぶ組合せの総数と $N - M$ 個の白玉から $n - k$ 個の白玉を選ぶ組合せの総数の積である．

(3.24) 式の和が 1 になることを 2 項定理を用いて示そう．

$$(a + b)^N = (a + b)^M (a + b)^{N-M} \tag{3.25}$$

の両辺に (3.7) 式を適用すると次のようになる．

$$\sum_{n=0}^{N} {}_N C_n a^n b^{N-n} = \sum_{k=0}^{M} {}_M C_k a^k b^{M-k} \sum_{j=0}^{N-M} {}_{N-M} C_j a^j b^{N-M-j} \tag{3.26}$$

両辺の $a^n b^{N-n}$ の係数を比較する．$n = k + j$ となるように右辺の係数を集めれば

$${}_N C_n = \sum_{k=0}^{n} {}_M C_k \cdot {}_{N-M} C_{n-k} \tag{3.27}$$

を得る．これより，(3.24) 式の和が 1 であることがわかる．(3.24) 式で定義される確率分布を**超幾何分布**と呼ぶ．

(3.26) 式を用いることにより，2 項分布の場合と同様にして，

3.2 2項定理と多項定理

$$E(x) = nP \tag{3.28}$$

$$E\{x(x-1)\} = \frac{n(n-1)M(M-1)}{N(N-1)} \tag{3.29}$$

$$V(x) = \frac{N-n}{N-1}nP(1-P) \tag{3.30}$$

を示すことができる.

2項分布の場合は「無限母集団からの抽出」ないしは「いったん色を調べたらその玉を箱に戻すという**復元抽出**」を前提としている. 一方, 超幾何分布の場合は「有限母集団で, かつ, 色を調べた後は箱に戻さない**非復元抽出**」を前提としている. 2項分布と超幾何分布の $E(x)$ は同じ形をしているが, 超幾何分布の分散 $V(x)$ は2項分布の分散 $V(x)$ に $(N-n)/(N-1)$ が掛かった形になっている. この係数を**有限修正係数**と呼ぶ. 有限修正係数は N を大きくすれば1に近づく.

第4講

極 限

4.1 極限の性質

無限数列 $\{a_n\}$ において，n が限りなく大きくなるとき，a_n がある有限の値 α に近づくなら，$\{a_n\}$ は α に**収束する**といい，$\lim_{n\to\infty} a_n = \alpha$ (または，単に $\lim a_n = \alpha$) と表す．α を $\{a_n\}$ の**極限値**または単に**極限**と呼ぶ．収束しないときには**発散する**という．

無限数列 $\{a_n\}$ において，ある有限の値 M があり，すべての n に対して $a_n \le M$ が成り立つとき，$\{a_n\}$ は**上に有界**といい，M を**上界**と呼ぶ．上に有界のとき，上界は無数にあるので，最小の上界を**上限**と呼び，$\sup a_n$ と表す．

無限数列 $\{a_n\}$ において，ある有限の値 m があり，すべての n に対して $a_n \ge m$ が成り立つとき，$\{a_n\}$ は**下に有界**といい，m を**下界**と呼ぶ．下に有界のとき，下界は無数にあるので，最大の下界を**下限**と呼び，$\inf a_n$ と表す．

a_n が必ずしも上限の値をとるとは限らないので，上限と最大値とは区別する．下限も最小値と区別する．

(**例 4.1**) $a_n = 1 - \frac{1}{n}$ とする．このとき，1 以上の数はすべて上界である．また，$\sup a_n = 1$ である．□

数列の極限についての基本的性質をまとめておく．

数列の極限の基本的性質

(1) から (4) では 2 つの数列 $\{a_n\}$ と $\{b_n\}$ は収束して $\lim_{n\to\infty} a_n = \alpha$，$\lim_{n\to\infty} b_n = \beta$ とする．
(1) $\lim_{n\to\infty} (ca_n + db_n) = c \lim_{n\to\infty} a_n + d \lim_{n\to\infty} b_n = c\alpha + d\beta$ (c, d は定数)
(2) $\lim_{n\to\infty} a_n b_n = \bigl(\lim_{n\to\infty} a_n\bigr)\bigl(\lim_{n\to\infty} b_n\bigr) = \alpha\beta$

(3) $\displaystyle\lim_{n\to\infty} \frac{a_n}{b_n} = \frac{\lim_{n\to\infty} a_n}{\lim_{n\to\infty} b_n} = \frac{\alpha}{\beta}$ $(b_n \neq 0, \beta \neq 0)$
(4) $a_n \leq b_n \Rightarrow \displaystyle\lim_{n\to\infty} a_n \leq \lim_{n\to\infty} b_n$
(5) $a_n \leq c_n \leq b_n$, $\displaystyle\lim_{n\to\infty} a_n = \lim_{n\to\infty} b_n = \alpha \Rightarrow \lim_{n\to\infty} c_n = \alpha$
(6) 単調増加 (減少) で上 (下) に有界な数列は収束する.

(4) に関連して, $a_n < b_n$ であっても $\lim a_n \leq \lim b_n$ であり, $\lim a_n < \lim b_n$ (等号なしの不等号) とは限らないことに注意する.

4.2 連 続 関 数

関数 $f(x)$ についても極限値を考えることができる. x $(x \neq a)$ が a に限りなく近づくとき (または, x がどんどん大きくなる $(x \to \infty)$, ないしはどんどん小さくなる $(x \to -\infty)$ とき) $f(x)$ がある値 α に近づくなら, α を極限値または極限と呼び, $\displaystyle\lim_{x\to a} f(x) = \alpha$ と表す.

一方, x が a に限りなく近づくとき (または, x がどんどん大きくなる, ないしはどんどん小さくなるとき), $f(x)$ がどんどん大きくなるなら $\displaystyle\lim_{x\to a} f(x) = \infty$ と表す (どんどん小さくなるなら $-\infty$ と表す).

関数 $f(x)$ に対して, $\displaystyle\lim_{x\to a} f(x)$ が $x = a$ の関数値 $f(a)$ に一致するとき, $f(x)$ は $x = a$ で**連続である**と呼ぶ. ある区間が与えられたとき, $f(x)$ がその区間のすべての点で連続であるとき, その区間において**連続関数**であるという.

連続関数については次の基本的性質が成り立つ.

連続関数の基本的性質

2つの関数 $f(x)$ と $g(x)$ が $x = a$ で連続とする.
(1) $cf(x) + dg(x)$ $(c, d$ は定数$)$ は $x = a$ で連続
(2) $f(x)g(x)$ は $x = a$ で連続
(3) $\dfrac{f(x)}{g(x)}$ は $x = a$ で連続 $(g(x) \neq 0)$
(4) 有界閉集合で定義された連続関数は最大値と最小値をとる.

$\displaystyle\lim_{x\to a} f(x)$ と書くとき, それは「$f(x)$ において $x < a$ の方向から a に近づけた

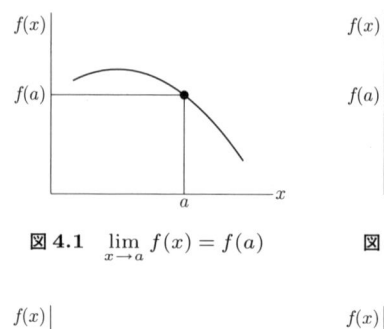
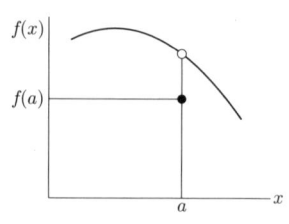

図 4.1 $\lim_{x \to a} f(x) = f(a)$　　図 4.2 $\lim_{x \to a} f(x) \neq f(a)$

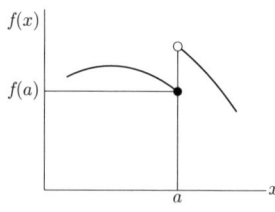
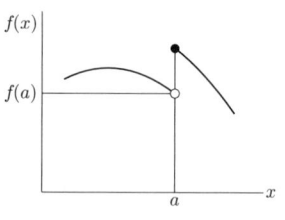

図 4.3 $\lim_{x \to a-0} f(x) = f(a)$　　図 4.4 $\lim_{x \to a+0} f(x) = f(a)$

場合と $x > a$ の方向から a に近づけた場合の両方が同じ値になる」ことを意味している．そして，$x = a$ で連続とは，その極限の値が $f(a)$ に一致するということである．すなわち，図 4.1 に示すように $x = a$ で $f(x)$ のグラフがつながっている必要がある．図 4.2 では $\lim_{x \to a} f(x)$ は存在するけれども $f(a)$ の値とは異なるので $x = a$ で連続でない．図 4.2 は，$x = a$ のときだけ $f(x)$ の値が飛び離れて黒丸の値として定義されている．また，図 4.3 や図 4.4 では $\lim_{x \to a} f(x)$ が存在せず，関数 $f(x)$ は連続ではない ($x = a$ に近づく方向により値が異なる)．

$x < a$ の方向から $x = a$ に近づいたときの $f(x)$ の値を $\lim_{x \to a-0} f(x)$ と表し，$x > a$ の方向から $x = a$ に近づいたときの $f(x)$ の値を $\lim_{x \to a+0} f(x)$ と表す．図 4.3 に示したように $\lim_{x \to a-0} f(x) = f(a)$ となるとき，$f(x)$ は $x = a$ で**左側連続**と呼ぶ．また，図 4.4 に示したように $\lim_{x \to a+0} f(x) = f(a)$ となるとき，$f(x)$ は $x = a$ で**右側連続**と呼ぶ．連続とは左側連続かつ右側連続である場合をいう．

4.3　自然対数の底 e と指数関数

自然対数の底 e は，関数 $f(x) = a^x$ の $x = 0$ の接線を考えるとき，その傾き

が 1 となる a の値として定義される. すなわち, 微分係数の定義 (後述) より,

$$\lim_{h \to 0} \frac{e^h - 1}{h} = 1 \tag{4.1}$$

を満たす数である.

上式より, h が十分 0 に近いときは

$$\frac{e^h - 1}{h} \approx 1 \Leftrightarrow e^h \approx 1 + h \Leftrightarrow e \approx (1 + h)^{1/h} \tag{4.2}$$

となる. これを精密にした公式として次式が知られている.

自然対数の底 e

$$\lim_{n \to \infty} \left(1 + \frac{1}{n}\right)^n = e \quad (e = 2.7182818 \cdots) \tag{4.3}$$

指数関数 e^x

$$\lim_{n \to \infty} \left(1 + \frac{x}{n}\right)^n = e^x \tag{4.4}$$

---

n は整数を意図して用いているが, 実数でもよい.

(4.4) 式を示す. $x = 0$ のときは明らかに成り立つので, $x \neq 0$ とする.

$$\left(1 + \frac{x}{n}\right)^n = \left\{\left(1 + \frac{x}{n}\right)^{n/x}\right\}^x = \left\{\left(1 + \frac{1}{m}\right)^m\right\}^x \tag{4.5}$$

$m = n/x$ とおいた. $f(t) = t^x$ は連続関数だから, $\lim_{t \to e} f(t) = f(e)$ が成り立つ. すなわち, $n \to \infty$ のとき, $x > 0$ なら $m \to \infty$, $x < 0$ なら $m \to -\infty$ なので,

$$\lim_{m \to \pm\infty} \left\{\left(1 + \frac{1}{m}\right)^m\right\}^x = \left\{\lim_{m \to \pm\infty} \left(1 + \frac{1}{m}\right)^m\right\}^x = e^x \tag{4.6}$$

が成り立つ. ここで, (4.2) 式の前後の検討より, (4.3) 式が $n \to -\infty$ でも成り立つことを用いた. □

4.4 ロピタルの定理

次の極限を考えよう. これはいろいろな定積分の計算で登場する.

$$\lim_{x \to \infty} xe^{-x} = \lim_{x \to \infty} \frac{x}{e^x} \tag{4.7}$$

上式は, 形式的には ∞/∞ となって極限はすぐには求まらない. しかし, ロピタルの定理を用いると容易に求めることができる. ロピタルの定理は, 次講の 5.4 節で述べるコーシーの平均値の定理に基づいて示すことができる. 本書で

は，便宜上，ここで紹介する．

ロピタルの定理

$x = a$ に十分近い x について $f(x)$ と $g(x)$ は微分可能とする．さらに，$x = a$ 以外で $g(x) \neq 0$ とする．

(1) $\lim_{x \to a} f(x) = \lim_{x \to a} g(x) = 0$ のとき次式が成り立つ．

$$\lim_{x \to a} \frac{f(x)}{g(x)} = \lim_{x \to a} \frac{f'(x)}{g'(x)} \tag{4.8}$$

(2) $\lim_{x \to a} |f(x)| = \infty,\ \lim_{x \to a} |g(x)| = \infty$ のとき次式が成り立つ．

$$\lim_{x \to a} \frac{f(x)}{g(x)} = \lim_{x \to a} \frac{f'(x)}{g'(x)} \tag{4.9}$$

(1) と (2) で a を ∞, $-\infty$ と置き換えても同様の命題が成り立つ．

微分についての詳細は次講で述べる．

(**例 4.2**) ロピタルの定理を用いて次の極限を求める．1 回微分してうまくいかない場合は，微分を繰り返せばよい．

$$\lim_{x \to \infty} \frac{x}{e^x} = \lim_{x \to \infty} \frac{1}{e^x} = 0 \tag{4.10}$$

$$\lim_{x \to \infty} \frac{x^2}{e^x} = \lim_{x \to \infty} \frac{2x}{e^x} = \lim_{x \to \infty} \frac{2}{e^x} = 0 \tag{4.11}$$

$$\lim_{x \to \infty} \frac{x^k}{e^x} = \lim_{x \to \infty} \frac{kx^{k-1}}{e^x} = \cdots = \lim_{x \to \infty} \frac{k!}{e^x} = 0 \tag{4.12}$$

$$\lim_{x \to \infty} \frac{\log x}{x^k} = \lim_{x \to \infty} \frac{1/x}{kx^{k-1}} = 0 \tag{4.13}$$

$$\lim_{x \to 0+0} x \log x = \lim_{x \to 0+0} \frac{\log x}{1/x} = \lim_{x \to 0+0} \frac{1/x}{-1/x^2} = 0 \tag{4.14}$$

なお，k は自然数である．□

4.5 無限小の比較

$\lim_{x \to a} f(x) = 0$ (a は ∞, $-\infty$ を含む) のとき，$f(x)$ を「$x \to a$ のとき**無限小**である」という．2 つの無限小の比較について，次のように定義する．

4.5 無限小の比較

2 つの無限小 $f(x)$ と $g(x)$ の比較

$\lim_{x \to a} f(x) = 0$, $\lim_{x \to a} g(x) = 0$ とする.

(1) 「$f(x)$ は $g(x)$ より**高位の無限小**」(「$f(x)$ は $g(x)$ よりも速くゼロに近づく」「$f(x)$ は $g(x)$ に対して無視できる」) とは,

$$\lim_{x \to a} \frac{f(x)}{g(x)} = 0 \tag{4.15}$$

が成り立つことである. このとき次のように表す.

$$f(x) = o(g(x)) \quad (x \to a) \tag{4.16}$$

(2) 「$f(x)$ は $g(x)$ に**同位の無限小**である」とは,

$$\lim_{x \to a} \frac{f(x)}{g(x)} = \alpha \ (\neq 0) \tag{4.17}$$

が成り立つことである.

(3) $|f(x)/g(x)|$ が a を含むある開集合で有界のとき, 次のように表す.

$$f(x) = O(g(x)) \quad (x \to a) \tag{4.18}$$

$f(x) = o(g(x))$ なら $f(x) = O(g(x))$ である.

(4.16) 式の o は小文字 (スモール・オーダーと読む) であり, (4.18) 式の O は大文字 (ラージ・オーダーと読む) である. 前後の文脈から明らかな場合には (4.16) 式や (4.18) 式のかっこ書きは省略される. さらに,

$$\lim_{x \to a} \frac{f(x)}{1} = 0 \tag{4.19}$$

すなわち, $f(x)$ が $x \to a$ のとき無限小であるとき, $f(x) = o(1)$ という記号を便宜的に用いる. o や O を**ランダウの記号**と呼ぶ.

(**例 4.3**) 例 4.2 などより, 次のようになる.

$$\lim_{x \to 0} \frac{x^2}{x} = 0 \implies x^2 = o(x) \ (x \to 0) \tag{4.20}$$

$$\lim_{x \to 0} \frac{x^2 + x^3 + x^4}{x} = 0 \implies x^2 + x^3 + x^4 = o(x) \ (x \to 0) \tag{4.21}$$

$$\lim_{x \to 0} \frac{x + x^2}{x} = 1 \implies x + x^2 = O(x) \ (x \to 0) \tag{4.22}$$

$$\lim_{x \to \infty} \frac{e^{-x}}{1/x} = \lim_{x \to \infty} \frac{x}{e^x} = 0 \implies e^{-x} = o(1/x) \ (x \to \infty) \tag{4.23}$$

$$\lim_{x\to\infty}\frac{e^{-x}}{1/x^k} = \lim_{x\to\infty}\frac{x^k}{e^x} = 0 \implies e^{-x} = o(1/x^k)\ (x\to\infty) \qquad (4.24)$$

$$\lim_{x\to 0}\frac{e^x - 1}{x} = 1 \implies e^x - 1 = O(x)\ (x\to 0) \qquad (4.25)$$

x に対して無視できる，または同位の項がたくさんある場合，それらをまとめて $o(x)$ や $O(x)$ と表すことができて便利である．□

$\lim_{x\to a} f(x) = \infty$ (a は $\infty, -\infty$ を含む) のとき，$f(x)$ を「$x\to a$ のとき**無限大である**」という．∞ を $-\infty$ に置き換えても，同様である．$\lim_{x\to a} f(x) = \infty$，$\lim_{x\to a} g(x) = \infty$ とするとき，これらの 2 つの無限大の比較は，逆数 ($1/f(x)$, $1/g(x)$) をとると無限小になるから，無限小の比較を行えばよい．

◇ 問　題 ◇

問題 4.1 次の極限を求めよ．
(1) $\displaystyle\lim_{x\to 0+0}\frac{\log(1+x)}{x}$ 　(2) $\displaystyle\lim_{x\to 0}\frac{e^x - (1+x)}{x^2}$

問題 4.2 ランダウの記号を用いて問題 4.1 のそれぞれの結果を表せ．

◆ ════ **統計学ではこう使う 6（累積分布関数の右側連続性）** ════ ◆

確率変数 x に対して，$F(w) = Pr(x \leq w)$ を**累積分布関数**と呼ぶ．いま，確率分布として $Pr(x=1) = 0.2, Pr(x=2) = 0.3, Pr(x=3) = 0.5$ を考える．この累積分布関数は次のようになる．

$$F(w) = \begin{cases} 0 & (w < 1\ \text{のとき}) \\ 0.2 & (1 \leq w < 2\ \text{のとき}) \\ 0.5 & (2 \leq w < 3\ \text{のとき}) \\ 1 & (3 \leq w\ \text{のとき}) \end{cases} \qquad (4.26)$$

これを図 4.5 に示す．この $F(w)$ は $w = 1, 2, 3$ 以外では連続であり，$x = 1, 2, 3$ では

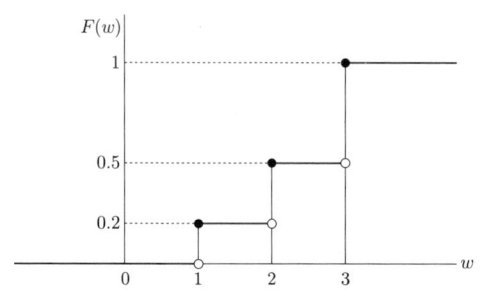

図 4.5 累積分布関数 $F(w)$ のグラフ

右側連続である.

一般に,累積分布関数は,「$\lim_{w \to -\infty} F(w) = 0, \lim_{w \to \infty} F(w) = 1$」「単調非減少 ($w_1 < w_2$ なら $F(w_1) \leq F(w_2)$)」「右側連続」の性質をもつ.

◆━━━━━━ **統計学ではこう使う 7 (ポアソン分布の導出)** ━━━━━━◆

例 3.3 の 2 項分布の確率関数 ((3.10) 式) を $nP = \lambda$ と一定にしたもとで, $n \to \infty$, $P \to 0$ としよう.

$$Pr(x=k) = {}_nC_k P^k(1-P)^{n-k} = \frac{n!}{k!(n-k)!}\left(\frac{\lambda}{n}\right)^k\left(1-\frac{\lambda}{n}\right)^{n-k}$$

$$= \frac{n(n-1)\cdots(n-k+1)}{n^k}\frac{\lambda^k}{k!}\left(1-\frac{\lambda}{n}\right)^n\left(1-\frac{\lambda}{n}\right)^{-k}$$

$$= 1\left(1-\frac{1}{n}\right)\cdots\left(1-\frac{k-1}{n}\right)\frac{\lambda^k}{k!}\left(1-\frac{\lambda}{n}\right)^n\left(1-\frac{\lambda}{n}\right)^{-k} \quad (4.27)$$

ここで, $n \to \infty$ とする. n 以外は固定された値だから,

$$\lim_{n \to \infty} 1\left(1-\frac{1}{n}\right)\cdots\left(1-\frac{k-1}{n}\right) = 1 \quad (4.28)$$

$$\lim_{n \to \infty}\left(1-\frac{\lambda}{n}\right)^n = e^{-\lambda} \quad (4.29)$$

$$\lim_{n \to \infty}\left(1-\frac{\lambda}{n}\right)^{-k} = 1 \quad (4.30)$$

となるので,

$$\lim_{n \to \infty} Pr(x=k) = \frac{\lambda^k}{k!}e^{-\lambda} \quad (4.31)$$

を得る.この右辺で定義される確率分布を**ポアソン分布**と呼ぶ.

第5講

微　　分

5.1　微分の定義

関数 $y = f(x)$ に対して，極限

$$\lim_{h \to 0} \frac{f(a+h) - f(a)}{h} \tag{5.1}$$

が存在するとき，$f(x)$ は $x = a$ で**微分可能**という．この極限を $f'(a)$ と表し，$x = a$ での**微分係数**と呼ぶ．

(5.1) 式の $\{f(a+h) - f(a)\}/h$ は平均変化率を表している．これは，$(a, f(a))$ と $(a+h, f(a+h))$ を通る直線の傾きである．図 5.1 に h が正の場合と負の場合を示した．(5.1) 式の極限が存在するためには，h が正の場合と負の場合の傾きが $h \to 0$ のときに一致する必要がある．そのとき，極限値，すなわち微分係数は $(a, f(a))$ における曲線 $f(x)$ の接線の傾きになる．

図 5.2 では，h が正の場合と負の場合の傾きが $h \to 0$ のときに一致しないので，$x = a$ では微分可能でない．グラフが尖っていると，その点では微分可能でない．微分可能な関数を「**なめらかな関数**」と呼ぶことがある．

図 5.3 では，$x = a$ で $f(x)$ が連続でなく（図 5.3 では左側連続），h が負の値で 0 に近づくときは $f(a+h) - f(a) \to 0$ となるのに対して，h が正の値で 0 に近づくときは $f(a+h) - f(a) \to A (\neq 0)$ となるので (5.1) 式の極限は存在しない．

以上より，微分可能なら連続であるが，連続であっても微分可能とは限らない．

関数 $f(x)$ がある区間のすべての点で微分可能のとき，その区間で微分可能という．(5.1) 式において，a を x で，h を Δx で置き換える．Δx は x の増分と

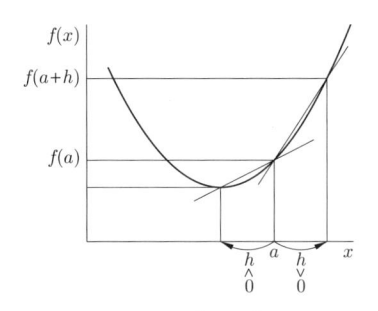

図 5.1 微分可能

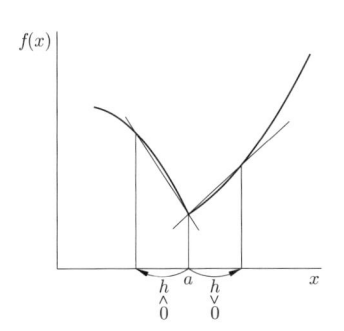

図 5.2 連続だが微分可能でない   **図 5.3** 不連続なので微分可能でない

いう意味で，それに伴う y の増分を $f(x+\Delta x)-f(x)=\Delta y$ と表す．

$$f'(x) = \lim_{\Delta x \to 0} \frac{f(x+\Delta x)-f(x)}{\Delta x} = \lim_{\Delta x \to 0} \frac{\Delta y}{\Delta x} \tag{5.2}$$

これを**導関数**と呼び，y', $\dfrac{dy}{dx}$, $\dfrac{df}{dx}(x)$ などと表すことも多い．

5.2 微分の基本的性質

微分について次の基本的性質が成り立つ．

微分の基本的性質

$f(x)$ と $g(x)$ を微分可能とし，b と c を定数とする．
(1) $(c)' = 0$
(2) $\{bf(x)+cg(x)\}' = bf'(x)+cg'(x)$
(3) $\{f(x)g(x)\}' = f'(x)g(x)+f(x)g'(x)$

(4) $\left\{\dfrac{1}{f(x)}\right\}' = -\dfrac{f'(x)}{\{f(x)\}^2}$ ($f(x) \neq 0$)

(5) $\left\{\dfrac{f(x)}{g(x)}\right\}' = \dfrac{f'(x)g(x) - f(x)g'(x)}{\{g(x)\}^2}$ ($g(x) \neq 0$)

(6) 合成関数の微分法：$y = f(z), z = g(x)$ とする.
$$\dfrac{dy}{dx} = \dfrac{dy}{dz}\dfrac{dz}{dx} = f'(z)g'(x)$$

(7) 逆関数の微分法：f は単調関数とする. $y = f^{-1}(x) \Rightarrow x = f(y)$
$$\dfrac{dy}{dx} = \dfrac{1}{dx/dy} = \dfrac{1}{f'(y)} \quad (f'(y) \neq 0)$$

基本的性質の導出の概要を示す.

(1) は，定数 c の平均変化率はつねにゼロなので成り立つ.

(2) は次式より導かれる.

$$\begin{aligned}
\{bf(x) &+ cg(x)\}' \\
&= \lim_{\Delta x \to 0} \dfrac{\{bf(x+\Delta x) + cg(x+\Delta x)\} - \{bf(x) + cg(x)\}}{\Delta x} \\
&= b \lim_{\Delta x \to 0} \dfrac{f(x+\Delta x) - f(x)}{\Delta x} + c \lim_{\Delta x \to 0} \dfrac{g(x+\Delta x) - g(x)}{\Delta x}
\end{aligned} \quad (5.3)$$

(3) は次のように考える.

$$\begin{aligned}
\{f(x)g(x)\}' &= \lim_{\Delta x \to 0} \dfrac{f(x+\Delta x)g(x+\Delta x) - f(x)g(x)}{\Delta x} \\
&= \lim_{\Delta x \to 0} \{f(x+\Delta x)g(x+\Delta x) - f(x)g(x+\Delta x) \\
&\quad + f(x)g(x+\Delta x) - f(x)g(x)\}/\Delta x \\
&= \lim_{\Delta x \to 0} g(x+\Delta x) \lim_{\Delta x \to 0} \dfrac{f(x+\Delta x) - f(x)}{\Delta x} \\
&\quad + f(x) \lim_{\Delta x \to 0} \dfrac{g(x+\Delta x) - g(x)}{\Delta x} \\
&= g(x)f'(x) + f(x)g'(x)
\end{aligned} \quad (5.4)$$

(4) は次のとおりである.

$$\begin{aligned}
\left\{\dfrac{1}{f(x)}\right\}' &= \lim_{\Delta x \to 0} \dfrac{\frac{1}{f(x+\Delta x)} - \frac{1}{f(x)}}{\Delta x} = \lim_{\Delta x \to 0} \dfrac{f(x) - f(x+\Delta x)}{f(x+\Delta x)f(x)\Delta x} \\
&= -\dfrac{1}{f(x)} \dfrac{1}{\lim_{\Delta x \to 0} f(x+\Delta x)} \lim_{\Delta x \to 0} \dfrac{f(x+\Delta x) - f(x)}{\Delta x} \\
&= -\dfrac{f'(x)}{\{f(x)\}^2}
\end{aligned} \quad (5.5)$$

(5) は，$f(x)/g(x) = f(x) \times \{1/g(x)\}$ と考えて (3) と (4) を適用する.

(6) は, $\Delta z = g(x+\Delta x) - g(x)$, $\Delta y = f(z+\Delta z) - f(z)$ とする.
$$\frac{dy}{dx} = \lim_{\Delta x \to 0} \frac{\Delta y}{\Delta x} = \lim_{\Delta z \to 0} \frac{\Delta y}{\Delta z} \lim_{\Delta x \to 0} \frac{\Delta z}{\Delta x} = f'(z)g'(x) \tag{5.6}$$
(7) は次式に基づく.
$$\frac{dy}{dx} = \lim_{\Delta x \to 0} \frac{\Delta y}{\Delta x} = \lim_{\Delta y \to 0} \frac{1}{\Delta x/\Delta y} \tag{5.7}$$
(6) を厳密に示すためには $\Delta z = 0$ となる場合も考慮する必要がある. □

5.3 基本関数の微分公式

基本関数の導関数を求める公式を列挙する.

基本関数の微分公式

$$(x^a)' = ax^{a-1} \tag{5.8}$$
$$(e^x)' = e^x \tag{5.9}$$
$$(a^x)' = a^x \log a \quad (a > 0, a \neq 1) \tag{5.10}$$
$$(\log |x|)' = \frac{1}{x} \quad (x \neq 0) \tag{5.11}$$
$$(\sin x)' = \cos x \tag{5.12}$$
$$(\cos x)' = -\sin x \tag{5.13}$$
$$(\tan x)' = \frac{1}{\cos^2 x} \quad \left(x \neq \frac{\pi}{2} + n\pi\right) \tag{5.14}$$
$$(\sin^{-1} x)' = \frac{1}{\sqrt{1-x^2}} \quad (-1 < x < 1) \tag{5.15}$$
$$(\cos^{-1} x)' = \frac{-1}{\sqrt{1-x^2}} \quad (-1 < x < 1) \tag{5.16}$$
$$(\tan^{-1} x)' = \frac{1}{1+x^2} \quad (-\infty < x < \infty) \tag{5.17}$$

(5.11) 式について注意しておく. $x > 0$ のときは $|x| = x$ だから, $(\log x)' = 1/x$ である. $x < 0$ のときは, $|x| = -x$ であり, $(\log |x|)' = \{\log(-x)\}' = -1/(-x) = 1/x$ となる. これらをまとめて (5.11) 式のように絶対値を用いて表記している. □

(**例 5.1**) 微分公式と微分の基本的性質を用いて以下の微分を行う.

$$(x^3)' = 3x^2 \tag{5.18}$$

$$\left(\frac{1}{x^2}\right)' = (x^{-2})' = -2x^{-3} = -\frac{2}{x^3} \tag{5.19}$$

$$(\sqrt{x})' = (x^{1/2})' = \frac{1}{2}x^{-1/2} = \frac{1}{2\sqrt{x}} \tag{5.20}$$

$$\left(\frac{1}{\sqrt{x}}\right)' = (x^{-1/2})' = -\frac{1}{2}x^{-3/2} = -\frac{1}{2\sqrt{x^3}} \tag{5.21}$$

$$\{(ax+b)^n\}' = an(ax+b)^{n-1} \tag{5.22}$$

$$\left(y = z^n,\ z = ax+b \Longrightarrow \frac{dy}{dz}\frac{dz}{dx} = nz^{n-1}a\right)$$

$$\{x^k(1-x)^{n-k}\}'$$
$$= kx^{k-1}(1-x)^{n-k} - (n-k)x^k(1-x)^{n-k-1} \tag{5.23}$$

$$\left(x^a e^{-bx}\right)' = ax^{a-1}e^{-bx} - bx^a e^{-bx} \tag{5.24}$$

$$\left(e^{-ax^2}\right)' = -2axe^{-ax^2}\ (= -2ax\exp(-ax^2)) \tag{5.25}$$

$$\left[\exp\left\{-\frac{(x-\mu)^2}{2\sigma^2}\right\}\right]' = -\frac{x-\mu}{\sigma^2}\exp\left\{-\frac{(x-\mu)^2}{2\sigma^2}\right\} \tag{5.26}$$

$$\{\log f(x)\}' = \frac{f'(x)}{f(x)} \tag{5.27}$$

$$\left\{\log\left(x + \sqrt{x^2+a^2}\right)\right\}' = \frac{1 + \frac{2x}{2\sqrt{x^2+a^2}}}{x + \sqrt{x^2+a^2}} = \frac{1}{\sqrt{x^2+a^2}} \tag{5.28}$$

$$(\sin^{-1}\sqrt{x+a})' = \frac{1}{2\sqrt{x+a}\sqrt{1-x-a}} \tag{5.29}$$

以上の多くは数理統計学の中でしばしば登場する．□

5.4 平均値の定理

本節ではロルの定理と平均値の定理を紹介する．

> **ロルの定理**
> $f(x)$ が閉区間 $[a,b]$ で連続で，開区間 (a,b) で微分可能とする．$f(a) = f(b)$ なら，$f'(c) = 0$ となる $c\ (a < c < b)$ が存在する．

$f(x)$ が定数ならば，(a,b) 上のすべての点で $f'(x) = 0$ である．

5.4 平均値の定理

$f(x)$ が定数でないなら，連続関数なので $[a,b]$ で最大値と最小値をとる．例えば，両端で最小値をとるなら，$[a,b]$ の中間で最大値をとる．その最大値をとる点を c とすると，$x < c$ では平均変化率は正で，$x > c$ では平均変化率は負になる．これより，$f'(c) = 0$ である．その他の場合も同様に考えればよい．□

平均値の定理

$f(x)$ が閉区間 $[a,b]$ で連続で，開区間 (a,b) で微分可能とする．次式を満たす c $(a < c < b)$ が存在する．
$$\frac{f(b) - f(a)}{b - a} = f'(c) \tag{5.30}$$

平均値の定理を示すために
$$h(x) = f(x) - f(a) - \frac{f(b) - f(a)}{b - a}(x - a) \tag{5.31}$$
とおく．$h(a) = h(b) = 0$ となり $h(x)$ はロルの定理の仮定を満たすから，
$$0 = h'(c) = f'(c) - \frac{f(b) - f(a)}{b - a} \tag{5.32}$$
となる c $(a < c < b)$ が存在する．これより，(5.30) 式が成り立つ．□

(5.30) 式で，$b = x$ とおいて次のように書き直す．
$$f(x) = f(a) + f'(c(x))(x - a) \tag{5.33}$$
ただし，$c(x)$ は a と x の間の数である．これは，第 7 講で示すテイラーの公式の特別な場合である．

コーシーの平均値の定理

$f(x)$ と $g(x)$ は閉区間 $[a,b]$ で連続，開区間 (a,b) で微分可能，$[a,b]$ で $g'(x) \neq 0$ とする．次式を満たす c $(a < c < b)$ が存在する．
$$\frac{f(b) - f(a)}{g(b) - g(a)} = \frac{f'(c)}{g'(c)} \tag{5.34}$$

(5.34) 式の左辺を k とおき，
$$h(x) = f(x) - f(a) - k\{g(x) - g(a)\} \tag{5.35}$$
とする．$h(a) = h(b) = 0$ となるので，ロルの定理より，$h'(c) = f'(c) - kg'(c) =$

0 となる c $(a<c<b)$ が存在する．これは (5.34) 式を意味する．□

4.4 節で述べたロピタルの定理は，コーシーの平均値の定理を用いて示すことができる (問題 5.2)．

5.5 高次の微分

関数 $y=f(x)$ の導関数 $f'(x)$ をさらに x で微分したものを **2 次導関数**と呼び，$f''(x), y'', \dfrac{d^2y}{dx^2}, \dfrac{d^2f}{dx^2}(x)$ などと表す．

n 回微分できるなら，$f^{(n)}(x), y^{(n)}, \dfrac{d^ny}{dx^n}, \dfrac{d^nf}{dx^n}(x)$ などと表し，**n 次導関数**と呼ぶ．2 次以上の導関数を**高次導関数**とか**高階導関数**と呼ぶ．分母と分子の n 乗の位置について，次式より理解しておく必要がある．

$$\frac{d}{dx}\left(\frac{dy}{dx}\right) = \frac{d^2y}{(dx)^2} = \frac{d^2y}{dx^2} \quad ((dx)^2 = dx^2 \text{ にも注意}) \tag{5.36}$$

(**例 5.2**)　高次導関数の例を示す．

$$(x^n)'' = n(n-1)x^{n-2} \tag{5.37}$$

$$(x^n)^{(n)} = n! \tag{5.38}$$

$$(e^x)^{(n)} = e^x \tag{5.39}$$

$$\{\log f(x)\}'' = \left\{\frac{f'(x)}{f(x)}\right\}' = \frac{f''(x)f(x) - \{f'(x)\}^2}{\{f(x)\}^2} \tag{5.40}$$

□

◇　問　　題　◇

問題 5.1　次の関数を微分せよ．
(1)　$f(x) = xe^{-ax^2}$
(2)　$f(x) = x^x$ $(x>0)$ (両辺の対数をとってから微分する)

問題 5.2　(4.8) 式 (ロピタルの定理) を示せ．

第6講

関数の極値

6.1 関数の増減と極値

$x = a$ での微分係数は $x = a$ における接線の傾きである．これより，微分可能な関数 $y = f(x)$ の増減について次のことが成り立つ．

> **関数の増減の判定方法**
> (1) ある区間 I でつねに $f'(x) > 0$ なら，I で $f(x)$ は単調増加する．
> (2) ある区間 I でつねに $f'(x) < 0$ なら，I で $f(x)$ は単調減少する．
> (3) ある区間 I でつねに $f'(x) = 0$ なら，I で $f(x)$ は定数である．

関数 $y = f(x)$ の値が，$x = a$ で増加から減少に変わるとき $x = a$ で**極大**になるといい，$f(a)$ を**極大値**と呼ぶ．関数 $y = f(x)$ の値が，$x = a$ で減少から増加に変わるとき $x = a$ で**極小**になるといい，$f(a)$ を**極小値**と呼ぶ．

> **関数の極値の判定方法 1**
> 関数 $y = f(x)$ について $f'(x) = 0$ の実数解を $x = a$ とする．
> (1) $x = a$ の前後で $f'(x)$ が正から負に変われば，$x = a$ で極大になる．
> (2) $x = a$ の前後で $f'(x)$ が負から正に変われば，$x = a$ で極小になる．

2 次導関数の符号を調べることにより極値を判断することもできる．$f''(x)$ が連続関数のとき，$f''(a) < 0$ なら，$x = a$ を含む小さな区間で $f''(x) < 0$ になる．ここでは，この連続性を仮定する．$f'(a) = 0$ となる $x = a$ を含む区間において $f''(x) < 0$ なら，$f'(x)$ がその区間で単調減少する．したがって，$f'(x)$ が $x = a$ で正から負に変わる．$f''(x) > 0$ の場合も同様に考えることができる．

> **関数の極値の判定方法 2**
> 関数 $y = f(x)$ について $f'(x) = 0$ の1つの実数解を $x = a$ とする.
> (1) $f''(a) < 0$ なら $x = a$ で極大になる.
> (2) $f''(a) > 0$ なら $x = a$ で極小になる.

極大値が最大値とは限らない.極大値は複数ありうるし,考えている範囲の端点 ($\pm\infty$ の場合も含む) で最大値になることもある.しかし,少なくとも極大値は最大値の候補の1つになる.極小値と最小値との関係も同様である.

(**例 6.1**) 2項分布の確率関数 (例 3.3 の (3.10) 式) を P の関数として考える.
$$f(P) = {}_nC_k P^k (1-P)^{n-k} \tag{6.1}$$
$k = 0$ なら $P = 0$ が,$k = n$ なら $P = 1$ が,それぞれ $f(P)$ の最大値を与える.$k \neq 0, n$ とし,微分してゼロとおく.
$$\begin{aligned} f'(P) &= {}_nC_k k P^{k-1}(1-P)^{n-k} - {}_nC_k(n-k)P^k(1-P)^{n-k-1} \\ &= {}_nC_k P^{k-1}(1-P)^{n-k-1}\{k(1-P) - (n-k)P\} \\ &= {}_nC_k P^{k-1}(1-P)^{n-k-1} n\left(\frac{k}{n} - P\right) = 0 \end{aligned} \tag{6.2}$$
この解は,$P = 0$ ($k \geq 2$ のとき),k/n,$P = 1$ ($k \leq n-2$ のとき) であり,$P = 0, 1$ のときは最小値 $f(P) = 0$ をとる.$P < k/n$ では $f'(P) > 0$,$P > k/n$ では $f'(P) < 0$ となるから,$P = k/n$ で $f(P)$ は極大であり,最大にもなる.

確率関数を最大とするパラメータの値を**最尤推定量**と呼ぶ.2項分布の P の最尤推定量は k/n である.□

$y = f(x)$ を微分しにくいとき,単調増加な関数 $h(x)$ を用いて $h\{f(x)\}$ と変換することにより微分の計算が楽になることがある.どちらで求めても,極値を与える x の値は同じになる.合成関数の微分法より $[h\{f(x)\}]' = h'\{f(x)\}f'(x)$ となり,単調増加なので $h'\{f(x)\} > 0$ だから,「$f'(x) = 0 \Leftrightarrow [h\{f(x)\}]' = 0$」であり,「$f'(x)$ の符号と $[h\{f(x)\}]'$ の符号は同じ」だからである.統計学では,単調増加関数 $h(x)$ として対数関数 $\log x$ を用いることが多い.

(**例 6.2**) (6.1) 式を対数変換する.$P \neq 0, 1$ とする.
$$L(P) = \log f(P) = \log {}_nC_k + k \log P + (n-k)\log(1-P) \tag{6.3}$$
微分してゼロとおくと

となる．この解は $P = k/n$ であり，$L'(P)$ の符号を考慮することにより，この点で $L(P)$ が最大値をとることがわかる．

$L(P)$ を 2 回微分すると次のようになる．

$$L''(P) = -\frac{k}{P^2} - \frac{n-k}{(1-P)^2} = \frac{-k + 2kP - nP^2}{P^2(1-P)^2} \quad (6.5)$$

これより，$k \neq 0, n$ に対して

$$L''\left(\frac{k}{n}\right) = \frac{-n}{\frac{k}{n}\left(1-\frac{k}{n}\right)} < 0 \quad (6.6)$$

となる．□

6.2 関数の凹凸

関数 $y = f(x)$ が表す曲線を考える．図 6.1 に示すように，ある区間 I において任意の 2 点 P と Q を結ぶ線分が曲線 PQ よりも（両端を除いて）上にあれば，その関数（曲線）は**下に凸**（**上に凹**）という．また，図 6.2 に示すように，ある区間 I において任意の 2 点 P と Q を結ぶ線分が曲線 PQ よりも下にあれば，その関数（曲線）は**上に凸**（**下に凹**）という．下に凸と上に凸が入れ替わる点を**変曲点**と呼ぶ．

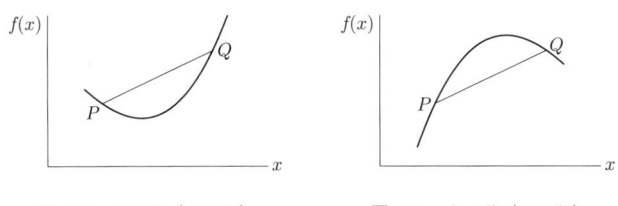

図 6.1 下に凸（上に凹） **図 6.2** 上に凸（下に凹）

関数 $y = f(x)$ が下に凸か上に凸かに関して次のような判定方法がある．

下に凸か上に凸かの判定方法

(1) ある区間 I で $f''(x) > 0$ なら I で $f(x)$ は下に凸である．

> (2) ある区間 I で $f''(x) < 0$ なら I で $f(x)$ は上に凸である.
> (3) $f''(a) = 0$ で, $x = a$ の前後で $f''(x)$ の符号が変わるなら, $x = a$ は変曲点である.

$f''(x) > 0$ は $f'(x)$ が単調増加であることを意味している. $f'(x)$ は接線の傾きだから, $f''(x) > 0$ なら, 図 6.3 に示したように接線の傾きが曲線にそってだんだん大きくなっていくことを意味している. また, 図 6.3 より, 曲線が下に凸の区間では, 曲線は接線の上側にあることがわかる. 同様に, 図 6.4 より, 曲線が上に凸の区間では, 曲線は接線の下側にあることがわかる.

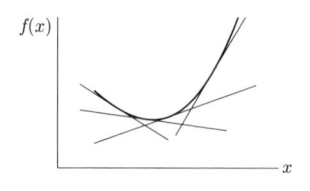

図 6.3 下に凸のときの接線　　**図 6.4** 上に凸のときの接線

(**例 6.3**) 次式は正規分布 $N(\mu, \sigma^2)$ の**確率密度関数**である.

$$f(x) = \frac{1}{\sqrt{2\pi}\sigma} \exp\left\{-\frac{(x-\mu)^2}{2\sigma^2}\right\} \tag{6.7}$$

この関数は $x = \mu$ で左右対称で, つねに正の値をとることに注意する.

この関数の増減と凹凸を調べる. 微分すると次式となる.

$$f'(x) = -\frac{1}{\sqrt{2\pi}\sigma}\left(\frac{x-\mu}{\sigma^2}\right) \exp\left\{-\frac{(x-\mu)^2}{2\sigma^2}\right\} = 0 \tag{6.8}$$

この解は $x = \mu$ である. $x < \mu$ で $f'(x) > 0$ となるから単調増加, $x > \mu$ で $f'(x) < 0$ となるから単調減少なので, $x = \mu$ で最大値をとる. さらに微分する.

$$\begin{aligned}
f''(x) &= -\frac{1}{\sqrt{2\pi}\sigma}\left(\frac{1}{\sigma^2}\right) \exp\left\{-\frac{(x-\mu)^2}{2\sigma^2}\right\} \\
&\quad + \frac{1}{\sqrt{2\pi}\sigma}\left(\frac{x-\mu}{\sigma^2}\right)^2 \exp\left\{-\frac{(x-\mu)^2}{2\sigma^2}\right\} \\
&= \frac{1}{\sqrt{2\pi}\sigma}\left(\frac{1}{\sigma^4}\right) \exp\left\{-\frac{(x-\mu)^2}{2\sigma^2}\right\}\left\{-\sigma^2 + (x-\mu)^2\right\} \\
&= 0
\end{aligned} \tag{6.9}$$

この解は $x = \mu - \sigma$ と $x = \mu + \sigma$ である．$x < \mu - \sigma$ では $f''(x) > 0$ なので下に凸，$\mu - \sigma < x < \mu + \sigma$ では $f''(x) < 0$ なので上に凸，$\mu + \sigma < x$ では $f''(x) > 0$ なので下に凸となる．$x = \mu - \sigma$ と $x = \mu + \sigma$ は変曲点になる．

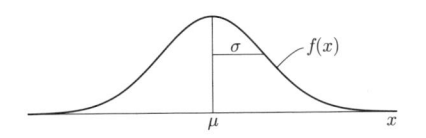

図 **6.5** 正規分布 $N(\mu, \sigma^2)$ の確率密度関数

(6.7) 式のグラフを図 6.5 に示す．□

6.3 ニュートンの方法

2 回微分できる関数 $y = f(x)$ がある条件を満たせば，数値的に $f(x) = 0$ の解を求める簡単な方法がある．ここでは，ニュートンの方法を説明する．

ニュートンの方法

関数 $y = f(x)$ は $f(a) < 0$, $f(b) > 0$ で (a,b) を含む区間で $f''(x) > 0$ とする．次の手順により，$f(x) = 0$ の解 $c \in (a,b)$ を求めることができる．
ステップ 1：初期値 $x_0 = b$ とおく．
ステップ 2：$x_{n+1} = x_n - \dfrac{f(x_n)}{f'(x_n)}$ と求める．
ステップ 3：$|x_{n+1} - x_n|$ が十分小さくなるまでステップ 2 を繰り返す．これが十分小さければ，$x_{n+1} \approx c$ とする．

$f''(x) > 0$ だから，$f'(x)$ は単調増加である．$f(a) < 0$, $f(b) > 0$ なので (a,b) に解が 1 つだけ存在する．

$x_0 = b$ とおく．$(x_0, f(x_0))$ を通る接線は $y - f(x_0) = f'(x_0)(x - x_0)$ であり，この接線と x 軸との交点を $(x_1, 0)$ とおくと，$x_1 = x_0 - \dfrac{f(x_0)}{f'(x_0)}$ となる．$f''(x) > 0$ だから下に凸であり，接線は曲線の下にある．したがって，$c < x_1 < x_0$ という関係が成り立つ．図 6.6 を参照せよ．

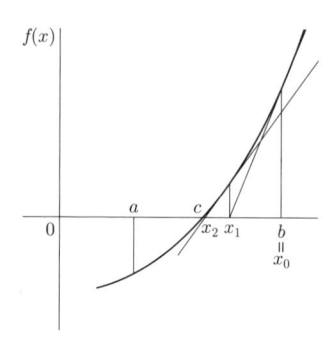

図 6.6 ニュートンの方法の原理

次に, x_0 を x_1 に置き直して $(x_1, f(x_1))$ を通る接線を求め, x 軸との交点を $(x_2, 0)$ とおくと, $x_2 = x_1 - \dfrac{f(x_1)}{f'(x_1)}$ となり, $c < x_2 < x_1$ という関係が成り立つ.

これを繰り返すと, $x_0 > x_1 > x_2 > \cdots > x_n > x_{n+1} > \cdots > c$ を満たす数列を得る. これは単調減少な数列であり, 下に有界だから, ある値 α に収束する. ステップ 2 において $x_{n+1} = x_n = \alpha$ を代入すると $\alpha = \alpha - \dfrac{f(\alpha)}{f'(\alpha)}$ となる. これより, $f(\alpha) = 0$, すなわち, $\alpha = c$ がわかる.

$f''(x) < 0$ の場合には初期値を $x_0 = a$ とすればよい. $f(a) > 0$, $f(b) < 0$ のときも同様に考えればよい. □

(**例 6.4**) $f(x) = x^3 + x - 8$ を考える. $f'(x) = 3x^2 + 1 > 0$, $\displaystyle\lim_{x \to -\infty} f(x) = -\infty$, $\displaystyle\lim_{x \to \infty} f(x) = \infty$ だから, $f(x) = 0$ は実数解を 1 つだけもつ. ニュートンの方法を用いて実数解を求める.

$f(1) = -6$, $f(2) = 2$, $(1, 2)$ で $f''(x) = 6x > 0$ だから, 初期値を $x_0 = 2$ とする. 次に,

$$x_1 = 2 - \frac{f(2)}{f'(2)} = 2 - \frac{2}{13} = 1.846154 \qquad (6.10)$$

である. ステップ 2 を繰り返すと, $x_2 = 1.833827$, $x_3 = 1.833751$, $x_4 = 1.833751$ となり, 小数点 6 桁目まで同じ値となるので, 求める解は 1.833751 である. この値を $f(x)$ に代入すると, $f(1.833751) = 0.0000005$ となる. □

◇ 問 題 ◇

問題 6.1 ポアソン分布の確率関数 $f(\lambda) = \dfrac{\lambda^k}{k!} e^{-\lambda}$ $(\lambda > 0, k \geq 0)$ を λ の関数と考えて極値を求めよ．また，対数をとった関数の極値を求めよ．

問題 6.2 指数分布の確率密度関数 $f(\lambda) = \lambda e^{-\lambda x}$ $(\lambda > 0, x \geq 0)$ を λ の関数と考えて極値を求めよ．また，対数をとった関数の極値を求めよ．

◆━━━━━━ 統計学ではこう使う 8 (最小 2 乗法) ━━━━━━◆

n 組の対のデータ (x_i, y_i) $(i = 1, 2, \cdots, n)$ に原点を通る直線を当てはめることを考える．回帰モデルを

$$y_i = \beta x_i + \varepsilon_i, \quad \varepsilon_i \sim N(0, \sigma^2) \tag{6.11}$$

と設定する．「$\varepsilon_i \sim N(0, \sigma^2)$」は「$\varepsilon_i$ $(i = 1, 2, \cdots, n)$ がたがいに独立に $N(0, \sigma^2)$ に従う」ことを意味する．残差平方和 S_e を

$$S_e = \sum_{i=1}^n \left(y_i - \hat{\beta} x_i \right)^2 \tag{6.12}$$

と定義する．S_e を最小にする $\hat{\beta}$ を求めるために S_e を $\hat{\beta}$ で微分してゼロとおく．

$$\frac{dS_e}{d\hat{\beta}} = -2 \sum_{i=1}^n x_i \left(y_i - \hat{\beta} x_i \right) = -2 \sum_{i=1}^n x_i y_i + 2\hat{\beta} \sum_{i=1}^n x_i^2 = 0 \tag{6.13}$$

この解は $\hat{\beta} = \sum_{i=1}^n x_i y_i \bigg/ \sum_{i=1}^n x_i^2$ であり，上式の符号を調べることにより，この値が S_e を最小にすることがわかる．このような方法を**最小 2 乗法**と呼ぶ．

この例では，$S_e = \hat{\beta}^2 \sum x_i^2 - 2\hat{\beta} \sum x_i y_i + \sum y_i^2$ と展開すれば，$\hat{\beta}$ の 2 次関数だから，微分しなくても，最小値を与える $\hat{\beta} = \sum x_i y_i \big/ \sum x_i^2$ を求めることができる．

第 7 講
関 数 の 展 開

7.1 テイラー展開

関数 $y = f(x)$ を多項式で近似することを考える.

テイラーの公式

n 回微分可能な関数について,a を定数とするとき,次式が成り立つ.
$$f(x) = f(a) + \frac{f'(a)}{1!}(x-a) + \frac{f''(a)}{2!}(x-a)^2 + \cdots$$
$$+ \frac{f^{(n-1)}(a)}{(n-1)!}(x-a)^{n-1} + R_n(x) \qquad (7.1)$$
ここで,$R_n(x)$ は**剰余項**と呼ばれるもので
$$R_n(x) = \frac{f^{(n)}(c(x))}{n!}(x-a)^n \qquad (7.2)$$
である.$c(x)$ は a と x の間の値であり,x の関数である.したがって,剰余項は x の多項式ではない.

テイラーの公式を示す.
$$f(b) - \left\{ f(a) + \frac{f'(a)}{1!}(b-a) + \frac{f''(a)}{2!}(b-a)^2 + \cdots \right.$$
$$\left. + \frac{f^{(n-1)}(a)}{(n-1)!}(b-a)^{n-1} \right\} = \lambda(b-a)^n \qquad (7.3)$$
となるように λ をおく.また,関数 $h(x)$ を
$$h(x) = f(b) - \left\{ f(x) + \frac{f'(x)}{1!}(b-x) + \frac{f''(x)}{2!}(b-x)^2 \right.$$
$$\left. + \cdots + \frac{f^{(n-1)}(x)}{(n-1)!}(b-x)^{n-1} \right\} - \lambda(b-x)^n \qquad (7.4)$$
とおくと,$h(a) = h(b) = 0$ が成り立つ.$h(x)$ を微分すると

$$\begin{aligned}
h'(x) = &-\left[f'(x) + \left\{\frac{f''(x)}{1!}(b-x) - \frac{f'(x)}{1!}\right\}\right.\\
&+ \left\{\frac{f'''(x)}{2!}(b-x)^2 - \frac{f''(x)}{1!}(b-x)\right\} + \cdots\\
&\left.+ \left\{\frac{f^{(n)}(x)}{(n-1)!}(b-x)^{n-1} - \frac{f^{(n-1)}(x)}{(n-2)!}(b-x)^{n-2}\right\}\right] + n\lambda(b-x)^{n-1}\\
= &-\frac{f^{(n)}(x)}{(n-1)!}(b-x)^{n-1} + n\lambda(b-x)^{n-1} \quad\quad (7.5)
\end{aligned}$$

となる.ロルの定理より, $h'(c(b)) = 0$ となる $c(b)$ $(a < c(b) < b)$ が存在するから, (7.5) 式より, $\lambda = \dfrac{f^{(n)}(c(b))}{n!}$ を得る. (7.3) 式で $b = x$ と書き直すと, (7.1) 式を得る. □

$x \to a$ のとき $R_n(x) = o\{(x-a)^{n-1}\}$ (右辺は 4.5 節で述べた記号で, $R_n(x)$ が $(x-a)^{n-1}$ よりも速くゼロに近づくことを意味する) なら, $f(x)$ は $x = a$ の近くで $n-1$ 次の多項式で近似できる.

$$f(x) = f(a) + \sum_{k=1}^{n-1} \frac{f^{(k)}(a)}{k!}(x-a)^k + o\{(x-a)^{n-1}\} \quad\quad (7.6)$$

多項式の無限級数に展開できる場合もある.

テイラー展開

 無限回微分可能な関数を考える.a を定数とする.a を含む区間 I において $\lim\limits_{n \to \infty} R_n(x) = 0$ なら,次式が成り立つ.これを $x = a$ における**テイラー展開**とか**テイラー級数**と呼ぶ.

$$f(x) = f(a) + \sum_{k=1}^{\infty} \frac{f^{(k)}(a)}{k!}(x-a)^k \quad\quad (7.7)$$

 上式において $a = 0$ とした場合を特に**マクローリン展開**とか**マクローリン級数**と呼ぶこともある.

いくつかの基本関数のテイラー展開 (マクローリン展開) を記載する.

基本関数のテイラー展開

 α を任意の実数とする.かっこ内はテイラー展開の成り立つ範囲を示す.

$$(1+x)^\alpha = 1 + \frac{\alpha}{1!}x + \frac{\alpha(\alpha-1)}{2!}x^2 + \frac{\alpha(\alpha-1)(\alpha-2)}{3!}x^3 + \cdots$$
$$+ \frac{\alpha(\alpha-1)(\alpha-2)\cdots(\alpha-n+1)}{n!}x^n + \cdots \quad (|x|<1) \qquad (7.8)$$

$$e^x = 1 + \frac{x}{1!} + \frac{x^2}{2!} + \frac{x^3}{3!} + \cdots + \frac{x^n}{n!} + \cdots \quad (-\infty < x < \infty) \qquad (7.9)$$

$$\log(1+x) = x - \frac{x^2}{2} + \frac{x^3}{3} - \cdots + (-1)^{n+1}\frac{x^n}{n} + \cdots \quad (|x|<1) \qquad (7.10)$$

$$\sin x = x - \frac{x^3}{3!} + \frac{x^5}{5!} - \cdots + (-1)^n \frac{x^{2n+1}}{(2n+1)!} + \cdots \quad (-\infty < x < \infty) \qquad (7.11)$$

$$\cos x = 1 - \frac{x^2}{2!} + \frac{x^4}{4!} - \cdots + (-1)^n \frac{x^{2n}}{(2n)!} + \cdots \quad (-\infty < x < \infty) \qquad (7.12)$$

上式は，実際に微分して (7.7) 式に当てはめることにより求まる．□

$\sum_{n=1}^{\infty} a_n x^n$ が収束する x の範囲が $|x|<R$ のとき R を**収束半径**と呼ぶ．R は

$$\frac{1}{R} = \lim_{n\to\infty} \sqrt[n]{|a_n|} \quad \text{または} \quad \frac{1}{R} = \lim_{n\to\infty} \frac{|a_{n+1}|}{|a_n|} \qquad (7.13)$$

と求めることができる．$1/R = 0$ なら $R = \infty$, $1/R = \infty$ なら $R = 0$ とみなす．
例えば，(7.8) 式については

$$\frac{1}{R} = \lim_{n\to\infty} \frac{|a_{n+1}|}{|a_n|} = \lim_{n\to\infty} \frac{|n!\alpha(\alpha-1)(\alpha-2)\cdots(\alpha-n)|}{|(n+1)!\alpha(\alpha-1)(\alpha-2)\cdots(\alpha-n+1)|}$$
$$= \lim_{n\to\infty} \frac{|\alpha-n|}{|n+1|} = 1 \qquad (7.14)$$

より $R=1$ となる．また，(7.9) 式については

$$\frac{1}{R} = \lim_{n\to\infty} \frac{|a_{n+1}|}{|a_n|} = \lim_{n\to\infty} \frac{|n!|}{|(n+1)!|} = \lim_{n\to\infty} \frac{1}{n+1} = 0 \qquad (7.15)$$

より $R = \infty$ となる．

(7.8) 式で α を自然数 n とおくと (3.7) 式の 2 項定理に対応する．2 項定理の一般項の係数 $_nC_k$

$$_nC_k = \binom{n}{k} = \frac{n!}{k!(n-k)!} = \frac{n(n-1)(n-2)\cdots(n-k+1)}{k!} \qquad (7.16)$$

と (7.8) 式の x^n の係数を見比べることにより，α が自然数でないときも次のように記号を用いることができる．

$$\binom{\alpha}{n} = \frac{\alpha(\alpha-1)(\alpha-2)\cdots(\alpha-n+1)}{n!} \quad \left(\binom{\alpha}{0}=1 \text{ と定義}\right) \quad (7.17)$$

α が自然数でないときは (7.17) 式は組合せ (combination) の個数ではないので，$_\alpha C_n$ という記号はここでは使用しない．

(**例 7.1**)　成功する確率が $P(0<P<1)$ のゲームがある．失敗する確率は $Q=1-P$ である．n 回成功するまでに重ねた失敗の回数を x とおくとき，$x=k$ となる確率を考える．全部で $n+k$ 回ゲームを行うことになり，最後の 1 回は成功である．したがって，$n+k-1$ のゲームのうち k 回が失敗だから，場合の数は $_{n+k-1}C_k$ である．それゆえ，求める確率は

$$Pr(x=k) = {}_{n+k-1}C_k P^n Q^k \quad (k=0,1,2,\cdots) \quad (7.18)$$

となる．ここで，次式が成り立つ．

$$\begin{aligned}
{}_{n+k-1}C_k &= \frac{(n+k-1)!}{k!(n-1)!} = \frac{(n+k-1)(n+k-2)\cdots(n+1)n}{k!} \\
&= (-1)^k \frac{(-n-k+1)(-n-k+2)\cdots(-n-1)(-n)}{k!} \\
&= (-1)^k \binom{-n}{k}
\end{aligned} \quad (7.19)$$

(7.8) 式を $\alpha=-n$，$1+x=1-Q$ として用いると

$$\sum_{k=0}^\infty Pr(x=k) = \sum_{k=0}^\infty \binom{-n}{k} P^n (-Q)^k = P^n(1-Q)^{-n} = 1 \quad (7.20)$$

となる．(7.18) 式で定義される確率分布は，$\alpha=-n$ とした 2 項展開 (負の 2 項展開) を用いているので，**負の 2 項分布**と呼ばれる．例 2.3 では $n=1$ とした特別の場合 (幾何分布) を考えた．□

7.2　漸近展開

次の関数を考える．

$$f(x) = \frac{\sqrt{x}}{(1+x)^2} \quad (7.21)$$

微分すると

$$f'(x) = \frac{1-3x}{2\sqrt{x}(1+x)^3} \quad (7.22)$$

となるから，$x=0$ のときの微分係数は存在しない．したがって，$x=0$ のまわりでテイラー展開することはできない．しかし，(7.8) 式を用いて $|x|<1$ で次

のように展開することができる．

$$f(x) = \sqrt{x}(1+x)^{-2}$$
$$= \sqrt{x}\left\{1 + \frac{(-2)}{1!}x + \frac{(-2)(-3)}{2!}x^2 + \frac{(-2)(-3)(-4)}{3!}x^3 + \cdots\right\}$$
$$= x^{1/2} - 2x^{3/2} + 3x^{5/2} - 4x^{7/2} + o(x^{7/2}) \quad (x \to 0) \quad (7.23)$$

0に近い x の値に対して，(7.21)式の値(関数の真値)，(7.23)式の第1項まで，第2項まで，第3項まで，第4項までの値を計算して表7.1に示す．表7.1より，(7.23)式による近似は，0に近いほど，項数を増やすほど，(7.21)式の真値に近いことがわかる．

表7.1 漸近展開の値の比較

x	(7.21)式の値 真　値	(7.23)式の値 第1項まで	第2項まで	第3項まで	第4項まで
0.5	0.31427	0.70711	0.00000	0.53033	0.17678
0.4	0.32268	0.63246	0.12649	0.43007	0.26816
0.3	0.32410	0.54772	0.21909	0.36697	0.30782
0.2	0.31056	0.44721	0.26833	0.32199	0.30768
0.1	0.26135	0.31623	0.25298	0.26247	0.26120
0.05	0.20282	0.22361	0.20125	0.20292	0.20281
0.03	0.16326	0.17321	0.16281	0.16328	0.16326
0.01	0.09803	0.10000	0.09800	0.09803	0.09803
0.005	0.07001	0.07071	0.07000	0.07001	0.07001
0.003	0.05445	0.05477	0.05444	0.05445	0.05445
0.001	0.03156	0.03162	0.03156	0.03156	0.03156
0	0	0	0	0	0

$x \to 0$ のとき無限小となる関数 $f(x)$ ($\lim_{x \to 0} f(x) = 0$) が与えられたとき，ある関数の集合 $\{h_\alpha(x)\}$ を用いて

$$f(x) = a_1 h_1(x) + a_2 h_2(x) + \cdots + a_k h_k(x) + o\{h_k(x)\} \quad (7.24)$$

と表すことができるとき，(7.24)式を $f(x)$ の $\{h_\alpha(x)\}$ による**漸近展開**と呼ぶ．また，$a_1 h_1(x)$ を漸近展開の**主要部**と呼ぶ．

すなわち，漸近展開とは，複雑な式を性質のわかっている簡単な式の有限個の定数倍の和で近似することである．

◇ 問　　題 ◇

問題 7.1　$f(x) = \dfrac{1}{x+a}$ を $x=0$ のまわりでテイラー展開せよ．

問題 7.2　問題 7.1 で $a=1$ とおく．このとき，$x = 0.5, 0.3, 0.1, 0.05, 0.01, 0$ に対して，関数の真値，テイラー展開した第 2 項まで，第 3 項まで，第 4 項までの値を計算して比較せよ．

◆════════ **統計学ではこう使う 9（ポアソン分布）** ════════◆

「統計学ではこう使う 7」では，2 項分布の確率関数の極限としてポアソン分布の確率関数 (4.31) 式を導いた．(4.31) 式の（無限）和は (7.9) 式より次のようになる．

$$\sum_{k=0}^{\infty} Pr(x=k) = \sum_{k=0}^{\infty} \frac{\lambda^k}{k!} e^{-\lambda} = e^{-\lambda} e^{\lambda} = 1 \tag{7.25}$$

ポアソン分布の期待値と分散を求めよう．

$$E(x) = \sum_{k=0}^{\infty} k \frac{\lambda^k}{k!} e^{-\lambda} = \lambda \sum_{k=1}^{\infty} \frac{\lambda^{k-1}}{(k-1)!} e^{-\lambda}$$
$$= \lambda \sum_{j=0}^{\infty} \frac{\lambda^j}{j!} e^{-\lambda} = \lambda e^{\lambda} e^{-\lambda} = \lambda \tag{7.26}$$

$$E\{x(x-1)\} = \sum_{k=0}^{\infty} k(k-1) \frac{\lambda^k}{k!} e^{-\lambda} = \lambda^2 \sum_{k=2}^{\infty} \frac{\lambda^{k-2}}{(k-2)!} e^{-\lambda}$$
$$= \lambda^2 \sum_{j=0}^{\infty} \frac{\lambda^j}{j!} e^{-\lambda} = \lambda^2 e^{\lambda} e^{-\lambda} = \lambda^2 \tag{7.27}$$

$$V(x) = E\{x(x-1)\} + E(x) - \{E(x)\}^2 = \lambda^2 + \lambda - \lambda^2 = \lambda \tag{7.28}$$

◆════════ **統計学ではこう使う 10（漸近展開）** ════════◆

標本数 n が大きくなるとき（$1/n$ が小さくなるとき），統計量やそれに基づく確率分布がどのような性質をもつのかを明らかにしたいことが多い．例えば，標本数 n に基づく統計量の累積分布関数 $F_n(x)$ を既知の関数の集合 $\{h_\alpha(x)\}$ を用いて

$$F_n(x) = \Phi(x) \left\{ 1 + \frac{a_1}{\sqrt{n}} h_1(x) + \frac{a_2}{n} h_2(x) + \frac{a_3}{n\sqrt{n}} h_3(x) + o\left(\frac{1}{n\sqrt{n}}\right) \right\} \tag{7.29}$$

と漸近展開する．$\Phi(x)$ は近似しようとする既知の確率分布の累積分布関数であり，標準正規分布 $N(0, 1^2)$ の累積分布関数とすることが多い．

このような展開が可能ならば，標本数をどれくらいとることにより，統計量の確率分布が近似しようとする確率分布にどれくらいの精度で近いのかを評価することができる．

第 8 講
不 定 積 分

8.1 不定積分の定義

不定積分の定義を述べる.

> **不定積分の定義**
>
> 微分して $f(x)$ となるもとの関数を $f(x)$ の**不定積分**または**原始関数**と呼び, $\int f(x)dx$ と表す. 不定積分は無数にあり, その1つを $F(x)$ と表すと, その他は $F(x)+C$ という形をしている. $f(x)$ を**被積分関数**と呼ぶ. C を**積分定数**と呼ぶ.
>
> $$\int f(x)dx = F(x)+C \tag{8.1}$$
> $$\{F(x)+C\}' = F'(x) = f(x) \tag{8.2}$$

第5講で基本関数の微分公式を与えた. ここでは, それらに対応した不定積分の公式を示す.

> **代表的な不定積分の公式**
>
> $$\int x^\alpha dx = \frac{1}{\alpha+1}x^{\alpha+1}+C \quad (\alpha \neq -1) \tag{8.3}$$
> $$\int e^x dx = e^x + C \tag{8.4}$$
> $$\int a^x dx = \frac{1}{\log a}a^x + C \quad (a>0, a\neq 1) \tag{8.5}$$
> $$\int \frac{1}{x}dx = \log|x|+C \tag{8.6}$$

$$\int \sin x\, dx = -\cos x + C \tag{8.7}$$

$$\int \cos x\, dx = \sin x + C \tag{8.8}$$

$$\int \frac{1}{\cos^2 x}\, dx = \tan x + C \tag{8.9}$$

$$\int \frac{1}{\sqrt{1-x^2}}\, dx = \sin^{-1} x + C \tag{8.10}$$

$$\int \frac{1}{1+x^2}\, dx = \tan^{-1} x + C \tag{8.11}$$

(**例 8.1**) 不定積分の公式を用いて以下の不定積分を求める．

$$\int 2\, dx = 2x + C \tag{8.12}$$

$$\int 3x\, dx = \frac{3}{2} x^2 + C \tag{8.13}$$

$$\int \frac{1}{\sqrt{x}}\, dx = \int x^{-1/2}\, dx = \frac{1}{-1/2+1} x^{-1/2+1} + C = 2\sqrt{x} + C \tag{8.14}$$

$$\int e^{ax+b}\, dx = \frac{1}{a} e^{ax+b} + C \tag{8.15}$$

$$\int (x-\mu) \exp\left\{-\frac{(x-\mu)^2}{2\sigma^2}\right\} dx = -\sigma^2 \exp\left\{-\frac{(x-\mu)^2}{2\sigma^2}\right\} + C \tag{8.16}$$

$$\int \frac{1}{x^2-4}\, dx = \frac{1}{4} \int \left(\frac{1}{x-2} - \frac{1}{x+2}\right) dx$$
$$= \frac{1}{4} \left(\log|x-2| - \log|x+2|\right) + C \tag{8.17}$$

$$\int \frac{f'(x)}{f(x)}\, dx = \log|f(x)| + C \tag{8.18}$$

右辺を微分して，左辺の被積分関数になることを確認すればよい．□

不定積分はいつも積分定数の分が「不定」である．そのことを頭に入れた上で，積分定数を省略することもある．

8.2 不定積分の基本的性質

第 5 講の微分の基本的性質に対応して，不定積分にも次の基本的性質が成り立つ．

> **不定積分の基本的性質**
> b と c を定数とする.
> (1) $\displaystyle\int \{bf(x)+cg(x)\}dx = b\int f(x)dx + c\int g(x)dx$
> (2) $\displaystyle\int f(x)g'(x)dx = f(x)g(x) - \int f'(x)g(x)dx$ （**部分積分**）
> (3) $x = g(t)$ とおくとき，次式が成り立つ.
> $\displaystyle\int f(x)dx = \int f(g(t))\frac{dx}{dt}dt = \int f(g(t))g'(t)dt$ （**置換積分**）

(1) を示す．$F(x) = \displaystyle\int f(x)dx$, $G(x) = \displaystyle\int g(x)dx$ とおく．微分の基本的性質より，$\{bF(x)+cG(x)\}' = bF'(x)+cG'(x) = bf(x)+cg(x)$ となる．したがって，不定積分の定義より次式が成り立つ.

$$\int \{bf(x)+cg(x)\}dx = bF(x)+cG(x) = b\int f(x)dx + c\int g(x)dx \quad (8.19)$$

(2) を示す．関数の積の微分 $\{f(x)g(x)\}' = f'(x)g(x) + f(x)g'(x)$ の両辺の不定積分を求めて，さらに (1) を用いると次のようになる.

$$f(x)g(x) = \int f'(x)g(x)dx + \int f(x)g'(x)dx \quad (8.20)$$

これを移項すればよい．

(3) を示す．$F(x) = \displaystyle\int f(x)dx$ とおく．$F(x) = F(g(t))$ を t で微分すると，合成関数の微分法より $F'(g(t))g'(t) = f(g(t))g'(t)$ を得る．したがって，

$$F(x) = F(g(t)) = \int f(g(t))g'(t)dt \quad (8.21)$$

が成り立つ．□

(**例 8.2**) 不定積分の公式と基本的性質を用いて以下の不定積分を求める．

$$\int (3e^{-2x} - 3x^3 + x + 4)dx = -\frac{3}{2}e^{-2x} - \frac{3}{4}x^4 + \frac{1}{2}x^2 + 4x + C \quad (8.22)$$

$$\int xe^{-\lambda x}dx = -\frac{1}{\lambda}xe^{-\lambda x} + \frac{1}{\lambda}\int e^{-\lambda x}dx$$
$$= -\frac{1}{\lambda}xe^{-\lambda x} - \frac{1}{\lambda^2}e^{-\lambda x} + C \quad (8.23)$$

($f(x) = x$, $g'(x) = e^{-\lambda x}$ として部分積分を用いた)

$$\int x^2 e^{-\lambda x}dx = x\left(-\frac{1}{\lambda}xe^{-\lambda x} - \frac{1}{\lambda^2}e^{-\lambda x}\right) - \int \left(-\frac{1}{\lambda}xe^{-\lambda x} - \frac{1}{\lambda^2}e^{-\lambda x}\right)dx$$

8.2 不定積分の基本的性質

$$= -\frac{1}{\lambda}x^2 e^{-\lambda x} - \frac{1}{\lambda^2}xe^{-\lambda x} + \frac{1}{\lambda}\left(-\frac{1}{\lambda}xe^{-\lambda x} - \frac{1}{\lambda^2}e^{-\lambda x}\right) - \frac{1}{\lambda^3}e^{-\lambda x} + C$$

$$= -\frac{1}{\lambda}x^2 e^{-\lambda x} - \frac{2}{\lambda^2}xe^{-\lambda x} - \frac{2}{\lambda^3}e^{-\lambda x} + C \tag{8.24}$$

($f(x) = x$, $g'(x) = xe^{-\lambda x}$ として部分積分を行い, (8.23) 式を用いた)

$$\int \log x\, dx = x\log x - \int \frac{1}{x}\cdot x\, dx = x\log x - x + C \tag{8.25}$$

($f(x) = \log x$, $g'(x) = 1$ として部分積分を用いた)

$$\int (ax+b)^k dx = \frac{1}{a(k+1)}(ax+b)^{k+1} + C \tag{8.26}$$

(8.26) 式は, $\{(ax+b)^{k+1}\}' = a(k+1)(ax+b)^k$ を頭に浮かべることができればすぐに不定積分を得ることができる. 一方, 置換積分の方法を用いることもできる. $t = ax+b$ とおくと $x = (t-b)/a\,(=g(t))$ となる. $g'(t) = 1/a$ だから, 置換積分の公式に代入することにより,

$$\int (ax+b)^k dx = \int t^k \frac{1}{a} dt = \frac{1}{a(k+1)} t^{k+1} + C$$
$$= \frac{1}{a(k+1)}(ax+b)^{k+1} + C \tag{8.27}$$

を得る. □

◇ 問　　題 ◇

問題 8.1 次の不定積分を求めよ.
(1) $\displaystyle\int (\sqrt{x} + 2x^3)dx$　(2) $\displaystyle\int e^{4x} dx$

問題 8.2 次の不定積分を求めよ.
(1) $\displaystyle\int x\log x\, dx$　(2) $\displaystyle\int x(x^2+1)^5 dx$

◆═══════ 統計学ではこう使う 11 (デルタ法) ═══════◆

確率変数 x の平均 (期待値) を $E(x) = \mu$, 分散を $V(x) = \sigma^2$ とする. このとき, x を $h(x)$ と変換する. $h(x)$ は微分可能な関数である. このとき, $h(x)$ の平均と分散を考えよう. $h(x)$ を μ のまわりでテイラー展開して,

$$h(x) \approx h(\mu) + \frac{h'(\mu)}{1!}(x - \mu) \tag{8.28}$$

と考える (2 次以上の項は無視する). これより, $h(x)$ の平均と分散は近似的に次のようになる (a, b を定数とするとき, $E(ax+b) = aE(x) + b$, $V(ax+b) = a^2 V(x)$ の性質を用いる).

$$E\{h(x)\} \approx h(\mu) + \frac{h'(\mu)}{1!}\{E(x) - \mu\} = h(\mu) \tag{8.29}$$

$$V\{h(x)\} \approx \{h'(\mu)\}^2 V(x) = \{h'(\mu)\}^2 \sigma^2 \tag{8.30}$$

いま, 正の値をとる確率変数 x の分散が平均に比例しているとする. すなわち, $\sigma^2 = k\mu$ と仮定する. このとき, 変換後の分散が平均と近似的に無関係で正の値をとる $h(x)$ を求めたいとしよう. (8.30) 式より $\{h'(\mu)\}^2 k\mu = A$ (A は定数) が成り立てばよい. これより, $h'(\mu) > 0$ と仮定すれば, $h'(\mu) = \sqrt{A}/(\sqrt{k\mu})$ となる. μ を x に置き換えて, 両辺の不定積分を求めると

$$h(x) = \int \frac{\sqrt{A}}{\sqrt{kx}} dx = 2\sqrt{\frac{A}{k}}\sqrt{x} + C \tag{8.31}$$

となる. 定数 A, C は任意だから, $h(x) = \sqrt{x}$ (平方根変換) とすれば, これが求める変換である.

次に, 正の値をとる確率変数 x の標準偏差が平均に比例している ($\sigma = k\mu$) とする. 変換後の標準偏差が平均と近似的に無関係で正の値をとる $h(x)$ を求めたいとする. (8.30) 式より $\{h'(\mu)\}^2 k^2 \mu^2 = A$ (A は定数) が成り立てばよい. これより, $h'(\mu) = \sqrt{A}/(k\mu)$ となるから, μ を x に置き換えて, 両辺の不定積分を求めると

$$h(x) = \int \frac{\sqrt{A}}{kx} dx = \frac{\sqrt{A}}{k}\log x + C \tag{8.32}$$

となる. したがって, $h(x) = \log x$ (対数変換) とすればよい.

最後に, x は母不良率が P で試行数が n の 2 項分布 (例 3.3 を参照) に従う確率変数とする. P の推定量 $\hat{P} = x/n$ の期待値と分散は, (3.21) 式と (3.23) 式に基づき $E(\hat{P}) = P$, $V(\hat{P}) = P(1-P)/n$ である. 分散は P に関係するので, 分散が P と無関係になる変換 $h(\hat{P})$ を求めたい. (8.30) 式より $\{h'(P)\}^2 P(1-P)/n = A$ (A は定数) が成り立てばよい. P を x に置き換えて, 両辺の不定積分を求める. 置換積分の方法を用いよう. $\sqrt{x} = t$ とおくと $x = t^2 (= g(t))$ となるから

$$\begin{aligned}h(x) &= \int \frac{\sqrt{An}}{\sqrt{x(1-x)}} dx = \int \frac{\sqrt{An}}{t\sqrt{1-t^2}} \cdot 2t dt = \int \frac{2\sqrt{An}}{\sqrt{1-t^2}} dt \\ &= 2\sqrt{An}\sin^{-1} t + C = 2\sqrt{An}\sin^{-1}\sqrt{x} + C\end{aligned} \tag{8.33}$$

これより, 求める変換は $h(\hat{P}) = \sin^{-1}\sqrt{\hat{P}}$ とすればよい. これは**逆正弦変換**と呼ばれるものである.

第9講

定 積 分

9.1 定積分の定義

区間 $[a,b]$ で $f(x) \geq 0$ となる連続関数を考える．このとき，区間 $[a,b]$ で $f(x)$ と x 軸の間の面積を次のように求める．区間 $[a,b]$ を n 等分する．

$$\left[a, a+\frac{b-a}{n}\right], \left[a+\frac{b-a}{n}, a+\frac{2(b-a)}{n}\right], \cdots,$$
$$\left[a+\frac{(k-1)(b-a)}{n}, a+\frac{k(b-a)}{n}\right], \cdots, \left[a+\frac{(n-1)(b-a)}{n}, b\right] \tag{9.1}$$

図9.1に示すように，k番目の区間の面積を区間幅 $(b-a)/n$ と右側の辺の長さ $f\left(a+\dfrac{k(b-a)}{n}\right)$ の積として求め，それをすべての区間について加える．n を無限に大きくするとき，次の極限が存在するならば，それを求める面積と考え，これを $f(x)$ の a から b までの**定積分**と呼び，次式の左辺のように表す．また，区間 $[a,b]$ を**積分区間**と呼ぶ．

$$\int_a^b f(x)dx = \lim_{n\to\infty} \sum_{k=1}^n f\left(a+\frac{k(b-a)}{n}\right)\frac{b-a}{n} \tag{9.2}$$

図9.1では，k 番目の区間の面積を求めるとき，左側の辺と右側の辺の長さは異なる．しかし，$n\to\infty$ として区間幅が限りなく狭くなれば $f(x)$ の連続性から両側の辺の長さは同じになる．したがって，定積分の定義において，それぞれの区間の面積を求める際，右側の辺の長さを左側の辺の長さで置き換えてもかまわない．また，n 等分することを前提としたが，"等分"する必要もない．1つ1つの区間が限りなく狭くなるように極限をとることができればよい．

以上では，$f(x) \geq 0$ として定積分を定義したが，$f(x) < 0$ となることがあってもよい．また，積分区間は閉区間 $[a,b]$ を意図した記号を用いたが，a または

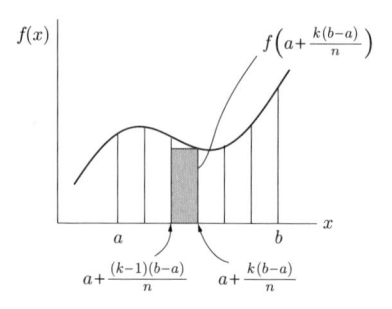

図 9.1 定積分の定義の考え方

b の片方または両方が区間に含まれない半開区間や開区間などであってもよい．これらの場合にも，a から b までの定積分を (9.2) 式で定義する．

さらに，a や b には $-\infty$ や ∞ を含めてもよい．この場合には，有限の a と b に対して (9.2) 式を求め，$a \to -\infty$ や $b \to \infty$ と極限をとり，その極限が存在すればそれを定積分の値とする．これを**広義積分** (第 13 講) と呼ぶ．

図 9.2 では区間 (c, d) で $f(x) < 0$ である．それぞれの領域の面積を $S_1, S_2, S_3 > 0$ と表すと，$\int_a^b f(x)dx = S_1 - S_2 + S_3$ になる．区間 (c, d) では $f(x) < 0$ だから (9.2) 式の計算の際にマイナスの量として算入されるからである．図 9.2 の 3 つの面積の合計を定積分として表すと次のようになる．

$$S_1 + S_2 + S_3 = \int_a^c f(x)dx - \int_c^d f(x)dx + \int_d^b f(x)dx = \int_a^b |f(x)|dx \quad (9.3)$$

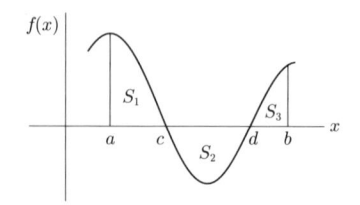

図 9.2 定積分と面積

9.2　定積分の基本的性質

定積分の基本的性質をまとめておく．

> **定積分の基本的性質**
> a, b, c, d を定数とする.また,$a < b$ とする.
> (1) $\displaystyle\int_a^a f(x)dx = 0$
> (2) 区間 $[a, b]$ で $f(x) > 0$ なら $\displaystyle\int_a^b f(x)dx > 0$
>
> 区間 $[a, b]$ で $f(x) < 0$ なら $\displaystyle\int_a^b f(x)dx < 0$
> (3) $\displaystyle\int_b^a f(x)dx = -\int_a^b f(x)dx$
> (4) $\displaystyle\int_a^b f(x)dx + \int_b^c f(x)dx = \int_a^c f(x)dx$
> (5) $\displaystyle\int_a^b \{cf(x) + dg(x)\}dx = c\int_a^b f(x)dx + d\int_a^b g(x)dx$
>
> (6) $[a, b]$ で $f(x)$ の最小値を m,最大値を M とすると次式が成り立つ.
> $$m(b-a) \leq \int_a^b f(x)dx \leq M(b-a)$$

(1) を示す.区間幅が $a - a = 0$ だから,(9.2) 式より定積分はゼロである.

(2) は,(9.2) 式より $f(x)$ の符号に注意すればよい.

(3) については,右辺を (9.2) 式の定義どおり表すと次のようになる.

$$\int_b^a f(x)dx = \lim_{n\to\infty} \sum_{k=1}^n f\left(b + \frac{k(a-b)}{n}\right) \frac{a-b}{n}$$
$$= -\lim_{n\to\infty} \sum_{k=1}^n f\left(b + \frac{k(a-b)}{n}\right) \frac{b-a}{n} \tag{9.4}$$

右辺の $f(\ )$ のかっこ内は,図 9.1 で n 等分した区間を右から順に考えていることになり,その関数値 $f(\ )$ の値はその区間の左辺の長さである.区間を右から順に考えるか左から順に考えるかは (9.2) 式の結果に関係せず,先に述べたように,区間幅を限りなく小さくするとそれぞれの区間の左辺と右辺の長さは同じになる.したがって,(9.4) 式は (9.2) 式 $\times(-1)$ と同じになり,(3) が成り立つ.

(4) は,(9.2) 式の定義よりすぐに成り立つ.

(5) は,(9.2) 式の定義に当てはめれば次のように示すことができる.

$$\int_a^b \{cf(x)+dg(x)\}dx$$
$$= \lim_{n\to\infty}\sum_{k=1}^n\left[cf\left(a+\frac{k(b-a)}{n}\right)+dg\left(a+\frac{k(b-a)}{n}\right)\right]\frac{b-a}{n}$$
$$= c\lim_{n\to\infty}\sum_{k=1}^n f\left(a+\frac{k(b-a)}{n}\right)\frac{b-a}{n}$$
$$+ d\lim_{n\to\infty}\sum_{k=1}^n g\left(a+\frac{k(b-a)}{n}\right)\frac{b-a}{n}$$
$$= c\int_a^b f(x)dx + d\int_a^b g(x)dx \tag{9.5}$$

(6) を示す.区間 $[a,b]$ で $f(x)\geq m$ だから,(9.2) 式より
$$\int_a^b f(x)dx = \lim_{n\to\infty}\sum_{k=1}^n f\left(a+\frac{k(b-a)}{n}\right)\frac{b-a}{n}$$
$$\geq m\lim_{n\to\infty}\sum_{k=1}^n \frac{b-a}{n}$$
$$= m(b-a) \tag{9.6}$$

が成り立つ.最大値に関する不等式も同様に示すことができる.□

積分区間の端点 a または b が区間に含まれていない場合には,その区間に最小値や最大値が存在しないことがある.その場合は,最小値のかわりに $m = \inf_{x\in(a,b)} f(x)$ ($f(x)$ の**下限**と呼び,すべての $x\in(a,b)$ に対して $f(x)>A$ となる最大の A のこと),最大値のかわりに $M = \sup_{x\in(a,b)} f(x)$ ($f(x)$ の**上限**と呼び,すべての $x\in(a,b)$ に対して $f(x)<B$ となる最小の B のこと)を用いれば (6) と同じ性質が成り立つ.下限や上限という言葉はすでに第 4 講で登場した.

9.3 微分積分法の基本定理

次の関数を考える.
$$G(x) = \int_a^x f(t)dt \tag{9.7}$$
これは,図 9.3 に示すように,領域の面積を x の関数と考えたものである.(9.7) 式では積分区間に x を用いたので,それと区別するために t を用いて $f(t)$ や dt と表している.すなわち,図 9.3 の横軸を t と表している.

(9.7) 式より,次式が成り立つ.

9.3 微分積分法の基本定理

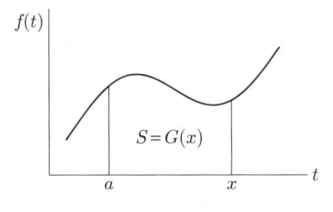

図 9.3 (9.7) 式の意味

$$G'(x) = f(x) \tag{9.8}$$

(9.8) 式を示す．第 5 講で述べた微分の定義より

$$\begin{aligned}
G'(x) &= \lim_{h \to 0} \frac{G(x+h) - G(x)}{h} \\
&= \lim_{h \to 0} \frac{1}{h} \left\{ \int_a^{x+h} f(t)dt - \int_a^x f(t)dt \right\} \\
&= \lim_{h \to 0} \frac{1}{h} \int_x^{x+h} f(t)dt \tag{9.9}
\end{aligned}$$

となる．区間 $[x, x+h]$ における $f(x)$ の最小値を m，最大値を M とおくと，定積分の基本的性質 (6) より

$$mh \leq \int_x^{x+h} f(t)dt \leq Mh \tag{9.10}$$

が成り立ち，これより

$$m \leq \frac{1}{h} \int_x^{x+h} f(t)dt \leq M \tag{9.11}$$

となる．$h \to 0$ とすると，$x+h \to x$ であり，$m \to f(x)$, $M \to f(x)$ である．これらより (9.8) 式が成り立つ．□

(9.7) 式と (9.8) 式に基づいて，微分積分法の基本定理を述べる．

微分積分法の基本定理

関数 $f(x)$ の原始関数の 1 つを $F(x)$ とするとき，次式が成り立つ．

$$\int_a^b f(x)dx = F(b) - F(a) \tag{9.12}$$

(9.12) 式を示す．(9.8) 式より，$G(x)$ も $f(x)$ の原始関数の 1 つだから，$G(x)$ と $F(x)$ は積分定数が異なるだけである．

$$G(x) = F(x) + C \tag{9.13}$$

(9.7) 式において $x = a$ を代入すると $G(a) = F(a) + C = 0$, すなわち, $C = -F(a)$ である. さらに, (9.13) 式に $x = b$ を代入すると (9.12) 式を得る. □

(9.12) 式は,「面積の概念から生まれた定積分」と「微分の逆演算として生まれた不定積分」というまったく別のものをつなぐ定理であり, そういった意味から"微分積分法の基本定理"と呼ばれている.

次の公式も重要である. 関数 $g(x)$ を微分可能な関数とするとき, 合成関数の微分法より次式が成り立つ.

$$G'(g(x)) = \left\{\int_a^{g(x)} f(t)dt\right\}' = f(g(x))g'(x) \tag{9.14}$$

◇ 問 題 ◇

問題 9.1 次式を x で微分せよ.
(1) $\displaystyle\int_a^x e^{-2t}dt$ (2) $\displaystyle\int_a^{x^2}(e^{-2t} - 7t)dt$

問題 9.2 $f(x)$ が不連続でも, (9.7) 式で定義される $G(x)$ は連続になる. 例を考えよ.

◆────── 統計学ではこう使う 12 (確率密度関数・累積分布関数・確率) ──────◆

連続的な値をとる確率変数を**連続型確率変数**と呼ぶ. 連続型確率変数 x に対して, 次の条件を満たす関数 $f(x)$ を**確率密度関数**と呼ぶ.

$$f(x) \geq 0, \quad \int_{-\infty}^{\infty} f(x)dx = 1 \tag{9.15}$$

確率密度関数に基づいて, 確率変数 x が $a \leq x \leq b$ となる確率を次のように求める.

$$Pr(a \leq x \leq b) = \int_a^b f(x)dx \tag{9.16}$$

さらに, 次式を**累積分布関数**と呼ぶ.

$$F(w) = Pr(x \leq w) = \int_{-\infty}^w f(x)dx \tag{9.17}$$

(9.7) 式と (9.8) 式より次式が成り立つ.

$$F'(w) = f(w) \tag{9.18}$$

すなわち, $F(w)$ は $f(w)$ の不定積分である. $F(\infty) = 1$ とならねばならないから, $F(w)$ には積分定数による不定性はない. もし, 2つの累積分布関数 $F(w)$ と $G(w)$ があって, $F(w) = G(w) + C$ なら, $F(\infty) = G(\infty) = 1$ を満たさなければならないか

9.3 微分積分法の基本定理

ら，$C=0$ となる．

次式は区間 $I=[a,b]$ の**一様分布**の確率密度関数である．

$$f(x) = \begin{cases} \dfrac{1}{b-a} & (a \leq x \leq b \text{ のとき}) \\ 0 & (x<a \text{ または } x>b \text{ のとき}) \end{cases} \qquad (9.19)$$

(9.19) 式が (9.15) 式を満たすことは簡単にわかる．累積分布関数は次のようになる．$w<a$ のときは $F(w)=0$ であり，$b<w$ のときは $F(w)=1$ である．$a \leq w \leq b$ のときは

$$F(w) = \int_{-\infty}^{w} f(x)dx = \int_{a}^{w} \frac{1}{b-a}dx = \left[\frac{x}{b-a}\right]_a^w = \frac{w-a}{b-a} \qquad (9.20)$$

となる．

次式は**指数分布**の確率密度関数である．$\lambda > 0$ とする．

$$f(x) = \begin{cases} \lambda e^{-\lambda x} & (x \geq 0 \text{ のとき}) \\ 0 & (x<0 \text{ のとき}) \end{cases} \qquad (9.21)$$

まず，(9.15) 式の第 2 式を確かめよう．

$$\int_{-\infty}^{\infty} f(x)dx = \int_{0}^{\infty} \lambda e^{-\lambda x}dx = \left[-e^{-\lambda x}\right]_0^{\infty} = 1 \qquad (9.22)$$

次に，累積分布関数は次のようになる．$w>0$ とする．

$$F(w) = \int_{-\infty}^{w} f(x)dx = \int_{0}^{w} \lambda e^{-\lambda x}dx = \left[-e^{-\lambda x}\right]_0^{w} = -e^{-\lambda w} + 1 \qquad (9.23)$$

次式は**正規分布**の確率密度関数である．$-\infty < \mu < \infty$, $\sigma > 0$ である．

$$f(x) = \frac{1}{\sqrt{2\pi}\sigma} \exp\left\{-\frac{(x-\mu)^2}{2\sigma^2}\right\} \quad (-\infty < x < \infty) \qquad (9.24)$$

(9.15) 式の第 2 式の証明には重積分を用いる必要がある (第 29 講で示す)．また，累積分布関数は簡単な形で表すことはできない．

第 10 講

定積分の計算

10.1 定積分の計算

定積分の計算の際，前講で述べた微分積分法の基本定理および部分積分を用いた定積分の計算を次のように表記する．

$$\int_a^b f(x)dx = [F(x)]_a^b = F(b) - F(a) \tag{10.1}$$

$$\int_a^b f(x)g'(x)dx = [f(x)g(x)]_a^b - \int_a^b f'(x)g(x)dx \tag{10.2}$$

(**例 10.1**)　例 8.1 のいくつかの不定積分について適当に積分区間を設けて定積分を計算する．

$$\int_{-3}^{3} 2dx = [2x]_{-3}^{3} = 2 \cdot 3 - 2 \cdot (-3) = 12 \tag{10.3}$$

$$\int_{-2}^{2} 3xdx = \left[\frac{3}{2}x^2\right]_{-2}^{2} = \frac{3}{2} \cdot 2^2 - \frac{3}{2} \cdot (-2)^2 = 0 \tag{10.4}$$

$$\int_{1}^{5} \frac{1}{\sqrt{x}}dx = [2\sqrt{x}]_1^5 = 2\sqrt{5} - 2\sqrt{1} = 2\sqrt{5} - 2 \tag{10.5}$$

$$\int_{0}^{c} e^{ax+b}dx = \left[\frac{1}{a}e^{ax+b}\right]_0^c = \frac{1}{a}e^{ac+b} - \frac{1}{a}e^{a\cdot 0+b} = \frac{1}{a}e^b(e^{ac}-1) \tag{10.6}$$

$$\int_{-\infty}^{\infty}(x-\mu)\exp\left\{-\frac{(x-\mu)^2}{2\sigma^2}\right\}dx = \left[-\sigma^2 \exp\left\{-\frac{(x-\mu)^2}{2\sigma^2}\right\}\right]_{-\infty}^{\infty}$$
$$= \lim_{x\to\infty}\left[-\sigma^2 \exp\left\{-\frac{(x-\mu)^2}{2\sigma^2}\right\}\right] - \lim_{x\to-\infty}\left[-\sigma^2 \exp\left\{-\frac{(x-\mu)^2}{2\sigma^2}\right\}\right]$$
$$= 0 - 0 = 0 \tag{10.7}$$

□

$f(-x) = f(x)$ がつねに成り立つ関数を**偶関数**と呼ぶ．曲線が直線 $x = 0$ (縦

軸) について線対称となる関数である．$f(x) = c$ (定数)，$f(x) = x^2$，$f(x) = \cos x$ などは偶関数である．一方，$f(-x) = -f(x)$ がつねに成り立つ関数を**奇関数**と呼ぶ．曲線が原点について点対称となる関数である．$f(x) = x$，$f(x) = x^3$，$f(x) = \sin x$ などは奇関数である．積分区間が $[-a, a]$ の場合，その区間内で連続な偶関数と奇関数の定積分について次の性質が成り立つ．

偶関数と奇関数の定積分

(1)　$f(x)$ が偶関数で $[-a, a]$ で連続 $\Rightarrow \displaystyle\int_{-a}^{a} f(x)dx = 2\int_{0}^{a} f(x)dx$

(2)　$f(x)$ が奇関数で $[-a, a]$ で連続 $\Rightarrow \displaystyle\int_{-a}^{a} f(x)dx = 0$

---

(1) の例は (10.3) 式である．(2) の例は (10.4) 式である．

(**例 10.2**)　例 8.1 に示した次の不定積分の例を考える．注意が必要な例である．

$$\int_{3}^{5} \frac{1}{x^2 - 4}dx = \left[\frac{1}{4}\log\frac{|x-2|}{|x+2|}\right]_{3}^{5}$$
$$= \frac{1}{4}\log\frac{|5-2|}{|5+2|} - \frac{1}{4}\log\frac{|3-2|}{|3+2|}$$
$$= \frac{1}{4}\log\frac{3}{7} - \frac{1}{4}\log\frac{1}{5} \qquad (10.8)$$

この計算は特に問題はない．しかし，次のように積分区間内で関数が連続でない場合は，区間を分けて積分する必要がある．

$$\int_{0}^{5} \frac{1}{x^2 - 4}dx = \int_{0}^{2} \frac{1}{x^2 - 4}dx + \int_{2}^{5} \frac{1}{x^2 - 4}dx \qquad (10.9)$$

$$\int_{0}^{2} \frac{1}{x^2 - 4}dx = \left[\frac{1}{4}\log\frac{|x-2|}{|x+2|}\right]_{0}^{2}$$
$$= \lim_{x \to 2-0} \frac{1}{4}\log\frac{|x-2|}{|x+2|} - \frac{1}{4}\log\frac{|0-2|}{|0+2|}$$
$$= -\infty \qquad (10.10)$$

$$\int_{2}^{5} \frac{1}{x^2 - 4}dx = \left[\frac{1}{4}\log\frac{|x-2|}{|x+2|}\right]_{2}^{5}$$
$$= \frac{1}{4}\log\frac{|5-2|}{|5+2|} - \lim_{x \to 2+0} \frac{1}{4}\log\frac{|x-2|}{|x+2|}$$
$$= \infty \qquad (10.11)$$

どちらの定積分も存在しないので，(10.9) 式の左辺の積分は存在しない．□

例 10.2 のように，積分区間で関数が不連続な場合には，不連続点で区間を分けて積分し，それぞれの定積分が存在するときにのみ，もとの積分の定積分の値が定まると考える．

(**例 10.3**) 例 8.2 のいくつかの不定積分について適当に積分区間を設けて定積分を計算する．以下で $\lambda > 0$ とする．

$$\int_0^1 (3e^{-2x} - 3x^3 + x + 4)dx = \left[-\frac{3}{2}e^{-2x} - \frac{3}{4}x^4 + \frac{1}{2}x^2 + 4x\right]_0^1$$

$$= -\frac{3}{2}e^{-2} - \frac{3}{4} \cdot 1^4 + \frac{1}{2} \cdot 1^2 + 4 \cdot 1$$

$$\quad - \left(-\frac{3}{2}e^0 - \frac{3}{4} \cdot 0^4 + \frac{1}{2} \cdot 0^2 + 4 \cdot 0\right)$$

$$= -\frac{3}{2}e^{-2} + \frac{21}{4} \tag{10.12}$$

$$\int_0^\infty xe^{-\lambda x} dx = \left[-\frac{1}{\lambda}xe^{-\lambda x}\right]_0^\infty + \frac{1}{\lambda}\int_0^\infty e^{-\lambda x} dx$$

$$= -\frac{1}{\lambda}\lim_{x\to\infty} xe^{-\lambda x} + \frac{1}{\lambda} 0 \cdot e^0 - \frac{1}{\lambda^2}\left[e^{-\lambda x}\right]_0^\infty$$

$$= -0 + 0 - \frac{1}{\lambda^2}\left(\lim_{x\to\infty} e^{-\lambda x} - e^0\right)$$

$$= \frac{1}{\lambda^2} \tag{10.13}$$

$$\int_0^\infty x^2 e^{-\lambda x} dx = \left[-\frac{1}{\lambda}x^2 e^{-\lambda x} - \frac{2}{\lambda^2}xe^{-\lambda x} - \frac{2}{\lambda^3}e^{-\lambda x}\right]_0^\infty$$

$$= -\frac{1}{\lambda}\lim_{x\to\infty} x^2 e^{-\lambda x} - \frac{2}{\lambda^2}\lim_{x\to\infty} xe^{-\lambda x} - \frac{2}{\lambda^3}\lim_{x\to\infty} e^{-\lambda x}$$

$$\quad - \left(-\frac{1}{\lambda}0^2 \cdot e^0 - \frac{2}{\lambda^2} \cdot 0 \cdot e^0 - \frac{2}{\lambda^3} \cdot e^0\right)$$

$$= \frac{2}{\lambda^3} \tag{10.14}$$

(10.14) 式では (8.24) 式の不定積分の最終結果を用いた．(10.13) 式と (10.14) 式では，$\lambda > 0$ なので，ロピタルの定理より $\lim_{x\to\infty} x^2 e^{-\lambda x} = 0$, $\lim_{x\to\infty} xe^{-\lambda x} = 0$ となることを使った． □

10.2 変数変換を用いた定積分の計算

変数変換を用いた定積分の計算方法を述べる．これは，不定積分における置

換積分を利用する方法である．$x = g(t)$ と変換する．ただし，$g(t)$ は積分区間で単調 (単調増加または単調減少) な関数とする．x が a から b へ動くとき，t は $\alpha = g^{-1}(a)$ から $\beta = g^{-1}(b)$ へ動くとする (単調関数だから逆関数が存在する)．これより，次のように表すことができる．

$$\int_a^b f(x)dx = \int_\alpha^\beta f(g(t))\frac{dx}{dt}dt = \int_\alpha^\beta f(g(t))g'(t)dt \tag{10.15}$$

(**例 10.4**) 変数変換を用いて定積分の計算を行う例を示す．

$$\int_0^1 xe^{x^2}dx = \int_0^1 \sqrt{t}e^t \frac{1}{2\sqrt{t}}dt = \int_0^1 \frac{1}{2}e^t dt = \left[\frac{1}{2}e^t\right]_0^1 = \frac{1}{2}e - \frac{1}{2} \tag{10.16}$$

ここで，$t = x^2$ とおくと，x が 0 から 1 へ動くとき，t は 0 から 1 へ動くこと，また，$x = \sqrt{t} (= g(t))$ より $\frac{dx}{dt} = g'(t) = \frac{1}{2\sqrt{t}}$ となることを用いた．

$$\int_0^1 (-2x+3)^8 dx = \int_3^1 t^8 \cdot \left(-\frac{1}{2}\right)dt = \int_1^3 t^8 \cdot \frac{1}{2}dt$$
$$= \frac{1}{18}\left[t^9\right]_1^3 = \frac{1}{18}\cdot 3^9 - \frac{1}{18}\cdot 1^9 = \frac{3^9 - 1}{18} \tag{10.17}$$

ここで，$t = -2x + 3$ とおくと，x が 0 から 1 へ動くとき，t は 3 から 1 へ動く．また，$x = -(t-3)/2 (= g(t))$ より $\frac{dx}{dt} = g'(t) = -\frac{1}{2}$ となる． $\square$

変数変換を行って定積分を計算する際には，$x = g(t)$ から $\frac{dx}{dt} = g'(t)$ を求め，形式的に $dx = g'(t)dt$ と考えて，これを (10.15) 式の左辺の dx に代入するという感覚で行うのがわかりやすい．

◇ 問 題 ◇

問題 10.1 次の定積分を求めよ．
(1) $\displaystyle\int_1^2 x\log x dx$ (2) $\displaystyle\int_0^1 x(1-x)^4 dx$

問題 10.2 次の定積分を求めよ．
(1) $\displaystyle\int_0^1 x\sqrt{x^2 + 1}dx$ (2) $\displaystyle\int_0^1 \log(1+\sqrt{x})dx$

◆ ━━━━━━━ 統計学ではこう使う 13 (期待値・分散) ━━━━━━━ ◆

連続型確率変数 x の確率密度関数を $f(x)$ とするとき，x の**期待値**を

$$E(x) = \int_{-\infty}^{\infty} xf(x)dx \tag{10.18}$$

と定義する．さらに，x の**分散**を次式により定義する．

$$V(x) = E[\{x - E(x)\}^2] \tag{10.19}$$

$V(x)$ は，9.2 節の定積分の基本的性質 (5) を用いて，次のようになる．

$$\begin{aligned}
V(x) &= \int_{-\infty}^{\infty} \{x - E(x)\}^2 f(x) dx = \int_{-\infty}^{\infty} [x^2 - 2E(x)x + \{E(x)\}^2] f(x) dx \\
&= \int_{-\infty}^{\infty} x^2 f(x) dx - 2E(x) \int_{-\infty}^{\infty} x f(x) dx + \{E(x)\}^2 \int_{-\infty}^{\infty} f(x) dx \\
&= E(x^2) - 2\{E(x)\}^2 + \{E(x)\}^2 = E(x^2) - \{E(x)\}^2 \tag{10.20}
\end{aligned}$$

また，c と d を定数とするとき，$E(cx + d) = cE(x) + d$，$V(cx + d) = c^2 V(x)$ が成り立つことが同様にしてわかる．

区間 $I = [a, b]$ 上の**一様分布** (確率密度関数は (9.19) 式) に従う確率変数 x の期待値と分散を求めよう．

$$\begin{aligned}
E(x) &= \int_{-\infty}^{\infty} x f(x) dx = \int_{a}^{b} \frac{x}{b-a} dx = \left[\frac{x^2}{2(b-a)} \right]_{a}^{b} \\
&= \frac{b^2 - a^2}{2(b-a)} = \frac{b+a}{2} \tag{10.21}
\end{aligned}$$

$$\begin{aligned}
E(x^2) &= \int_{-\infty}^{\infty} x^2 f(x) dx = \int_{a}^{b} \frac{x^2}{b-a} dx = \left[\frac{x^3}{3(b-a)} \right]_{a}^{b} \\
&= \frac{b^3 - a^3}{3(b-a)} = \frac{b^2 + ab + a^2}{3} \tag{10.22}
\end{aligned}$$

$$\begin{aligned}
V(x) &= E(x^2) - \{E(x)\}^2 \\
&= \frac{b^2 + ab + a^2}{3} - \left(\frac{b+a}{2} \right)^2 = \frac{(b-a)^2}{12} \tag{10.23}
\end{aligned}$$

指数分布 (確率密度関数は (9.21) 式) に従う確率変数 x の期待値と分散を求めよう．(10.13) 式および (10.14) 式より次式を得る．

$$E(x) = \int_{0}^{\infty} x f(x) dx = \int_{0}^{\infty} x \lambda e^{-\lambda x} dx = \frac{1}{\lambda} \tag{10.24}$$

$$E(x^2) = \int_{0}^{\infty} x^2 f(x) dx = \int_{0}^{\infty} x^2 \lambda e^{-\lambda x} dx = \frac{2}{\lambda^2} \tag{10.25}$$

$$V(x) = E(x^2) - \{E(x)\}^2 = \frac{2}{\lambda^2} - \frac{1}{\lambda^2} = \frac{1}{\lambda^2} \tag{10.26}$$

正規分布 (確率密度関数は (9.24) 式) に従う確率変数 x の期待値と分散を求めよう．(10.7) 式を用いることにより，期待値は次のようになる．

$$\begin{aligned}
E(x) &= \int_{-\infty}^{\infty} x f(x) dx = \int_{-\infty}^{\infty} (x - \mu) f(x) dx + \int_{-\infty}^{\infty} \mu f(x) dx \\
&= \int_{-\infty}^{\infty} (x - \mu) f(x) dx + \mu = \mu \tag{10.27}
\end{aligned}$$

次に，分散を求めよう．

$$V(x) = E\left[(x - \mu)^2 \right] = \int_{-\infty}^{\infty} (x - \mu)^2 f(x) dx$$

10.2 変数変換を用いた定積分の計算

$$= \int_{-\infty}^{\infty} (x-\mu)^2 \frac{1}{\sqrt{2\pi}\sigma} \exp\left\{-\frac{(x-\mu)^2}{2\sigma^2}\right\} dx \qquad (10.28)$$

$t = (x-\mu)/\sigma$ と変換する．x が $-\infty$ から ∞ へ動くとき，t も $-\infty$ から ∞ へ動く．$x = \sigma t + \mu$ であり，$\dfrac{dx}{dt} = \sigma$, $dx = \sigma dt$ となる．これらを (10.28) 式に代入して，部分積分を行う．

$$\begin{aligned}
V(x) &= \frac{\sigma^2}{\sqrt{2\pi}} \int_{-\infty}^{\infty} t^2 e^{-t^2/2} dt \\
&= \frac{\sigma^2}{\sqrt{2\pi}} \left[-te^{-t^2/2}\right]_{-\infty}^{\infty} + \frac{\sigma^2}{\sqrt{2\pi}} \int_{-\infty}^{\infty} e^{-t^2/2} dt \\
&= \frac{\sigma^2}{\sqrt{2\pi}} (0-0) + \sigma^2 \frac{1}{\sqrt{2\pi}} \int_{-\infty}^{\infty} e^{-t^2/2} dt \\
&= \sigma^2
\end{aligned} \qquad (10.29)$$

ここで，$\dfrac{1}{\sqrt{2\pi}} e^{-t^2/2}$ は (9.24) 式において $\mu = 0, \sigma = 1$ とした正規分布 (**標準正規分布**と呼ぶ) の確率密度関数だから，全範囲で積分すれば 1 になることを用いている．

◆━━━━━━━ **統計学ではこう使う 14 (確率変数の変換)** ━━━━━━━◆

確率変数 x の確率密度関数を $f_x(x)$ とする．単調増加な関数で $y = h(x)$ と変換したときの y の確率密度関数 $f_y(y)$ を求めることを考える．$y = h(x)$ の逆関数を $x = h^{-1}(y) = g(y)$ と表す (単調増加なので逆関数が存在する)．y の分布関数は次のようになる．

$$\begin{aligned}
F_y(w) &= Pr(y \leq w) = Pr\{h(x) \leq w\} \\
&= Pr\{x \leq h^{-1}(w)\} = Pr\{x \leq g(w)\} = F_x(g(w))
\end{aligned} \qquad (10.30)$$

これより，y の確率密度関数は

$$f_y(w) = F_y'(w) = \{F_x(g(w))\}' = f_x(g(w))g'(w) \qquad (10.31)$$

となる．$g'(w) > 0$ に注意する．

次に，単調減少な関数で $y = h(x)$ と変換したときの y の確率密度関数 $f_y(w)$ を求める．$y = h(x)$ の逆関数を $x = h^{-1}(y) = g(y)$ と表して，y の分布関数を考える．

$$\begin{aligned}
F_y(w) &= Pr(y \leq w) = Pr\{h(x) \leq w\} \\
&= Pr\{x \geq h^{-1}(w)\} = Pr\{x \geq g(w)\} = 1 - F_x(g(w))
\end{aligned} \qquad (10.32)$$

これより，y の確率密度関数は

$$f_y(w) = F_y'(w) = \{1 - F_x(g(w))\}' = -f_x(g(w))g'(w) \qquad (10.33)$$

となる．$-g'(w) > 0$ に注意する．

h を単調 (単調増加または単調減少) な関数とする．w を y で置き換えて，(10.31)

式と (10.33) 式をまとめて表現すると次式となる．

$$f_y(y) = f_x(g(y))|g'(y)| = f_x(g(y))\left|\frac{dx}{dy}\right| \tag{10.34}$$

確率変数 x が $(0,1)$ 上の一様分布とする $(f_x(x) = 1 \ (0 < x < 1))$. $y = -(1/\lambda)\log x \ (\lambda > 0)$ と変換する．x が 0 から 1 へ動くとき，y は ∞ から 0 へ動く（単調減少である）．$x = g(y) = e^{-\lambda y}$ であり，$\dfrac{dx}{dy} = g'(y) = -\lambda e^{-\lambda y}$ となるから，(10.34) 式より y の確率密度関数は

$$f_y(y) = f_x(g(y))|g'(y)| = 1 \cdot |-\lambda e^{-\lambda y}| = \lambda e^{-\lambda y} \quad (0 < y < \infty) \tag{10.35}$$

となる．これは (9.21) 式に示した指数分布の確率密度関数である．

同じことであるが，y の確率密度関数を求める過程を，変数変換の公式 (10.15) 式に基づいて例 10.4 の後に記載したように行うとわかりやすい．$dx = -\lambda e^{-\lambda y} dy$ だから，

$$1 = \int_0^1 1 dx = \int_\infty^0 1\left(-\lambda e^{-\lambda y}\right) dy = \int_0^\infty \lambda e^{-\lambda y} dy \tag{10.36}$$

となる．これより，(10.35) 式が y の確率密度関数として求まる．

第 11 講
ガンマ関数とベータ関数

11.1 ガンマ関数

ガンマ関数を次のように定義する.

ガンマ関数の定義
$$\Gamma(x) = \int_0^\infty t^{x-1} e^{-t} dt \quad (x > 0) \tag{11.1}$$

(11.1) 式の右辺において, $t = as\,(a > 0)$ と変換すると, $s = t/a$, $t : 0 \to \infty$ のとき $s : 0 \to \infty$, $dt = ads$ なので,

$$\Gamma(x) = \int_0^\infty t^{x-1} e^{-t} dt = \int_0^\infty (as)^{x-1} e^{-as} a\, ds = a^x \int_0^\infty s^{x-1} e^{-as} ds \tag{11.2}$$

となり, 両辺を a^x で割ると次式を得る.

$$\int_0^\infty s^{x-1} e^{-as} ds = \frac{\Gamma(x)}{a^x} \tag{11.3}$$

ガンマ関数には次のような性質がある.

ガンマ関数の性質

$$\Gamma(x+1) = x\Gamma(x) \quad (x \text{ は正の実数}) \tag{11.4}$$

$$\Gamma(1) = 1 \tag{11.5}$$

$$\Gamma(n) = (n-1)! \quad (n \text{ は自然数}) \tag{11.6}$$

$$\Gamma(1/2) = \sqrt{\pi} \tag{11.7}$$

(11.4) 式は部分積分を用いて示すことができる.

$$\Gamma(x+1) = \int_0^\infty t^{x+1-1}e^{-t}dt = \int_0^\infty t^x e^{-t}dt$$
$$= \left[-t^x e^{-t}\right]_0^\infty + x\int_0^\infty t^{x-1}e^{-t}dt$$
$$= x\Gamma(x) \qquad (11.8)$$

ここで，ロピタルの定理より $\lim_{t\to\infty} t^x e^{-t} = 0$ であることを用いた．

(11.5) 式は直接定積分を計算すればよい．

$$\Gamma(1) = \int_0^\infty t^{1-1}e^{-t}dt = \int_0^\infty e^{-t}dt = \left[-e^{-t}\right]_0^\infty = 1 \qquad (11.9)$$

(11.6) 式は，(11.4) 式を繰り返し用いて (11.5) 式を用いればよい．

$$\Gamma(n) = (n-1)\Gamma(n-1) = (n-1)(n-2)\Gamma(n-2) = \cdots$$
$$= (n-1)(n-2)\cdots 2\cdot 1 \Gamma(1) = (n-1)! \qquad (11.10)$$

(11.7) 式については，$\Gamma(1/2)$ を次のように変形する．

$$\Gamma(1/2) = \int_0^\infty t^{1/2-1}e^{-t}dt \qquad (11.11)$$

ここで $t = y^2/2$ と変換すると，$y = \sqrt{2t}$, $t: 0 \to \infty$ のとき $y: 0 \to \infty$, $dt = ydy$ なので，

$$\Gamma(1/2) = \int_0^\infty \left(\frac{y^2}{2}\right)^{-1/2} e^{-y^2/2} ydy = \sqrt{2}\int_0^\infty e^{-y^2/2}dy$$
$$= \frac{\sqrt{2}}{2}\int_{-\infty}^\infty e^{-y^2/2}dy = \sqrt{\pi}\int_{-\infty}^\infty \frac{1}{\sqrt{2\pi}}e^{-y^2/2}dy = \sqrt{\pi} \qquad (11.12)$$

となる．(11.12) 式の最後の積分は標準正規分布 $N(0,1^2)$ の確率密度関数を全範囲で積分しているので 1 になる．このことは，重積分を用いる必要があるので後述する (第 29 講)．□

11.2 ベータ関数

ベータ関数を次のように定義する．

ベータ関数の定義

$$B(x,y) = \int_0^1 t^{x-1}(1-t)^{y-1}dt \quad (x>0, y>0) \qquad (11.13)$$

ベータ関数には次のような性質がある．

ベータ関数の性質

$$B(x,y) = B(y,x) \tag{11.14}$$

$$B(x,y) = \frac{\Gamma(x)\Gamma(y)}{\Gamma(x+y)} \tag{11.15}$$

$$B(m,n) = \frac{(m-1)!(n-1)!}{(m+n-1)!} \quad (m \text{ と } n \text{ は自然数}) \tag{11.16}$$

(11.14) 式を示すために，(11.13) 式で $t = 1-s$ と変換する．$s = 1-t$, $t: 0 \to 1$ のとき $s: 1 \to 0$，$dt = (-1)ds$ なので，次式が成り立つ．

$$\begin{aligned} B(x,y) &= \int_0^1 t^{x-1}(1-t)^{y-1}dt = \int_1^0 (1-s)^{x-1}s^{y-1}(-1)ds \\ &= \int_0^1 s^{y-1}(1-s)^{x-1}ds = B(y,x) \end{aligned} \tag{11.17}$$

(11.15) 式は，ベータ関数とガンマ関数を結びつける重要な公式である．この証明は重積分の知識が必要となるので後述する (第 29 講)．

(11.16) 式は，(11.15) 式と (11.6) 式を用いれば成り立つことがわかる．□

◇ 問　　題 ◇

問題 11.1 次の値を求めよ．
(1) $\Gamma(4)$　(2) $\Gamma\left(\dfrac{5}{2}\right)$　(3) $B(3,4)$　(4) $B\left(\dfrac{1}{2}, \dfrac{1}{2}\right)$

問題 11.2 次の定積分を求めよ．
(1) $\displaystyle\int_0^\infty y^5 e^{-2y} dy$　(2) $\displaystyle\int_0^\infty y^{5/2} e^{-y/2} dy$

◆ ─────── **統計学ではこう使う 15 (ガンマ分布と χ^2 分布)** ─────── ◆

次の確率密度関数 $f(x)$ をもつ確率分布を**ガンマ分布**と呼び，$G(\alpha, \lambda)$ と表す．

$$f(x) = \frac{\lambda^\alpha}{\Gamma(\alpha)} x^{\alpha-1} e^{-\lambda x} \quad (x > 0) \tag{11.18}$$

これを全範囲 $(0 < x < \infty)$ で積分すると 1 になることは (11.3) 式よりわかる．

$G(1, \lambda)$ は指数分布に一致する ((9.21) 式)．

(11.3) 式および (11.4) 式を用いてガンマ分布の平均と分散を求めよう．

$$E(x) = \int_0^\infty x f(x) dx = \frac{\lambda^\alpha}{\Gamma(\alpha)} \int_0^\infty x^{\alpha+1-1} e^{-\lambda x} dx$$

$$= \frac{\lambda^\alpha}{\Gamma(\alpha)} \frac{\Gamma(\alpha+1)}{\lambda^{\alpha+1}} = \frac{\alpha \Gamma(\alpha)}{\Gamma(\alpha)\lambda} = \frac{\alpha}{\lambda} \tag{11.19}$$

$$E(x^2) = \int_0^\infty x^2 f(x) dx = \frac{\lambda^\alpha}{\Gamma(\alpha)} \int_0^\infty x^{\alpha+2-1} e^{-\lambda x} dx$$

$$= \frac{\lambda^\alpha}{\Gamma(\alpha)} \frac{\Gamma(\alpha+2)}{\lambda^{\alpha+2}} = \frac{(\alpha+1)\alpha\Gamma(\alpha)}{\Gamma(\alpha)\lambda^2} = \frac{(\alpha+1)\alpha}{\lambda^2} \tag{11.20}$$

$$V(x) = E(x^2) - \{E(x)\}^2 = \frac{(\alpha+1)\alpha}{\lambda^2} - \frac{\alpha^2}{\lambda^2} = \frac{\alpha}{\lambda^2} \tag{11.21}$$

(11.19)〜(11.21) 式で $\alpha=1$ とおけば,指数分布のときに求めた (10.24)〜(10.26) 式と一致する.

自由度 ϕ の χ^2 分布の確率密度関数は

$$f(x) = \frac{1}{\Gamma(\phi/2) 2^{\phi/2}} x^{\phi/2 - 1} e^{-x/2} \quad (x > 0) \tag{11.22}$$

である.これは,ガンマ分布 $G(\phi/2, 1/2)$ である.したがって,この期待値と分散は,(11.19)〜(11.21) 式に $\alpha = \phi/2$, $\lambda = 1/2$ を代入すると次のようになる.

$$E(x) = \phi \tag{11.23}$$

$$E(x^2) = (\phi+2)\phi \tag{11.24}$$

$$V(x) = 2\phi \tag{11.25}$$

◆━━━━━ 統計学ではこう使う 16 (ベータ分布と F 分布) ━━━━━◆

次の確率密度関数 $f(x)$ をもつ確率分布を**ベータ分布**と呼び,$Be(\alpha, \beta)$ と表す.

$$f(x) = \frac{1}{B(\alpha, \beta)} x^{\alpha-1} (1-x)^{\beta-1} \quad (0 < x < 1) \tag{11.26}$$

これを全範囲 $(0 < x < 1)$ で積分すると 1 になることは (11.13) 式よりわかる.

(11.4) 式,(11.13) 式および (11.15) 式を用いてベータ分布の平均と分散を求めよう.

$$E(x) = \int_0^1 x f(x) dx = \frac{1}{B(\alpha, \beta)} \int_0^1 x^{\alpha+1-1} (1-x)^{\beta-1} dx$$

$$= \frac{B(\alpha+1, \beta)}{B(\alpha, \beta)} = \frac{\Gamma(\alpha+\beta)}{\Gamma(\alpha)\Gamma(\beta)} \cdot \frac{\Gamma(\alpha+1)\Gamma(\beta)}{\Gamma(\alpha+\beta+1)}$$

$$= \frac{\Gamma(\alpha+\beta)}{\Gamma(\alpha)\Gamma(\beta)} \cdot \frac{\alpha\Gamma(\alpha)\Gamma(\beta)}{(\alpha+\beta)\Gamma(\alpha+\beta)} = \frac{\alpha}{\alpha+\beta} \tag{11.27}$$

$$E(x^2) = \int_0^1 x^2 f(x) dx = \frac{1}{B(\alpha, \beta)} \int_0^1 x^{\alpha+2-1} (1-x)^{\beta-1} dx$$

$$= \frac{B(\alpha+2, \beta)}{B(\alpha, \beta)} = \frac{\Gamma(\alpha+\beta)}{\Gamma(\alpha)\Gamma(\beta)} \cdot \frac{\Gamma(\alpha+2)\Gamma(\beta)}{\Gamma(\alpha+\beta+2)}$$

$$= \frac{\Gamma(\alpha+\beta)}{\Gamma(\alpha)\Gamma(\beta)} \cdot \frac{(\alpha+1)\alpha\Gamma(\alpha)\Gamma(\beta)}{(\alpha+\beta+1)(\alpha+\beta)\Gamma(\alpha+\beta)}$$

$$= \frac{(\alpha+1)\alpha}{(\alpha+\beta+1)(\alpha+\beta)} \tag{11.28}$$

$$V(x) = E(x^2) - \{E(x)\}^2 = \frac{(\alpha+1)\alpha}{(\alpha+\beta+1)(\alpha+\beta)} - \frac{\alpha^2}{(\alpha+\beta)^2}$$

$$= \frac{\alpha\beta}{(\alpha+\beta+1)(\alpha+\beta)^2} \tag{11.29}$$

自由度 (ϕ_1, ϕ_2) の F **分布**の確率密度関数は

$$f(x) = \frac{1}{B(\phi_1/2, \phi_2/2)} \left(\frac{\phi_1}{\phi_2}\right)^{\phi_1/2} x^{\phi_1/2-1} \left(1+\frac{\phi_1 x}{\phi_2}\right)^{-(\phi_1+\phi_2)/2} \quad (x>0) \tag{11.30}$$

である.ここで,$x = \dfrac{y}{(\phi_1/\phi_2)(1-y)}$ と変換する.$y = \dfrac{(\phi_1/\phi_2)x}{1+(\phi_1/\phi_2)x}$ となり,$x:0 \to \infty$ のとき $y:0 \to 1$,$dx = \dfrac{dy}{(\phi_1/\phi_2)(1-y)^2}$ なので,

$$1 = \int_0^\infty \frac{1}{B(\phi_1/2, \phi_2/2)} \left(\frac{\phi_1}{\phi_2}\right)^{\phi_1/2} x^{\phi_1/2-1} \left(1+\frac{\phi_1 x}{\phi_2}\right)^{-(\phi_1+\phi_2)/2} dx$$

$$= \int_0^1 \frac{1}{B(\phi_1/2, \phi_2/2)} y^{\phi_1/2-1} (1-y)^{\phi_2/2-1} dy \tag{11.31}$$

となる.したがって,y はベータ分布 $Be(\phi_1/2, \phi_2/2)$ に従う.

◆════════ **統計学ではこう使う 17(分散の推定量と推定精度)** ════════◆

$x_1, x_2, \cdots, x_n$ はたがいに独立に正規分布 $N(\mu, \sigma^2)$ に従うとする.平方和を $S_{xx} = \displaystyle\sum_{i=1}^n (x_i - \bar{x})^2$ と定義すると,S_{xx}/σ^2 は自由度 $\phi = n-1$ の χ^2 分布に従うことが知られている.$V = S_{xx}/(n-1)$ とおくと,(11.23) 式より

$$E(V) = \frac{\sigma^2}{n-1} E\left(\frac{S_{xx}}{\sigma^2}\right) = \frac{\sigma^2}{n-1} \cdot (n-1) = \sigma^2 \tag{11.32}$$

が成り立つ.これより,V は σ^2 の**不偏推定量**である.

不偏性は推定量の良さの唯一の基準ではない.推定量の良さを測る基準の1つに**平均2乗誤差** (MSE;mean square error) がある.σ^2 の推定量を $\hat{\sigma}^2$ と表すとき,次のように定義する.

$$\mathrm{MSE}(\hat{\sigma}^2) = E\left\{(\hat{\sigma}^2 - \sigma^2)^2\right\} \tag{11.33}$$

いま,$\hat{\sigma}^2(a) = aS_{xx}$($a$ は定数) の形をした σ^2 の推定量のなかで $\mathrm{MSE}(\hat{\sigma}^2)$ を最小にする a の値を求めよう.(11.23) 式と (11.24) 式より,$E(S_{xx}/\sigma^2) = \phi (= n-1)$,$E(S_{xx}^2/\sigma^4) = (\phi+2)\phi$ だから,

$$\begin{aligned}
\mathrm{MSE}(\hat{\sigma}^2(a)) &= E\left\{\left(\hat{\sigma}^2(a) - \sigma^2\right)^2\right\} = E\left\{\left(aS_{xx} - \sigma^2\right)^2\right\} \\
&= \sigma^4 E\left\{\left(a\frac{S_{xx}}{\sigma^2} - 1\right)^2\right\} = \sigma^4 E\left(a^2\frac{S_{xx}^2}{\sigma^4} - 2a\frac{S_{xx}}{\sigma^2} + 1\right) \\
&= \sigma^4 \left\{(\phi+2)\phi a^2 - 2\phi a + 1\right\} \\
&= \sigma^4 \left\{(\phi+2)\phi\left(a - \frac{1}{\phi+2}\right)^2 - \frac{\phi}{\phi+2} + 1\right\} \qquad (11.34)
\end{aligned}$$

となる.すなわち,$a = 1/(\phi+2) = 1/(n+1)$ のときに $\mathrm{MSE}(\hat{\sigma}^2(a))$ は最小値をとる.

第 12 講
数 値 積 分

12.1 台 形 公 式

　定積分を計算するとき，それ以上計算が進まず積分記号が残ってしまうことがある．そのときに，数値的に定積分を計算する近似方法として台形公式がある．

台形公式による定積分の近似方法

$$\int_a^b f(x)dx \approx \frac{b-a}{2n}\{y_0 + 2(y_1 + y_2 + \cdots + y_{n-1}) + y_n\} \quad (12.1)$$

$$y_k = f(x_k),\ x_k = a + \frac{k(b-a)}{n}\ (k = 0, 1, 2, \cdots, n) \quad (12.2)$$

　図 12.1 に示すように，積分区間 $[a,b]$ を n 等分して，それぞれの区間の面積を台形の面積で近似すると次のようになる．

$$\frac{b-a}{2n}\{y_0 + y_1\},\ \frac{b-a}{2n}\{y_1 + y_2\},\ \cdots,\ \frac{b-a}{2n}\{y_{n-1} + y_n\} \quad (12.3)$$

これらをすべて加えると (12.1) 式を得る．□

(**例 12.1**)　台形公式を用いて $\int_2^4 e^x dx$ の近似値を求める．真値は定積分を行えば $e^4 - e^2 = 47.20909\cdots$ である．積分区間 $[2,4]$ を 2 等分 ($n=2$)，4 等分 ($n=4$)，8 等分 ($n=8$) した場合について e^{x_k} の値を求めた結果を表 12.1 に示す．

　これらの値を用いて (12.1) 式に基づいて近似値を計算する．

　2 等分 ($n=2$) の場合：

$$\frac{4-2}{2\times 2}(7.38906 + 2\times 20.08554 + 54.59815) = 51.07915 \quad (12.4)$$

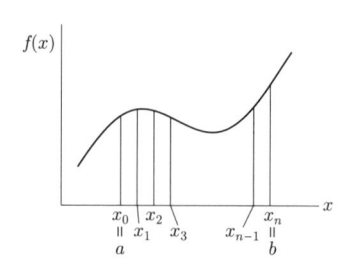

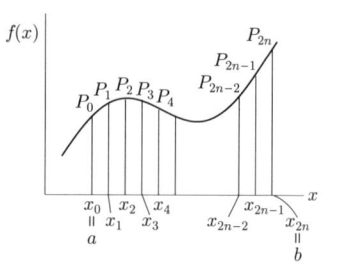

図 12.1 台形公式の原理　　**図 12.2** シンプソンの公式の原理

4 等分 $(n=4)$ の場合：
$$\frac{4-2}{2\times 4}\{7.38906+2(12.18249+20.08554+33.11545)+54.59815\}$$
$$=48.18854 \tag{12.5}$$

8 等分 $(n=8)$ の場合：
$$\frac{4-2}{2\times 8}\{7.38906+2(9.48774+12.18249+\cdots+42.52108)+54.59815\}$$
$$=47.45472 \tag{12.6}$$

□

表 12.1 関数 e^{x_k} の値 (例 12.1, 例 12.2)

x_k	$y_k = e^{x_k}$ の値		
	2 等分	4 等分	8 等分
2	7.38906	7.38906	7.38906
2.25			9.48774
2.5		12.18249	12.18249
2.75			15.64263
3	20.08554	20.08554	20.08554
3.25			25.79034
3.5		33.11545	33.11545
3.75			42.52108
4	54.59815	54.59815	54.59815

12.2　シンプソンの公式

台形公式よりも近似精度のよいシンプソンの公式を述べる．

12.2 シンプソンの公式

> **シンプソンの公式による定積分の近似方法**
>
> $$\int_a^b f(x)dx \approx \frac{b-a}{6n}\{y_0 + y_{2n} + 4(y_1 + y_3 + \cdots + y_{2n-1}) \\ + 2(y_2 + y_4 + \cdots + y_{2n-2})\} \quad (12.7)$$
>
> $$y_k = f(x_k),\ x_k = a + \frac{k(b-a)}{2n} \quad (k = 0, 1, 2, \cdots, 2n) \quad (12.8)$$

$f(x)$ が 3 次以下の多項式なら次式が成り立つ (問題 12.1).

$$\int_a^b f(x)dx = \frac{b-a}{6}\left\{f(a) + 4f\left(\frac{a+b}{2}\right) + f(b)\right\} \quad (12.9)$$

図 12.2 に示すように,積分区間 $[a,b]$ を $2n$ 等分する.曲線 $P_0P_1P_2$ の下の面積,曲線 $P_2P_3P_4$ の下の面積,$\cdots$,曲線 $P_{2n-2}P_{2n-1}P_{2n}$ の下のそれぞれの面積を (12.9) 式を用いて近似的に求める.それぞれの面積を求める領域の区間幅は $(b-a)/(2n) \times 2 = (b-a)/n$ であることに注意して,次のようになる.

$$\frac{b-a}{6n}\{y_0 + 4y_1 + y_2\},\ \frac{b-a}{6n}\{y_2 + 4y_3 + y_4\},$$
$$\cdots,\ \frac{b-a}{6n}\{y_{2n-2} + 4y_{2n-1} + y_{2n}\} \quad (12.10)$$

これらをすべて加えると (12.7) 式を得る.□

$f(x)$ が 3 次以下の多項式なら,シンプソンの公式を用いると定積分の真値を計算することができる.

(例 12.2) シンプソンの公式を用いて例 12.1 で計算した $\int_2^4 e^x dx$ の近似値を求める.真値は $47.20909\cdots$ だった.積分区間 $[2,4]$ を 2 等分 ($n=1$), 4 等分 ($n=2$), 8 等分 ($n=4$) した場合について e^{x_k} の値を求める.これらは表 12.1 と同じである.

これらの値を用いて (12.7) 式に基づいて近似値を計算する.

2 等分 ($n=1$) の場合:

$$\frac{4-2}{6 \times 1}(7.38906 + 54.59815 + 4 \times 20.08554) = 47.44312 \quad (12.11)$$

4 等分 ($n=2$) の場合:

$$\frac{4-2}{6 \times 2}\{7.38906 + 54.59815 + 4(12.18249 + 33.11545) + 2 \times 20.08554\}$$
$$= 47.22501 \quad (12.12)$$

8 等分 ($n=4$) の場合:

$$\frac{4-2}{6\times 4}\{7.38906+54.59815+4(9.48774+15.64263+25.79034+42.52108)$$
$$+2(12.18249+20.08554+33.11545)\}=47.21011 \qquad (12.13)$$

□

◇ 問　　題 ◇

問題 12.1 次のそれぞれの $f(x)$ が (12.9) 式を満たすことを確認することにより，3 次以下の多項式 px^3+qx^2+rx+s が (12.9) 式を満たすことを示せ．
(1) $f(x)=1$ 　(2) $f(x)=x$ 　(3) $f(x)=x^2$ 　(4) $f(x)=x^3$

問題 12.2 次のように数値積分せよ．
(1) 台形公式を用いて，区間を 4 等分して $\int_0^2 x^4 dx$ を求めよ．
(2) シンプソンの公式を用いて，区間を 4 等分して $\int_0^2 x^4 dx$ を求めよ．

◆══ 統計学ではこう使う 18（累積分布関数の計算・期待値などの計算）══◆

確率変数 x について確率密度関数を $f(x)$ とするとき，累積分布関数
$$F(w)=Pr(x\leq w)=\int_{-\infty}^{w} f(x)dx \qquad (12.14)$$
の値を求めたい．

指数分布などのように確率密度関数の不定積分を求めることができるときはよいが，そうでない場合には定積分を数値計算する必要がある．

また，推定量の精度を評価するために，期待値，分散，MSE を計算するときにも，定積分を数値的にしか求めることのできない場合が多い．

数値計算する際には，積分区間を有限区間として設定する必要がある．(12.14) 式のように積分区間が $(-\infty,w]$ の場合には，$(-\infty,a)$ において $\int_{-\infty}^{a} f(x)dx$ が十分小さくなるように a を定めてから積分区間を $[a,w]$ と設定して数値計算する，または，$\int_{-\infty}^{a} f(x)dx$ の値が既知の値になるように a を定めてから積分区間を $[a,w]$ と設定して数値計算する．

第13講
広　義　積　分

13.1　広義積分の定義

関数 $f(x)$ の定積分を求めるとき，積分区間の端点が ∞ の場合には

$$\int_a^\infty f(x)dx = \lim_{M\to\infty} \int_a^M f(x)dx \tag{13.1}$$

と考えて，この右辺の極限が存在するなら，それを左辺の定積分の値とする．端点が $-\infty$ の場合には

$$\int_{-\infty}^b f(x)dx = \lim_{m\to-\infty} \int_m^b f(x)dx \tag{13.2}$$

と考えて，この右辺の極限が存在するなら，それを左辺の定積分の値とする．積分区間が $(-\infty,\infty)$ なら，$\int_{-\infty}^\infty = \int_{-\infty}^a + \int_a^\infty$ として，(13.1) 式と (13.2) 式の2つの極限を別々に考える．このような定積分の定義を**広義積分**と呼ぶ．これらの計算方法は，すでにいくつかの場面で登場した．

また，区間 $(a,b]$ で $f(x)$ は連続だが，$\lim_{x\to a+0} f(x)$ が存在しないときは

$$\int_a^b f(x)dx = \int_{a+0}^b f(x)dx = \lim_{\varepsilon\to 0+0} \int_{a+\varepsilon}^b f(x)dx \tag{13.3}$$

と考えて ($\varepsilon \to 0+0$ は ε を正の方向から 0 に近づけることを意味する)，この右辺の極限が存在するなら，それを左辺の定積分の値とする．区間 $[a,b)$ についても同様に

$$\int_a^b f(x)dx = \int_a^{b-0} f(x)dx = \lim_{\varepsilon\to 0+0} \int_a^{b-\varepsilon} f(x)dx \tag{13.4}$$

と考える．これらの場合も広義積分と呼ぶ．このタイプの広義積分は例 10.2 に示した．例 10.2 では定積分が存在しない結果となった．

(**例 13.1**)　$a > 0$ とする．$r \neq 1$ のとき，

$$\int_a^\infty \frac{1}{x^r}dx = \lim_{M\to\infty}\int_a^M \frac{1}{x^r}dx = \lim_{M\to\infty}\left[\frac{1}{-r+1}x^{-r+1}\right]_a^M$$
$$= \lim_{M\to\infty}\frac{1}{-r+1}(M^{-r+1}-a^{-r+1})$$
$$= \begin{cases} \infty & (r<1 \text{ のとき}) \\ -a^{-r+1}/(-r+1) & (r>1 \text{ のとき}) \end{cases} \tag{13.5}$$

となる．また，$r=1$ なら
$$\int_a^\infty \frac{1}{x}dx = \lim_{M\to\infty}\int_a^M \frac{1}{x}dx = \lim_{M\to\infty}[\log|x|]_a^M$$
$$= \lim_{M\to\infty}(\log|M|-\log|a|) = \infty \tag{13.6}$$

となる．□

(**例 13.2**) 積分区間を $(a,b]$ とする．$r\neq 1$ とするとき，
$$\int_a^b \frac{1}{(x-a)^r}dx = \lim_{\varepsilon\to 0+0}\int_{a+\varepsilon}^b \frac{1}{(x-a)^r}dx = \lim_{\varepsilon\to 0+0}\left[\frac{1}{-r+1}(x-a)^{-r+1}\right]_{a+\varepsilon}^b$$
$$= \lim_{\varepsilon\to 0+0}\frac{1}{-r+1}\{(b-a)^{-r+1}-\varepsilon^{-r+1}\}$$
$$= \begin{cases} (b-a)^{-r+1}/(-r+1) & (r<1 \text{ のとき}) \\ \infty & (r>1 \text{ のとき}) \end{cases} \tag{13.7}$$

となる．また，$r=1$ なら
$$\int_a^b \frac{1}{x-a}dx = \lim_{\varepsilon\to 0+0}\int_{a+\varepsilon}^b \frac{1}{x-a}dx = \lim_{\varepsilon\to 0+0}[\log|x-a|]_{a+\varepsilon}^b$$
$$= \lim_{\varepsilon\to 0+0}\{\log(b-a)-\log\varepsilon\} = \infty \tag{13.8}$$

となる．□

このように，広義積分が存在するかどうかを判定するには，実際に定積分を計算してみればよい．ただし，例 10.2 のように，積分区間内に不連続点があるときは，定積分を別々に分けてから計算する必要がある．

13.2 広義積分の存在の判定方法

実際に定積分を計算しなくても，広義積分が存在する (収束する) かどうかを判定したいときがある．例えば，不定積分を求めることができなくて広義積分を数値積分により求めたい場合には，広義積分が存在するのかどうかを判定してから計算する必要がある．次のような広義積分の存在の判定方法がある．

13.2 広義積分の存在の判定方法

広義積分の存在の判定方法 1

(1) 区間 $[a, \infty)$ で連続な関数 $f(x)$ が，ある $r > 1$ に対して
$$\lim_{x \to \infty} x^r f(x) = c \qquad (c \text{ は有限の定数}) \tag{13.9}$$
を満たすなら，$\int_a^\infty f(x)dx$ は存在する．

(2) 区間 $[a, \infty)$ で連続な関数 $f(x)$ が十分大きな x に対して一定の符号であるとき，ある $r \leq 1$ に対して
$$\lim_{x \to \infty} x^r f(x) = c \neq 0 \qquad (c \text{ は有限の定数}) \tag{13.10}$$
なら，$\int_a^\infty f(x)dx$ は発散する．

広義積分の存在の判定方法 2

(1) 区間 $(a, b]$ で連続な関数 $f(x)$ が，ある $r < 1$ に対して
$$\lim_{x \to a+0} (x-a)^r f(x) = c \qquad (c \text{ は有限の定数}) \tag{13.11}$$
を満たすなら，$\int_a^b f(x)dx$ は存在する．

(2) 区間 $(a, b]$ で連続な関数 $f(x)$ が a に十分近い $x > a$ で一定の符号であるとき，ある $r \geq 1$ に対して
$$\lim_{x \to a+0} (x-a)^r f(x) = c \neq 0 \qquad (c \text{ は有限の定数}) \tag{13.12}$$
を満たすなら，$\int_a^b f(x)dx$ は発散する．

一般に，
$$\left| \int_a^b f(x)dx \right| \leq \int_a^b |f(x)|dx \tag{13.13}$$
が成り立つ．この右辺は，$f(x)$ が負になることがあれば絶対値をとってその部分を正に置き換えることになるから，(9.2) 式の定義より成り立つ ((9.3) 式も参照)．広義積分では，(13.13) 式の右辺が収束 (**絶対収束**と呼ぶ) すれば，左辺も収束する．また，$|f(x)| \leq g(x)$ なら，(9.2) 式の定義より，

$$\int_a^b |f(x)|dx \le \int_a^b g(x)dx \tag{13.14}$$

が成り立つ．広義積分の場合，(13.14) 式の右辺が収束すれば (13.14) 式と (13.13) 式より $f(x)$ の広義積分が収束する．

広義積分の存在の判定方法 1 を示す．(13.9) 式が成り立つとする．このときは，ある区間 $[a_1, \infty)$ $(a_1 > 1)$ で $|f(x)|x^r < c_1$ (有界) である．したがって，この区間で $|f(x)| < c_1/x^r$ となる．例 13.1 より，$\int_{a_1}^{\infty} \frac{1}{x^r}dx$ は $r > 1$ のとき存在する．(13.9) 式がある $r > 1$ に対して満たされるので，この積分は存在する．(13.14) 式および (13.13) 式より，$\int_{a_1}^{\infty} f(x)dx$ は存在する．

$$\int_a^{\infty} f(x)dx = \int_a^{a_1} f(x)dx + \int_{a_1}^{\infty} f(x)dx \tag{13.15}$$

と積分区間を分割すると，(13.15) 式の右辺の前半の積分は有限の区間であり $f(x)$ が連続だから存在し，後半の積分はいま示したように収束する．以上より，(13.15) 式の左辺の広義積分は存在する．

次に，(13.10) 式が成り立つとする．ある区間 $[a_1, \infty)$ $(a_1 > 0)$ で $f(x) > 0$ とすると，(13.10) 式で $c \ne 0$ だから，$0 < c_1 < f(x)x^r$ となる c_1 が存在する．したがって，この区間で $f(x) > c_1/x^r$ となる．例 13.1 より，$\int_{a_1}^{\infty} \frac{1}{x^r}dx$ は $r \le 1$ のとき発散する．(13.10) 式がある $r \le 1$ に対して満たされるので，この積分は発散する．いま，区間 $[a_1, \infty)$ で $f(x) > 0$ としているから $\int_{a_1}^{\infty} f(x)dx \ge c_1 \int_{a_1}^{\infty} \frac{1}{x^r}dx = \infty$ となる．

$$\int_a^{\infty} f(x)dx = \int_a^{a_1} f(x)dx + \int_{a_1}^{\infty} f(x)dx \tag{13.16}$$

と積分区間を分割すると，前半の積分は有限の区間であり $f(x)$ が連続だから存在し，後半の積分は発散する．以上より，広義積分は存在しない．

広義積分の存在の判定方法 2 も同様に示すことができる．□

(**例 13.3**) 例 10.2 の (10.10) 式の広義積分を考える．$f(x) = \dfrac{1}{x^2-4}$ である．

$$\lim_{x \to 2-0} f(x)(x-2) = \lim_{x \to 2-0} \frac{1}{x+2} = \frac{1}{4} \tag{13.17}$$

となるので，(13.12) 式が $r = 1$ で成り立つ．したがって，(10.10) 式の広義積分は存在しない．□

(**例 13.4**)　(11.1) 式で定義したガンマ関数を考える．
$$\Gamma(x) = \int_0^\infty t^{x-1} e^{-t} dt \tag{13.18}$$
この場合の広義積分の存在については，積分区間の両方の端点について考慮する必要がある．

$f(t) = t^{x-1} e^{-t} > 0$ であることに注意する．

まず，積分区間の端点 ∞ については，任意の x と r に対して
$$\lim_{t \to \infty} t^r f(t) = \lim_{t \to \infty} t^r t^{x-1} e^{-t} = \lim_{t \to \infty} \frac{t^{r+x-1}}{e^t} = 0 \tag{13.19}$$
となるから，(13.9) 式が成り立つ．

次に，積分区間の下限の 0 について考える．
$$\lim_{t \to 0+0} (t-0)^r f(t) = \lim_{t \to 0+0} t^{r+x-1} e^{-t} \tag{13.20}$$
$r = 1 - x$ とすると，上の極限は 1 になる．$x > 0$ なら $r \, (= 1-x) < 1$ に対して (13.11) 式が成り立つことになり，広義積分は存在する．一方，$x \leq 0$ なら，$r \, (= 1-x) \geq 1$ に対して (13.12) 式が成り立つことになり，広義積分は存在しない．

以上より，ガンマ関数は $x > 0$ のとき広義積分が存在する．□

◇　　問　　題　　◇

問題 13.1　次の定積分を求めよ．
(1) $\int_1^2 \frac{1}{x^2} dx$　(2) $\int_{-1}^1 \frac{1}{x^2} dx$

問題 13.2　(11.13) 式で定義したベータ関数が $x > 0, y > 0$ のとき存在することを示せ．

◆━━━━━━━ 統計学ではこう使う 19 (期待値の存在) ━━━━━━━◆

自由度 ϕ の χ^2 分布の確率密度関数は
$$f(x) = \frac{1}{\Gamma(\phi/2) 2^{\phi/2}} x^{\phi/2-1} e^{-x/2} \quad (x > 0) \tag{13.21}$$
である．これは，ガンマ分布 $G(\phi/2, 1/2)$ の確率密度関数に一致する．ガンマ分布 $G(\alpha, \lambda)$ のパラメータのうち，λ の値は広義積分の存在とは無関係である．ガンマ分布に関連した広義積分が存在するためには例 13.4 より $\alpha > 0$ である必要がある．これを (13.21) 式に当てはめて考えると，$\phi/2 > 0$ となる．自由度 ϕ は自然数だから，すべての自由度に対して (13.21) 式の全範囲 (積分区間：$(0, \infty)$) での積分が存在する．

次に，(13.21) 式に基づいて x^k の期待値を考えてみよう．

$$E(x^k) = \int_0^\infty x^k f(x) dx = \frac{1}{\Gamma(\phi/2) 2^{\phi/2}} \int_0^\infty x^{k+\phi/2-1} e^{-x/2} dx \qquad (13.22)$$

となる．この広義積分が存在するためには，$k+\phi/2 > 0$ が必要である．例えば，自由度が $\phi=1$ のときには，$E(x^{-1}) = E(1/x)$ は存在しない．

正規分布 $N(\mu, \sigma^2)$ の場合も $E(1/x)$ や $E(1/x^2)$ などは存在しない．例えば $E(1/x)$ は

$$\begin{aligned} E\left(\frac{1}{x}\right) &= \frac{1}{\sqrt{2\pi}\sigma} \int_{-\infty}^\infty \frac{1}{x} \exp\left\{-\frac{(x-\mu)^2}{2\sigma^2}\right\} dx \\ &= \frac{1}{\sqrt{2\pi}\sigma} \int_{-\infty}^0 \frac{1}{x} \exp\left\{-\frac{(x-\mu)^2}{2\sigma^2}\right\} dx \\ &\quad + \frac{1}{\sqrt{2\pi}\sigma} \int_0^\infty \frac{1}{x} \exp\left\{-\frac{(x-\mu)^2}{2\sigma^2}\right\} dx \end{aligned} \qquad (13.23)$$

と表すことができるが，右辺のいずれの広義積分も端点 0 において (13.12) 式が $r=1$ に対して成り立つので，広義積分は存在しない．

t 分布についても考えておく．自由度 ϕ の t 分布の確率密度関数は次のとおりである．

$$f(x) = \frac{1}{\sqrt{\phi} B(1/2, \phi/2)} \left(1 + \frac{x^2}{\phi}\right)^{-(\phi+1)/2} \quad (-\infty < x < \infty) \qquad (13.24)$$

$f(x)$ を $-\infty$ から ∞ で積分するときには $r = \phi+1 > 1$ として (13.9) 式が成り立つから広義積分は存在する．$\phi=1$ として (自由度 $\phi=1$ の t 分布を**コーシー分布**と呼ぶ)，$E(x)$ と $E(x^2)$ を考える．

$$E(x) = \int_{-\infty}^\infty x f(x) dx = \frac{1}{B(1/2, 1/2)} \int_{-\infty}^\infty \frac{x}{1+x^2} dx \qquad (13.25)$$

$$E(x^2) = \int_{-\infty}^\infty x^2 f(x) dx = \frac{1}{B(1/2, 1/2)} \int_{-\infty}^\infty \frac{x^2}{1+x^2} dx \qquad (13.26)$$

(13.25) 式の広義積分では $r=1$ として (13.10) 式が成り立ち，(13.26) 式の広義積分では $r=0$ として (13.10) 式が成り立つので，自由度が 1 の t 分布では平均と分散が存在しない．同様に考えることにより，t 分布で平均が存在するのは $\phi \geq 2$，分散が存在するのは $\phi \geq 3$ であることがわかる．

第2部
線 形 代 数

　第2部では，線形代数について基本的事項を述べる．ベクトルと行列の演算を中心として，さまざまな行列の性質を解説する．一般の線形代数の教科書と比べると，行列のランクの性質，正定値行列の性質，分割行列の演算方法などをより詳しく説明する．

　線形代数は，多変量解析法を理論的に勉強するためには必須である．解析ソフトを使ってデータの入力の仕方と出力の見方を理解すればよいと割り切るならば，線形代数の勉強はあまり必要ないかもしれない．しかし，本書では，その一歩上を目指そうとする読者の方々を想定している．ぜひ，第2部の内容をていねいに勉強してほしい．

　統計学において必要な線形代数は，ほとんどの場合，実数値を成分とする対称行列を中心とした内容に限られる．このときは対角化が可能であり，その理論的展開はやさしい．

　さらに，多変量解析法で主に取り扱う分散共分散行列や相関係数行列は正定値行列ないしは非負定値行列である．したがって，正定値行列や非負定値行列に関する内容を修得することが大切である．

　多変量解析法では，逆行列の計算，行列式の計算，固有値・固有ベクトルの計算が重要である．行列のランクを絡めた，これらの内容および関係を正確に理解することが必要である．

　行列のトレース，転置，ランク，行列式の公式にできるだけ習熟することが望ましい．

　また，分割行列の演算は非常に有用である．公式をみながら正確に適用できるようになってほしい．

第14講
ベクトルと行列の加減

14.1 ベクトルと行列の定義

p 次元**縦ベクトル** (**列ベクトル**) を次のように定義する．

$$\boldsymbol{x} = \begin{pmatrix} x_1 \\ x_2 \\ \vdots \\ x_p \end{pmatrix} \tag{14.1}$$

$x_1, x_2, \cdots, x_p$ は実数であり (**本書では実数に限ることにする**)，x_i を**第 i 成分**または**第 i 要素**と呼ぶ．1 次元の数を**スカラー**と呼ぶ．本書では，ベクトルを表すのに太字を用いる．成分やスカラーには太字を用いない．

p 個の成分を横に並べたものを p 次元**横ベクトル** (**行ベクトル**) と呼ぶ．

縦ベクトルを横ベクトルに書き直すこと，または，横ベクトルを縦ベクトルに書き直すことを**転置**と呼び，ベクトルの記号に上付きで T (転置する=transpose) を付けて表す．t や $'$ (プライムと読む) などを上付き記号として用いることもある．転置を 2 回行うともとに戻る．(14.1) 式に基づくと次のようになる．

$$\boldsymbol{x}^T = (x_1, x_2, \cdots, x_p) \tag{14.2}$$

$$\left(\boldsymbol{x}^T\right)^T = \boldsymbol{x} \tag{14.3}$$

本書では，今後，ベクトルといえば，特に断らない限り，縦ベクトルを表すものとする．横ベクトルは縦ベクトルの転置として表す．

次に，$p \times q$ **行列**を次のように定義する．

$$A = \begin{pmatrix} a_{11} & a_{12} & \cdots & a_{1q} \\ a_{21} & a_{22} & \cdots & a_{2q} \\ \vdots & \vdots & \cdots & \vdots \\ a_{p1} & a_{p2} & \cdots & a_{pq} \end{pmatrix} \tag{14.4}$$

a_{ij} は実数であり,行列 A の (i,j) **成分**または (i,j) **要素**と呼ぶ.

本書では,行列 (ベクトルではない場合) を表すのにアルファベットの大文字を用いる.

p 次元縦ベクトルは $p \times 1$ 行列, p 次元横ベクトルは $1 \times p$ 行列とみなすことができる. p 次元縦ベクトルを $p \times 1$ ベクトル, p 次元横ベクトルを $1 \times p$ ベクトルと呼ぶこともある.

$p \times q$ 行列は, $p \times 1$ ベクトルを横に q 本並べたもの,または, $1 \times q$ ベクトルを縦に p 本並べたものと考えることができる.

$$A = \left(\begin{pmatrix} a_{11} \\ a_{21} \\ \vdots \\ a_{p1} \end{pmatrix}, \begin{pmatrix} a_{12} \\ a_{22} \\ \vdots \\ a_{p2} \end{pmatrix}, \cdots, \begin{pmatrix} a_{1q} \\ a_{2q} \\ \vdots \\ a_{pq} \end{pmatrix} \right) = (\boldsymbol{x}_1, \boldsymbol{x}_2, \cdots, \boldsymbol{x}_q) \tag{14.5}$$

$$A = \begin{pmatrix} (a_{11}, a_{12}, \cdots, a_{1q}) \\ (a_{21}, a_{22}, \cdots, a_{2q}) \\ \vdots \\ (a_{p1}, a_{p2}, \cdots, a_{pq}) \end{pmatrix} = \begin{pmatrix} \boldsymbol{y}_1^T \\ \boldsymbol{y}_2^T \\ \vdots \\ \boldsymbol{y}_p^T \end{pmatrix} \tag{14.6}$$

$p \times p$ 行列を p 次の**正方行列**と呼ぶ.

行列の場合にも転置を考える. (14.4) 式の $p \times q$ 行列 A に対して, a_{ji} を (i,j) 成分とする $q \times p$ 行列を A の**転置行列**と呼び, A^T と表す. (14.5) 式と (14.6) 式に対応させて下記に示す.

$$A^T = \begin{pmatrix} a_{11} & a_{21} & \cdots & a_{p1} \\ a_{12} & a_{22} & \cdots & a_{p2} \\ \vdots & \vdots & \cdots & \vdots \\ a_{1q} & a_{2q} & \cdots & a_{pq} \end{pmatrix} = \begin{pmatrix} \boldsymbol{x}_1^T \\ \boldsymbol{x}_2^T \\ \vdots \\ \boldsymbol{x}_q^T \end{pmatrix} = (\boldsymbol{y}_1, \boldsymbol{y}_2, \cdots, \boldsymbol{y}_p) \tag{14.7}$$

また, (14.3) 式と同様,行列の場合も転置を 2 回行うともとに戻る.

$$(A^T)^T = A \tag{14.8}$$

$p \times 1$, $1 \times p$, $p \times q$, $q \times p$ などをベクトルや行列の**型**と呼ぶ.

2 つのベクトルないしは 2 つの行列が等しいとは,型が同じで対応する成分が等しい場合をいう.

14.2 ベクトルと行列の加減とスカラー倍

型が同じベクトルどうし，型が同じ行列どうしでは，次のように成分ごとに加減を行うことができる．また，ベクトルや行列のスカラー倍 (c 倍) は，各成分をスカラー倍すればよい．

$$x = \begin{pmatrix} x_1 \\ x_2 \\ \vdots \\ x_p \end{pmatrix}, \quad y = \begin{pmatrix} y_1 \\ y_2 \\ \vdots \\ y_p \end{pmatrix} \tag{14.9}$$

$$x + y = \begin{pmatrix} x_1 + y_1 \\ x_2 + y_2 \\ \vdots \\ x_p + y_p \end{pmatrix}, \quad x - y = \begin{pmatrix} x_1 - y_1 \\ x_2 - y_2 \\ \vdots \\ x_p - y_p \end{pmatrix} \tag{14.10}$$

$$cx = \begin{pmatrix} cx_1 \\ cx_2 \\ \vdots \\ cx_p \end{pmatrix} \tag{14.11}$$

$$A = \begin{pmatrix} a_{11} & a_{12} & \cdots & a_{1q} \\ a_{21} & a_{22} & \cdots & a_{2q} \\ \vdots & \vdots & \cdots & \vdots \\ a_{p1} & a_{p2} & \cdots & a_{pq} \end{pmatrix}, \quad B = \begin{pmatrix} b_{11} & b_{12} & \cdots & b_{1q} \\ b_{21} & b_{22} & \cdots & b_{2q} \\ \vdots & \vdots & \cdots & \vdots \\ b_{p1} & b_{p2} & \cdots & b_{pq} \end{pmatrix} \tag{14.12}$$

$$A + B = \begin{pmatrix} a_{11} + b_{11} & a_{12} + b_{12} & \cdots & a_{1q} + b_{1q} \\ a_{21} + b_{21} & a_{22} + b_{22} & \cdots & a_{2q} + b_{2q} \\ \vdots & \vdots & \cdots & \vdots \\ a_{p1} + b_{p1} & a_{p2} + b_{p2} & \cdots & a_{pq} + b_{pq} \end{pmatrix} \tag{14.13}$$

$$A - B = \begin{pmatrix} a_{11} - b_{11} & a_{12} - b_{12} & \cdots & a_{1q} - b_{1q} \\ a_{21} - b_{21} & a_{22} - b_{22} & \cdots & a_{2q} - b_{2q} \\ \vdots & \vdots & \cdots & \vdots \\ a_{p1} - b_{p1} & a_{p2} - b_{p2} & \cdots & a_{pq} - b_{pq} \end{pmatrix} \tag{14.14}$$

$$cA = \begin{pmatrix} ca_{11} & ca_{12} & \cdots & ca_{1q} \\ ca_{21} & ca_{22} & \cdots & ca_{2q} \\ \vdots & \vdots & \cdots & \vdots \\ ca_{p1} & ca_{p2} & \cdots & ca_{pq} \end{pmatrix} \tag{14.15}$$

A, B, C が同じ型の行列，c と d がスカラーのとき，次式が成り立つ．

$$(A + B) + C = A + (B + C) \tag{14.16}$$

$$A + B = B + A \tag{14.17}$$
$$c(A+B) = cA + cB, \quad (c+d)A = cA + dA \tag{14.18}$$
$$(cd)A = c(dA) \tag{14.19}$$

なお,すべての成分がゼロのベクトルを**ゼロベクトル**と呼び,**0** と表す.また,すべての成分がゼロの行列を**ゼロ行列**と呼び,O と表す.

$$\mathbf{0} = \begin{pmatrix} 0 \\ 0 \\ \vdots \\ 0 \end{pmatrix}, \quad O = \begin{pmatrix} 0 & 0 & \cdots & 0 \\ 0 & 0 & \cdots & 0 \\ \vdots & \vdots & \cdots & \vdots \\ 0 & 0 & \cdots & 0 \end{pmatrix} \tag{14.20}$$

以下に,行列の転置についての性質を後述する内容も含めてまとめておく(かっこ内が関連する節を示す).

行列の転置の性質

(1) $(A^T)^T = A$ (14.1 節)
(2) $(cA + dB)^T = cA^T + dB^T$ (14.2 節)
(3) $\mathrm{tr}(A^T) = \mathrm{tr}(A)$ (14.3 節)
(4) $(AB)^T = B^T A^T$ (15.2 節)
(5) $(A^T)^{-1} = (A^{-1})^T$ (16.2 節)
(6) $|A^T| = |A|$ (20.2 節)

14.3 正方行列のトレース

p 次の正方行列 A に対して,その (i,i) 成分 (**対角成分**と呼ぶ) の和を行列 A の**トレース**と呼び,$\mathrm{tr}(A)$ と表す.

$$A = \begin{pmatrix} a_{11} & a_{12} & \cdots & a_{1p} \\ a_{21} & a_{22} & \cdots & a_{2p} \\ \vdots & \vdots & \cdots & \vdots \\ a_{p1} & a_{p2} & \cdots & a_{pp} \end{pmatrix} \Rightarrow \mathrm{tr}(A) = a_{11} + a_{22} + \cdots + a_{pp} \tag{14.21}$$

以下に,行列のトレースについての性質を後述する内容も含めてまとめておく (かっこ内が関連する節を示す).

行列のトレースの性質

(1) $\text{tr}(A^T) = \text{tr}(A)$ (14.3 節)
(2) $\text{tr}(cA + dB) = c\,\text{tr}(A) + d\,\text{tr}(B)$ (14.3 節)
(3) $\text{tr}(AB) = \text{tr}(BA)$ (15.2 節)
(4) $\text{tr}(AA^T) = \text{tr}(A^T A) = (A \text{ のすべての要素の 2 乗和})$ (15.2 節)
(5) $\boldsymbol{x}^T A \boldsymbol{x} = \text{tr}(\boldsymbol{x}^T A \boldsymbol{x}) = \text{tr}(A\boldsymbol{x}\boldsymbol{x}^T)$ (15.3 節)
(6) $\text{tr}(A) = (A \text{ のすべての固有値の和})$ (22.1 節)

◇ 問　題 ◇

問題 14.1 次の 3 つの行列の型を述べよ．また，それぞれの転置行列を求めよ．
$$A = \begin{pmatrix} 1 & 2 & 4 \\ 3 & 6 & 7 \\ 5 & 8 & 9 \end{pmatrix},\ B = \begin{pmatrix} 1 & 0.3 & 0.5 \\ 0.3 & 1 & 0.7 \\ 0.5 & 0.7 & 1 \end{pmatrix},\ C = \begin{pmatrix} 2 & 3 & 5 & 4 \\ 1 & 2 & 6 & 8 \\ 7 & 1 & 9 & 7 \end{pmatrix}$$

問題 14.2 問題 14.1 の行列 A と B を用いて，$2A + 3B$ を求めよ．また，$\text{tr}(2A + 3B) = 2\text{tr}(A) + 3\text{tr}(B)$ が成り立つことを確認せよ．

◆───── **統計学ではこう使う 20 (多変量データ)** ─────◆

p 変数 (**変量**とも呼ぶ) $x_1, x_2, \cdots, x_p$ の観測値が n 組あるとする．それらをまとめると表 14.1 の形式となる．これを**多変量データ**と呼ぶ．変数の種類 (**量的変数**か**質的変数**か)，変数の役割 (**目的変数**か**説明変数**か，**外生変数**か**内生変数**か)，解析の目的は何かなどに応じて，さまざまな**多変量解析法**が存在する．

表14.1　多変量データ

No.	x_1	x_2	$\cdots$	x_p
1	x_{11}	x_{12}	$\cdots$	x_{1p}
2	x_{21}	x_{22}	$\cdots$	x_{2p}
$\vdots$	$\vdots$	$\vdots$	$\cdots$	$\vdots$
n	x_{n1}	x_{n2}	$\cdots$	x_{np}

表 14.1 のデータは $n \times p$ 行列として表現できる (各データの添え字の付き方に注意)．また，変数ごとの観測値を $n \times 1$ ベクトルとして表現することができる．

# 第 15 講
ベクトルと行列の積

15.1 内　　　積

(14.9) 式の p 次元ベクトル $\boldsymbol{x}$ と $\boldsymbol{y}$ に対して**内積**を次のように定義する．
$$(\boldsymbol{x}, \boldsymbol{y}) = x_1 y_1 + x_2 y_2 + \cdots + x_p y_p \ (= (\boldsymbol{y}, \boldsymbol{x})) \tag{15.1}$$
また，(14.9) 式の p 次元ベクトル $\boldsymbol{x}$ の**長さ**を次式で定義する．
$$\boldsymbol{x} \text{の長さ} = \|\boldsymbol{x}\| = \sqrt{(\boldsymbol{x}, \boldsymbol{x})} = \sqrt{x_1^2 + x_2^2 + \cdots + x_p^2} \tag{15.2}$$
「$\boldsymbol{x} = \boldsymbol{0}$ (ゼロベクトル) $\Leftrightarrow \|\boldsymbol{x}\| = 0$」である．

　p 次元ベクトルはその成分が p 次元空間の点の座標を表す．p 次元ベクトルは原点からこの座標への向きと長さをもった量である．ベクトル $\boldsymbol{x}\ (\neq \boldsymbol{0})$ が与えられたとき，次のようにして原点からの向きが同じで，長さ 1 のベクトル (**単位ベクトル**と呼ぶ) に変換することができる．
$$\boldsymbol{e}(\boldsymbol{x}) = \frac{1}{\|\boldsymbol{x}\|} \boldsymbol{x} \tag{15.3}$$
　2.2 節で述べたシュワルツの不等式より，ベクトル $\boldsymbol{x}$ と $\boldsymbol{y}$ がどちらもゼロベクトルでないなら
$$-1 \leq \frac{(\boldsymbol{x}, \boldsymbol{y})}{\|\boldsymbol{x}\| \|\boldsymbol{y}\|} \leq 1 \tag{15.4}$$
が成り立つ．これに基づき，
$$\cos \theta = \frac{(\boldsymbol{x}, \boldsymbol{y})}{\|\boldsymbol{x}\| \|\boldsymbol{y}\|} \tag{15.5}$$
となる θ を 2 つのベクトル $\boldsymbol{x}$ と $\boldsymbol{y}$ のなす角と呼ぶ．さらに，ゼロベクトルでない 2 つのベクトルの内積がゼロ ((15.5) 式の分子がゼロ) のとき，2 つのベクトルは**直交**するという．

(**例 15.1**)　2 次元ベクトル $\boldsymbol{x} = (\sqrt{3}, 1)^T$, $\boldsymbol{y} = (-1, \sqrt{3})^T$, $\boldsymbol{z} = (\sqrt{3}, -1)^T$ を

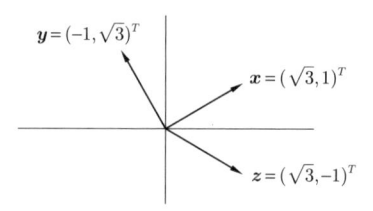

図 15.1 3つのベクトル (例 15.1)

図 15.1 に示す. ベクトルを縦ベクトルとして扱うため, 転置の記号 T を付けている.

$$(\boldsymbol{x}, \boldsymbol{y}) = \sqrt{3} \cdot (-1) + 1 \cdot \sqrt{3} = 0 \tag{15.6}$$

$$\|\boldsymbol{x}\| = \sqrt{(\sqrt{3})^2 + 1^2} = 2, \ \|\boldsymbol{z}\| = 2, \ (\boldsymbol{x}, \boldsymbol{z}) = 2 \tag{15.7}$$

$$\cos\theta = \frac{(\boldsymbol{x}, \boldsymbol{z})}{\|\boldsymbol{x}\|\, \|\boldsymbol{z}\|} = \frac{2}{2 \cdot 2} = \frac{1}{2} \tag{15.8}$$

これより, $\boldsymbol{x}$ と $\boldsymbol{y}$ は直交し, $\boldsymbol{x}$ と $\boldsymbol{z}$ のなす角は60度である. □

15.2 ベクトルと行列の積

$p \times q$ 行列 A と $r \times s$ 行列 B に対して, $q = r$ ならば行列の積 (乗法, 掛け算) を定義でき, その結果を AB と表す. 2×3 行列 A と 3×2 行列 B に対して, AB と BA の計算例を示す.

$$A = \begin{pmatrix} a_{11} & a_{12} & a_{13} \\ a_{21} & a_{22} & a_{23} \end{pmatrix}, \quad B = \begin{pmatrix} b_{11} & b_{12} \\ b_{21} & b_{22} \\ b_{31} & b_{32} \end{pmatrix} \tag{15.9}$$

$$AB = \begin{pmatrix} a_{11}b_{11} + a_{12}b_{21} + a_{13}b_{31} & a_{11}b_{12} + a_{12}b_{22} + a_{13}b_{32} \\ a_{21}b_{11} + a_{22}b_{21} + a_{23}b_{31} & a_{21}b_{12} + a_{22}b_{22} + a_{23}b_{32} \end{pmatrix} \tag{15.10}$$

$$BA = \begin{pmatrix} b_{11}a_{11} + b_{12}a_{21} & b_{11}a_{12} + b_{12}a_{22} & b_{11}a_{13} + b_{12}a_{23} \\ b_{21}a_{11} + b_{22}a_{21} & b_{21}a_{12} + b_{22}a_{22} & b_{21}a_{13} + b_{22}a_{23} \\ b_{31}a_{11} + b_{32}a_{21} & b_{31}a_{12} + b_{32}a_{22} & b_{31}a_{13} + b_{32}a_{23} \end{pmatrix} \tag{15.11}$$

$$AB \text{ の } (i, j) \text{ 要素} = \sum_k a_{ik}b_{kj}, \quad BA \text{ の } (i, j) \text{ 要素} = \sum_k b_{ik}a_{kj} \tag{15.12}$$

$p \times q$ 行列 A と $r \times s$ 行列 B に対して $q \neq r$ なら AB は計算できない. また, AB と BA は, 両者とも計算できても, 等しいとは限らない.

15.2 ベクトルと行列の積

次の計算法則が成り立つ.

$$(AB)C = A(BC) \tag{15.13}$$

$$A(B+C) = AB + AC, \ (A+B)C = AC + BC \tag{15.14}$$

ベクトルの内積は, 一方のベクトルを転置して $1 \times p$ 行列, 他方のベクトルを $p \times 1$ 行列と考えて, この順序で2つの行列の掛け算を行った結果に等しい.

$$\boldsymbol{x}^T \boldsymbol{y} = (x_1, x_2, \cdots, x_p) \begin{pmatrix} y_1 \\ y_2 \\ \vdots \\ y_p \end{pmatrix} = x_1 y_1 + x_2 y_2 + \cdots + x_p y_p = (\boldsymbol{x}, \boldsymbol{y}) \tag{15.15}$$

こう考えることにより, 次の計算も可能である. 2つの p 次元ベクトル $\boldsymbol{x}$, $\boldsymbol{y}$ とスカラー c, d に対して, 内積はスカラーだから $\boldsymbol{x}^T \boldsymbol{y} = \boldsymbol{y}^T \boldsymbol{x}$ となるので, 次式が成り立つ.

$$\begin{aligned} \|c\boldsymbol{x} + d\boldsymbol{y}\|^2 &= (c\boldsymbol{x} + d\boldsymbol{y})^T (c\boldsymbol{x} + d\boldsymbol{y}) \\ &= c^2 \boldsymbol{x}^T \boldsymbol{x} + cd \boldsymbol{x}^T \boldsymbol{y} + cd \boldsymbol{y}^T \boldsymbol{x} + d^2 \boldsymbol{y}^T \boldsymbol{y} \\ &= c^2 \boldsymbol{x}^T \boldsymbol{x} + 2cd \boldsymbol{x}^T \boldsymbol{y} + d^2 \boldsymbol{y}^T \boldsymbol{y} \\ &= c^2 \|\boldsymbol{x}\|^2 + d^2 \|\boldsymbol{y}\|^2 + 2cd(\boldsymbol{x}, \boldsymbol{y}) \end{aligned} \tag{15.16}$$

(15.16) 式で $c = d = 1$ とし, (15.4) 式より $(\boldsymbol{x}, \boldsymbol{y}) \leq \|\boldsymbol{x}\| \|\boldsymbol{y}\|$ に注意すれば, $\|\boldsymbol{x} + \boldsymbol{y}\| \leq \|\boldsymbol{x}\| + \|\boldsymbol{y}\|$ (**三角不等式**) を得る.

2つのベクトルのうち, 一方を $p \times 1$ 行列, 他方の転置を $1 \times p$ 行列と考えて, この順序で2つの行列の掛け算を行うと $p \times p$ 行列となる.

$$\boldsymbol{x} \boldsymbol{y}^T = \begin{pmatrix} x_1 \\ x_2 \\ \vdots \\ x_p \end{pmatrix} (y_1, y_2, \cdots, y_p) = \begin{pmatrix} x_1 y_1 & x_1 y_2 & \cdots & x_1 y_p \\ x_2 y_1 & x_2 y_2 & \cdots & x_2 y_p \\ \vdots & \vdots & \cdots & \vdots \\ x_p y_1 & x_p y_2 & \cdots & x_p y_p \end{pmatrix} \tag{15.17}$$

(15.15) 式と (15.17) 式の転置の記号の付き方と結果の違いに注意する.

(15.10) 式の計算は, A を横ベクトルの集まり, B を縦ベクトルの集まりと考えることにより, AB の各要素は内積であることがわかる.

$$\begin{aligned} AB &= \begin{pmatrix} (a_{11}, a_{12}, a_{13}) \\ (a_{21}, a_{22}, a_{23}) \end{pmatrix} \begin{pmatrix} \begin{pmatrix} b_{11} \\ b_{21} \\ b_{31} \end{pmatrix}, \begin{pmatrix} b_{12} \\ b_{22} \\ b_{32} \end{pmatrix} \end{pmatrix} = \begin{pmatrix} \boldsymbol{a}_1^T \\ \boldsymbol{a}_2^T \end{pmatrix} (\boldsymbol{b}_1, \boldsymbol{b}_2) \\ &= \begin{pmatrix} \boldsymbol{a}_1^T \boldsymbol{b}_1 & \boldsymbol{a}_1^T \boldsymbol{b}_2 \\ \boldsymbol{a}_2^T \boldsymbol{b}_1 & \boldsymbol{a}_2^T \boldsymbol{b}_2 \end{pmatrix} - \begin{pmatrix} (\boldsymbol{a}_1, \boldsymbol{b}_1) & (\boldsymbol{a}_1, \boldsymbol{b}_2) \\ (\boldsymbol{a}_2, \boldsymbol{b}_1) & (\boldsymbol{a}_2, \boldsymbol{b}_2) \end{pmatrix} \end{aligned} \tag{15.18}$$

行列の転置について次の性質が成り立つ.
$$(AB)^T = B^T A^T \tag{15.19}$$

$(AB)^T = A^T B^T$ とはならない. 例えば A を 2×3 行列, B を 3×4 行列とすると, $A^T B^T$ は掛け算すらできない. (15.9) 式で定義した A と B を用いて (15.19) 式が成り立つことを確認する. (15.10) 式より

$$(AB)^T = \begin{pmatrix} a_{11}b_{11} + a_{12}b_{21} + a_{13}b_{31} & a_{21}b_{11} + a_{22}b_{21} + a_{23}b_{31} \\ a_{11}b_{12} + a_{12}b_{22} + a_{13}b_{32} & a_{21}b_{12} + a_{22}b_{22} + a_{23}b_{32} \end{pmatrix} \tag{15.20}$$

となる. そして,

$$\begin{aligned} B^T A^T &= \begin{pmatrix} b_{11} & b_{21} & b_{31} \\ b_{12} & b_{22} & b_{32} \end{pmatrix} \begin{pmatrix} a_{11} & a_{21} \\ a_{12} & a_{22} \\ a_{13} & a_{23} \end{pmatrix} \\ &= \begin{pmatrix} b_{11}a_{11} + b_{21}a_{12} + b_{31}a_{13} & b_{11}a_{21} + b_{21}a_{22} + b_{31}a_{23} \\ b_{12}a_{11} + b_{22}a_{12} + b_{32}a_{13} & b_{12}a_{21} + b_{22}a_{22} + b_{32}a_{23} \end{pmatrix} \\ &= (AB)^T \end{aligned} \tag{15.21}$$

が成り立つ.

AB と BA が正方行列のとき, トレースについて次の性質が成り立つ.

$$\mathrm{tr}(AB) = \mathrm{tr}(BA) \tag{15.22}$$

ここでは, A と B が正方行列である必要はなく, AB と BA の両方の掛け算が定義できればよい. (15.22) 式を (15.10)〜(15.11) 式に基づいて確認する.

$$\begin{aligned} \mathrm{tr}(AB) &= (a_{11}b_{11} + a_{12}b_{21} + a_{13}b_{31}) + (a_{21}b_{12} + a_{22}b_{22} + a_{23}b_{32}) \\ &= (b_{11}a_{11} + b_{12}a_{21}) + (b_{21}a_{12} + b_{22}a_{22}) + (b_{31}a_{13} + b_{32}a_{23}) \\ &= \mathrm{tr}(BA) \end{aligned} \tag{15.23}$$

さらに, (15.15) 式と (15.17) 式を見比べることにより, $\mathrm{tr}(\boldsymbol{x}^T \boldsymbol{y}) = \mathrm{tr}(\boldsymbol{x}\boldsymbol{y}^T)$ となることがわかる. これは, (15.22) 式の特別な場合である.

また, A を $p \times q$ 行列で (i, j) 成分を a_{ij} とするとき,

$$\mathrm{tr}(A^T A) = \mathrm{tr}(AA^T) = \sum_{i=1}^{p} \sum_{j=1}^{q} a_{ij}^2 \tag{15.24}$$

となる. これは行列 A のすべての成分の 2 乗和なので, (15.2) 式と対応させて $\|A\|^2$ と表すことがある.

15.3 2 次 形 式

p 次の正方行列 A と p 次元ベクトル $\boldsymbol{x}$ に対して $\boldsymbol{x}^T A \boldsymbol{x}$ を **2 次形式**と呼ぶ. 例えば, $p=2$, $p=3$ とすると, それぞれ次のようになる.

$$\boldsymbol{x}^T A \boldsymbol{x} = (x_1, x_2) \begin{pmatrix} a_{11} & a_{12} \\ a_{21} & a_{22} \end{pmatrix} \begin{pmatrix} x_1 \\ x_2 \end{pmatrix}$$
$$= a_{11} x_1^2 + a_{22} x_2^2 + (a_{12} + a_{21}) x_1 x_2 \qquad (15.25)$$

$$\boldsymbol{x}^T A \boldsymbol{x} = (x_1, x_2, x_3) \begin{pmatrix} a_{11} & a_{12} & a_{13} \\ a_{21} & a_{22} & a_{23} \\ a_{31} & a_{32} & a_{33} \end{pmatrix} \begin{pmatrix} x_1 \\ x_2 \\ x_3 \end{pmatrix}$$
$$= a_{11} x_1^2 + a_{22} x_2^2 + a_{33} x_3^2 + (a_{12} + a_{21}) x_1 x_2$$
$$\quad + (a_{13} + a_{31}) x_1 x_3 + (a_{23} + a_{32}) x_2 x_3 \qquad (15.26)$$

上式の右辺のすべての項はベクトル $\boldsymbol{x}$ の成分の 2 次式である. 2 次形式 $\boldsymbol{x}^T A \boldsymbol{x}$ は 2 つのベクトル $\boldsymbol{x}$, $A\boldsymbol{x}$ の内積と考えることもできる.

2 次形式 $\boldsymbol{x}^T A \boldsymbol{x}$ はスカラーだから

$$\boldsymbol{x}^T A \boldsymbol{x} = \mathrm{tr}(\boldsymbol{x}^T A \boldsymbol{x}) = \mathrm{tr}(A \boldsymbol{x} \boldsymbol{x}^T) \qquad (15.27)$$

が成り立つ (2 番目の等号は (15.22) 式より成り立つ).

◇ 問 題 ◇

問題 15.1 3 次元ベクトル $\boldsymbol{x} = (2, 1, 2)^T$, $\boldsymbol{y} = (-1, 2, 3)^T$, $\boldsymbol{z} = (2, -1, c)^T$ について次の設問に答えよ.
(1) $\boldsymbol{x}$ と $\boldsymbol{y}$ の内積を求めよ.
(2) $\boldsymbol{x}$ と $\boldsymbol{y}$ をそれぞれ単位ベクトルに変換せよ.
(3) $\boldsymbol{x}$ と $\boldsymbol{z}$ が直交するようにベクトル $\boldsymbol{z}$ の第 3 成分 c を定めよ.
(4) $\|2\boldsymbol{x} - \boldsymbol{y}\|^2$ の値を求めよ.

問題 15.2 次の行列 A と B について以下の設問に答えよ.
$$A = \begin{pmatrix} 1 & -1 & 2 \\ -2 & 3 & -1 \\ 3 & -2 & 4 \end{pmatrix}, \quad B = \begin{pmatrix} 2 & 3 & -5 \\ -3 & 1 & 2 \\ 4 & -1 & 2 \end{pmatrix}$$
(1) AB, BA, $B^T A^T$, $A^T A$, AA^T を求めよ.
(2) $(AB)^T = B^T A^T$ を確認せよ.
(3) $\mathrm{tr}(AB) = \mathrm{tr}(BA)$ を確認せよ.
(4) $\mathrm{tr}(A^T A) = \mathrm{tr}(AA^T)$ を確認せよ.

◆═══════════ **統計学ではこう使う 21（相関係数）** ═══════════◆

2つの変数の n 組のデータ (x_i, y_i) $(i=1, 2, \cdots, n)$ に対して，n 次元ベクトルを

$$\boldsymbol{x} = \begin{pmatrix} x_1 - \bar{x} \\ x_2 - \bar{x} \\ \vdots \\ x_n - \bar{x} \end{pmatrix}, \quad \boldsymbol{y} = \begin{pmatrix} y_1 - \bar{y} \\ y_2 - \bar{y} \\ \vdots \\ y_n - \bar{y} \end{pmatrix} \tag{15.28}$$

と定義する．変数 x の平方和 S_{xx}，変数 y の平方和 S_{yy}，x と y の偏差積和 S_{xy} は

$$S_{xx} = \sum_{k=1}^{n} (x_k - \bar{x})^2 = \boldsymbol{x}^T \boldsymbol{x} = \|\boldsymbol{x}\|^2 \tag{15.29}$$

$$S_{yy} = \sum_{k=1}^{n} (y_k - \bar{y})^2 = \boldsymbol{y}^T \boldsymbol{y} = \|\boldsymbol{y}\|^2 \tag{15.30}$$

$$S_{xy} = \sum_{k=1}^{n} (x_k - \bar{x})(y_k - \bar{y}) = \boldsymbol{x}^T \boldsymbol{y} = (\boldsymbol{x}, \boldsymbol{y}) \tag{15.31}$$

となる．したがって，相関係数 r_{xy} は次のように表すことができる．

$$r_{xy} = \frac{S_{xy}}{\sqrt{S_{xx} S_{yy}}} = \frac{\boldsymbol{x}^T \boldsymbol{y}}{\sqrt{\boldsymbol{x}^T \boldsymbol{x} \cdot \boldsymbol{y}^T \boldsymbol{y}}} = \frac{(\boldsymbol{x}, \boldsymbol{y})}{\|\boldsymbol{x}\| \|\boldsymbol{y}\|} = \cos \theta \tag{15.32}$$

θ は2つのベクトル $\boldsymbol{x}$ と $\boldsymbol{y}$ のなす角である．また，相関係数 r_{xy} がゼロであることと，2つのベクトルが直交することとは同値である．$r_{xy} = 1$ であることと，$\theta = 0$ 度は同値であり，これは $\boldsymbol{x} = c\boldsymbol{y}$ $(c > 0)$ と同値である．同様に，$r_{xy} = -1$ であることと，$\theta = 180$ 度は同値であり，これは $\boldsymbol{x} = c\boldsymbol{y}$ $(c < 0)$ と同値である．

◆═══════════ **統計学ではこう使う 22（分散共分散行列・相関係数行列）** ═══════════◆

表14.1のデータで3変数 $(p=3)$ の場合を考える．変数ごとに標本平均を求めて，次のように3つの n 次元ベクトルを定義する．

$$\boldsymbol{x}_1 = \begin{pmatrix} x_{11} - \bar{x}_1 \\ x_{21} - \bar{x}_1 \\ \vdots \\ x_{n1} - \bar{x}_1 \end{pmatrix}, \quad \boldsymbol{x}_2 = \begin{pmatrix} x_{12} - \bar{x}_2 \\ x_{22} - \bar{x}_2 \\ \vdots \\ x_{n2} - \bar{x}_2 \end{pmatrix}, \quad \boldsymbol{x}_3 = \begin{pmatrix} x_{13} - \bar{x}_3 \\ x_{23} - \bar{x}_3 \\ \vdots \\ x_{n3} - \bar{x}_3 \end{pmatrix} \tag{15.33}$$

$n \times 3$ 行列 X を (15.33) 式の3つの n 次元ベクトルを用いて

$$X = (\boldsymbol{x}_1, \boldsymbol{x}_2, \boldsymbol{x}_3) \tag{15.34}$$

と定義して，次の計算を行う．

$$V = \frac{1}{n-1} X^T X = \frac{1}{n-1} \begin{pmatrix} \boldsymbol{x}_1^T \\ \boldsymbol{x}_2^T \\ \boldsymbol{x}_3^T \end{pmatrix} (\boldsymbol{x}_1, \boldsymbol{x}_2, \boldsymbol{x}_3)$$

$$= \frac{1}{n-1} \begin{pmatrix} \boldsymbol{x}_1^T \boldsymbol{x}_1 & \boldsymbol{x}_1^T \boldsymbol{x}_2 & \boldsymbol{x}_1^T \boldsymbol{x}_3 \\ \boldsymbol{x}_2^T \boldsymbol{x}_1 & \boldsymbol{x}_2^T \boldsymbol{x}_2 & \boldsymbol{x}_2^T \boldsymbol{x}_3 \\ \boldsymbol{x}_3^T \boldsymbol{x}_1 & \boldsymbol{x}_3^T \boldsymbol{x}_2 & \boldsymbol{x}_3^T \boldsymbol{x}_3 \end{pmatrix} = \frac{1}{n-1} \begin{pmatrix} \|\boldsymbol{x}_1\|^2 & \boldsymbol{x}_1^T \boldsymbol{x}_2 & \boldsymbol{x}_1^T \boldsymbol{x}_3 \\ \boldsymbol{x}_2^T \boldsymbol{x}_1 & \|\boldsymbol{x}_2\|^2 & \boldsymbol{x}_2^T \boldsymbol{x}_3 \\ \boldsymbol{x}_3^T \boldsymbol{x}_1 & \boldsymbol{x}_3^T \boldsymbol{x}_2 & \|\boldsymbol{x}_3\|^2 \end{pmatrix}$$

$$= \frac{1}{n-1} \begin{pmatrix} S_{11} & S_{12} & S_{13} \\ S_{21} & S_{22} & S_{23} \\ S_{31} & S_{32} & S_{33} \end{pmatrix} \tag{15.35}$$

ここで, 行列 V の各成分は x_i の標本分散および x_i と x_j の標本共分散である ((15.29)～(15.31) 式も参照).

$$\frac{1}{n-1}S_{ii} = \frac{1}{n-1}\sum_{k=1}^{n}(x_{ki}-\bar{x}_i)^2 = \frac{1}{n-1}\boldsymbol{x}_i^T\boldsymbol{x}_i = \frac{1}{n-1}\|\boldsymbol{x}_i\|^2 \tag{15.36}$$

$$\frac{1}{n-1}S_{ij} = \frac{1}{n-1}\sum_{k=1}^{n}(x_{ki}-\bar{x}_i)(x_{kj}-\bar{x}_j) = \frac{1}{n-1}\boldsymbol{x}_i^T\boldsymbol{x}_j = \frac{1}{n-1}\boldsymbol{x}_j^T\boldsymbol{x}_i \tag{15.37}$$

このようにして求められる V を (標本) **分散共分散行列**と呼ぶ. ここでは $n-1$ で割っているが, n で割る場合もある. $S_{ij} = S_{ji}$ となることにも注意する.

次に, 行列 Z を

$$Z = \left(\frac{\boldsymbol{x}_1}{\|\boldsymbol{x}_1\|/\sqrt{n-1}}, \frac{\boldsymbol{x}_2}{\|\boldsymbol{x}_2\|/\sqrt{n-1}}, \frac{\boldsymbol{x}_3}{\|\boldsymbol{x}_3\|/\sqrt{n-1}} \right) \tag{15.38}$$

と定義して, 次の計算を行う.

$$R = \frac{1}{n-1}Z^T Z = \begin{pmatrix} 1 & r_{12} & r_{13} \\ r_{21} & 1 & r_{23} \\ r_{31} & r_{32} & 1 \end{pmatrix} \tag{15.39}$$

行列 R の各成分は次のようになる.

対角要素: $\dfrac{\boldsymbol{x}_i^T \boldsymbol{x}_i}{\|\boldsymbol{x}_i\|^2} = 1$ (15.40)

(i,j) 要素: $\dfrac{\boldsymbol{x}_i^T \boldsymbol{x}_j}{\|\boldsymbol{x}_i\|\|\boldsymbol{x}_j\|} = r_{ij}$ (x_i と x_j の標本相関係数, $i \neq j$) (15.41)

R を (標本) **相関係数行列**と呼ぶ. 対角成分がすべて 1 であること, $r_{ij} = r_{ji}$ となることに注意しよう.

第16講

いろいろな行列

16.1 単位行列

対角成分がすべて 1, それ以外がすべて 0 の p 次の正方行列を**単位行列**と呼ぶ.

$$I_p = \begin{pmatrix} 1 & 0 & \cdots & 0 \\ 0 & 1 & \cdots & 0 \\ \vdots & \vdots & \cdots & \vdots \\ 0 & 0 & \cdots & 1 \end{pmatrix} \tag{16.1}$$

行列 A に掛け算が可能な型の単位行列を，左から，または右から掛けても，行列 A は変化しない．例えば，次式が成り立つ．

$$AI_3 = \begin{pmatrix} a_{11} & a_{12} & a_{13} \\ a_{21} & a_{22} & a_{23} \end{pmatrix} \begin{pmatrix} 1 & 0 & 0 \\ 0 & 1 & 0 \\ 0 & 0 & 1 \end{pmatrix} = \begin{pmatrix} a_{11} & a_{12} & a_{13} \\ a_{21} & a_{22} & a_{23} \end{pmatrix} = A \tag{16.2}$$

$$I_2 A = \begin{pmatrix} 1 & 0 \\ 0 & 1 \end{pmatrix} \begin{pmatrix} a_{11} & a_{12} & a_{13} \\ a_{21} & a_{22} & a_{23} \end{pmatrix} = \begin{pmatrix} a_{11} & a_{12} & a_{13} \\ a_{21} & a_{22} & a_{23} \end{pmatrix} = A \tag{16.3}$$

16.2 逆行列

p 次の正方行列 A に対して，$AB = BA = I_p$ となる p 次の正方行列 B が存在するとき，B を A の**逆行列**と呼び，$B = A^{-1}$ と表す．逆行列はいつも存在するとは限らない．逆行列が存在するとき，その行列を**正則**と呼ぶ．

(**例 16.1**) 2 次の正方行列を考える．

$$A = \begin{pmatrix} a & b \\ c & d \end{pmatrix} \implies A^{-1} = \frac{1}{ad-bc} \begin{pmatrix} d & -b \\ -c & a \end{pmatrix} \tag{16.4}$$

$ad - bc = 0$ のとき，逆行列は存在しない．□

逆行列について，次の性質が成り立つ．

逆行列の性質

(1) p 次の正方行列 A に対して，$AB = I_p$ または $BA = I_p$ となる p 次の正方行列 B が存在するなら，A は正則で $B = A^{-1}$ が成り立つ．

(2) 行列 A に対して，逆行列は存在するなら一意である．

(3) $(A^{-1})^{-1} = A$

(4) A と B が同じ次数で正則なら，AB も正則で，$(AB)^{-1} = B^{-1}A^{-1}$ が成り立つ．

(5) $(A^T)^{-1} = (A^{-1})^T$

(1) の証明は省略する．

(2) を示す．A の逆行列が 2 つあるとして B, C とする．$AB = I_p$ の両辺に左から C を掛けると $CAB = C$ となる．$CA = I_p$ だから $B = C$ である．

(3) を示す．$AA^{-1} = A^{-1}A = I_p$ より，A は A^{-1} の逆行列である．

(4) を示す．$(B^{-1}A^{-1})AB = B^{-1}(A^{-1}A)B = B^{-1}I_pB = B^{-1}B = I_p$ となり，同様に，$AB(B^{-1}A^{-1}) = I_p$ となる．

(5) を示す．$AA^{-1} = I_p$ に対して両辺の転置をとると $(A^{-1})^T A^T = I_p$ となる．同様に，$A^{-1}A = I_p$ の両辺の転置をとると $A^T(A^{-1})^T = I_p$ となる．したがって，$(A^{-1})^T$ は A^T の逆行列である．□

16.3 直交行列

p 次の正方行列 W に対して $W^T W = I_p$ となるとき，W を**直交行列**と呼ぶ．すなわち，直交行列とは，$W^T = W^{-1}$ となる行列 W である．

(**例 16.2**) 次の 2 次の正方行列 (2 次元の回転の行列) は直交行列である．

$$W = \begin{pmatrix} \cos\theta & -\sin\theta \\ \sin\theta & \cos\theta \end{pmatrix} \tag{16.5}$$

なぜなら，

$$W^{-1} = \frac{1}{\cos^2\theta + \sin^2\theta} \begin{pmatrix} \cos\theta & \sin\theta \\ -\sin\theta & \cos\theta \end{pmatrix} = W^T \tag{16.6}$$

となるからである．□

簡単のため $p=3$ として，3次の直交行列 W を列ベクトルにより

$$W = (\boldsymbol{w}_1, \boldsymbol{w}_2, \boldsymbol{w}_3) \tag{16.7}$$

と表す．直交行列の定義より，

$$W^T W = \begin{pmatrix} \boldsymbol{w}_1^T \\ \boldsymbol{w}_2^T \\ \boldsymbol{w}_3^T \end{pmatrix} (\boldsymbol{w}_1, \boldsymbol{w}_2, \boldsymbol{w}_3) = \begin{pmatrix} \boldsymbol{w}_1^T \boldsymbol{w}_1 & \boldsymbol{w}_1^T \boldsymbol{w}_2 & \boldsymbol{w}_1^T \boldsymbol{w}_3 \\ \boldsymbol{w}_2^T \boldsymbol{w}_1 & \boldsymbol{w}_2^T \boldsymbol{w}_2 & \boldsymbol{w}_2^T \boldsymbol{w}_3 \\ \boldsymbol{w}_3^T \boldsymbol{w}_1 & \boldsymbol{w}_3^T \boldsymbol{w}_2 & \boldsymbol{w}_3^T \boldsymbol{w}_3 \end{pmatrix}$$

$$= I_3 = \begin{pmatrix} 1 & 0 & 0 \\ 0 & 1 & 0 \\ 0 & 0 & 1 \end{pmatrix} \tag{16.8}$$

となる．これより次式が成り立つ．行ベクトルについても同じことが成り立つ．

$$\boldsymbol{w}_i^T \boldsymbol{w}_i = \|\boldsymbol{w}_i\|^2 = 1 \quad (各列ベクトルの長さは 1) \tag{16.9}$$

$$\boldsymbol{w}_i^T \boldsymbol{w}_j = (\boldsymbol{w}_i, \boldsymbol{w}_j) = 0 \ (i \neq j) \quad (列ベクトルどうしは直交する) \tag{16.10}$$

3次元ベクトル $\boldsymbol{x} = (x_1, x_2, x_3)^T$ に (16.7) 式の直交行列 W を左から掛ける．

$$W\boldsymbol{x} = x_1 \boldsymbol{w}_1 + x_2 \boldsymbol{w}_2 + x_3 \boldsymbol{w}_3 \tag{16.11}$$

ベクトル $W\boldsymbol{x}$ の長さ (の 2 乗) を考えると

$$\|W\boldsymbol{x}\|^2 = \boldsymbol{x}^T W^T W \boldsymbol{x} = \boldsymbol{x}^T \boldsymbol{x} = \|\boldsymbol{x}\|^2 \tag{16.12}$$

となる．すなわち，ベクトルに直交行列を掛けても長さは不変である．

16.4 対 称 行 列

p 次正方行列 A に対して，$A^T = A$ が成り立つとき，A を**対称行列**と呼ぶ．すべての i と j に対して $a_{ij} = a_{ji}$ となる正方行列のことである．

$n \times p$ 行列 B に対して，$A = B^T B$ と定義すると，A は p 次の対称行列である．転置の性質より $A^T = B^T (B^T)^T = B^T B = A$ となるからである．また，BB^T は n 次の対称行列となる．

対称行列 A の逆行列 A^{-1} が存在する場合，A^{-1} は対称行列である．それは，逆行列の性質 (5) より $(A^{-1})^T = (A^T)^{-1} = A^{-1}$ となるからである．

15.3 節で定義した 2 次形式は対称行列の場合に主に用いられる．2 次と 3 次の対称行列の場合を示す．(15.25) 式と (15.26) 式と比較してほしい．

$$\begin{aligned}\boldsymbol{x}^T A \boldsymbol{x} &= (x_1, x_2) \begin{pmatrix} a_{11} & a_{12} \\ a_{12} & a_{22} \end{pmatrix} \begin{pmatrix} x_1 \\ x_2 \end{pmatrix} \\ &= a_{11} x_1^2 + a_{22} x_2^2 + 2 a_{12} x_1 x_2 \end{aligned} \quad (16.13)$$

$$\begin{aligned}\boldsymbol{x}^T A \boldsymbol{x} &= (x_1, x_2, x_3) \begin{pmatrix} a_{11} & a_{12} & a_{13} \\ a_{12} & a_{22} & a_{23} \\ a_{13} & a_{23} & a_{33} \end{pmatrix} \begin{pmatrix} x_1 \\ x_2 \\ x_3 \end{pmatrix} \\ &= a_{11} x_1^2 + a_{22} x_2^2 + a_{33} x_3^2 + 2 a_{12} x_1 x_2 + 2 a_{13} x_1 x_3 + 2 a_{23} x_2 x_3 \end{aligned}$$
(16.14)

2次形式は A が対称行列でなくても定義できるが, $B = (A + A^T)/2$ とすれば B は対称行列になり, $\boldsymbol{x}^T A \boldsymbol{x} = \boldsymbol{x}^T B \boldsymbol{x}$ となる. したがって, 2次形式を考えるときには対称行列に限ってよい.

16.5 対 角 行 列

対称行列の特別な場合として, 対角成分以外がすべてゼロの正方行列を**対角行列**と呼び, 次のように表す. diag は対角 (diagonal) の意味である.

$$D = \begin{pmatrix} d_1 & 0 & \cdots & 0 \\ 0 & d_2 & \cdots & 0 \\ \vdots & \vdots & \cdots & \vdots \\ 0 & 0 & \cdots & d_p \end{pmatrix} = \mathrm{diag}(d_1, d_2, \cdots, d_p) \quad (16.15)$$

d_i を第 i **対角成分**と呼ぶ.

対角行列を行列に掛けるとどのようになるのかを調べる.

$$A = \begin{pmatrix} a_{11} & a_{12} & a_{13} \\ a_{21} & a_{22} & a_{23} \\ a_{31} & a_{32} & a_{33} \end{pmatrix}, \quad D = \begin{pmatrix} d_1 & 0 & 0 \\ 0 & d_2 & 0 \\ 0 & 0 & d_3 \end{pmatrix} \quad (16.16)$$

$$AD = \begin{pmatrix} d_1 a_{11} & d_2 a_{12} & d_3 a_{13} \\ d_1 a_{21} & d_2 a_{22} & d_3 a_{23} \\ d_1 a_{31} & d_2 a_{32} & d_3 a_{33} \end{pmatrix} \quad (16.17)$$

$$DA = \begin{pmatrix} d_1 a_{11} & d_1 a_{12} & d_1 a_{13} \\ d_2 a_{21} & d_2 a_{22} & d_2 a_{23} \\ d_3 a_{31} & d_3 a_{32} & d_3 a_{33} \end{pmatrix} \quad (16.18)$$

対角行列を行列 A の右から掛けると A の第 i 列に対角行列の第 i 対角成分を掛けたものとなる. 対角行列を行列 A の左から掛けると A の第 i 行に対角行列の第 i 対角成分を掛けたものとなる.

対角行列どうしを掛けると, それぞれの第 i 対角成分の積を第 i 対角成分と

する対角行列になる (問題 16.1).

対角行列は,対角成分がすべてゼロでないなら逆行列が存在する. (16.16) 式の D の逆行列は次のようになる.

$$D^{-1} = \begin{pmatrix} 1/d_1 & 0 & 0 \\ 0 & 1/d_2 & 0 \\ 0 & 0 & 1/d_3 \end{pmatrix} \tag{16.19}$$

さらに,すべての対角成分がゼロ以上なら,対角行列の**平方根**を定義できる. (16.16) 式の D に対しては次のように定義すると $D^{1/2} D^{1/2} = D$ となる.

$$D^{1/2} = \begin{pmatrix} \sqrt{d_1} & 0 & 0 \\ 0 & \sqrt{d_2} & 0 \\ 0 & 0 & \sqrt{d_3} \end{pmatrix} \tag{16.20}$$

16.6 三 角 行 列

対角成分の左下の成分がすべてゼロの正方行列を**上三角行列**,対角成分の右上の成分がすべてゼロの正方行列を**下三角行列**と呼び,両者をあわせて**三角行列**と呼ぶ. 3 次の正方行列について例を示す.

$$\begin{pmatrix} a_{11} & a_{12} & a_{13} \\ 0 & a_{22} & a_{23} \\ 0 & 0 & a_{33} \end{pmatrix} \quad (\text{上三角行列}) \tag{16.21}$$

$$\begin{pmatrix} a_{11} & 0 & 0 \\ a_{21} & a_{22} & 0 \\ a_{31} & a_{32} & a_{33} \end{pmatrix} \quad (\text{下三角行列}) \tag{16.22}$$

上三角行列どうしを掛けると上三角行列になり,下三角行列どうしを掛けると下三角行列になる. 得られた三角行列の第 i 対角成分は,もとの行列のそれぞれの第 i 対角成分の積になる (問題 16.2). これを,次のように表示する. $*$ はゼロではない可能性のある成分を表す (ゼロであってもよい).

$$\begin{pmatrix} a_{11} & * & * \\ 0 & a_{22} & * \\ 0 & 0 & a_{33} \end{pmatrix} \begin{pmatrix} b_{11} & * & * \\ 0 & b_{22} & * \\ 0 & 0 & b_{33} \end{pmatrix} = \begin{pmatrix} a_{11}b_{11} & * & * \\ 0 & a_{22}b_{22} & * \\ 0 & 0 & a_{33}b_{33} \end{pmatrix} \tag{16.23}$$

下三角行列どうしの場合も同様である.

16.7 べ き 等 行 列

$A^2 = A$ となる正方行列 A を**べき等行列**と呼ぶ.

A の逆行列が存在するなら，$A^2 = A$ の両辺に A^{-1} を掛けることにより $A = I_p$ となる．すなわち，逆行列をもつべき等行列は単位行列のみである．単位行列以外のべき等行列の例をあげる．

$$A = \begin{pmatrix} 1 & 0 \\ 0 & 0 \end{pmatrix}, \quad B = \begin{pmatrix} 1 & 1 \\ 0 & 0 \end{pmatrix}, \quad C = \begin{pmatrix} 1 & 0 & 1 \\ 0 & 1 & 0 \\ 0 & 0 & 0 \end{pmatrix} \tag{16.24}$$

16.8 正定値行列・非負定値行列

p 次の対称行列 A を考える．ゼロベクトルでない任意の p 次元ベクトル $\boldsymbol{x}$ に対して 2 次形式が $\boldsymbol{x}^T A \boldsymbol{x} > 0$ となるとき，行列 A を**正定値行列**と呼ぶ．また，任意の p 次元ベクトル $\boldsymbol{x}$ に対して 2 次形式が $\boldsymbol{x}^T A \boldsymbol{x} \geq 0$ (等号も含める) となるとき，行列 A を**非負定値行列**と呼ぶ．さらに，$-A$ が正定値行列であるとき，A を**負定値行列**と呼ぶ．

(**例 16.3**) 相関係数行列 R は非負定値行列である．これを 2 変数の場合 (2 次の正方行列) について示す．

$$R = \begin{pmatrix} 1 & r \\ r & 1 \end{pmatrix} \tag{16.25}$$

$$\boldsymbol{x}^T R \boldsymbol{x} = (x_1, x_2) \begin{pmatrix} 1 & r \\ r & 1 \end{pmatrix} \begin{pmatrix} x_1 \\ x_2 \end{pmatrix}$$
$$= x_1^2 + x_2^2 + 2r x_1 x_2 = (x_1 + r x_2)^2 + (1 - r^2) x_2^2 \geq 0 \tag{16.26}$$

$-1 \leq r \leq 1$ だから上式が成り立つ．$r \neq \pm 1$ なら R は正定値行列になる．□

2 つの非負定値行列 A と B に対して $A - B$ が非負定値行列なら $A \geq B$ と表す．$A - B$ が正定値行列なら $A > B$ と表す．これに基づき，A が非負定値行列なら $A \geq O$，A が正定値行列なら $A > O$ と表す．

$A > O$ なら，逆行列 A^{-1} が存在し，$A^{-1} > O$ である．また，$A \geq B > O$ なら，$B^{-1} \geq A^{-1}$ である (23.2 節)．

正定値行列というと行列の成分がすべて正であると誤解されることがあるが，そうではない．

◇ 問 題 ◇

問題 16.1 (1) 対角行列どうしを掛けると対角行列になることを示せ．

(2) 上三角行列どうしを掛けると上三角行列になり,下三角行列どうしを掛けると下三角行列になることを示せ.

問題 16.2 B を $p \times q$ 行列とするとき,$B^T B$ と $B B^T$ はともに非負定値行列であることを示せ.

◆═══ 統計学ではこう使う 23 (分散共分散行列と相関係数行列の関係) ═══◆

$p = 3$ の場合に分散共分散行列 V と相関係数行列 R は,それぞれ,(15.35) 式,(15.39) 式で表すことができた.この両者をつなげてみよう.

(15.39) 式の Z は,(16.17) 式より X と D を用いて次のように表すことができる.

$$D = \begin{pmatrix} 1/\{\|\boldsymbol{x}_1\|/\sqrt{n-1}\} & 0 & 0 \\ 0 & 1/\{\|\boldsymbol{x}_2\|/\sqrt{n-1}\} & 0 \\ 0 & 0 & 1/\{\|\boldsymbol{x}_3\|/\sqrt{n-1}\} \end{pmatrix} \tag{16.27}$$

$$Z = \left(\frac{\boldsymbol{x}_1}{\|\boldsymbol{x}_1\|/\sqrt{n-1}}, \frac{\boldsymbol{x}_2}{\|\boldsymbol{x}_2\|/\sqrt{n-1}}, \frac{\boldsymbol{x}_3}{\|\boldsymbol{x}_3\|/\sqrt{n-1}} \right)$$
$$= (\boldsymbol{x}_1, \boldsymbol{x}_2, \boldsymbol{x}_3) D = XD \tag{16.28}$$

$D^T = D$ に注意して,(15.39) 式と (15.35) 式より,

$$R = \frac{1}{n-1} Z^T Z = \frac{1}{n-1} D^T X^T X D = \frac{1}{n-1} D X^T X D = DVD \tag{16.29}$$

という関係式が導かれる.逆行列が存在するなら,次式が成り立つ.

$$V = D^{-1} R D^{-1} \tag{16.30}$$

$$R^{-1} = D^{-1} V^{-1} D^{-1} \tag{16.31}$$

$$V^{-1} = D R^{-1} D \tag{16.32}$$

◆═ 統計学ではこう使う 24 (分散共分散行列と相関係数行列の非負定値性) ═◆

$p = 3$ の場合に分散共分散行列 V は (15.35) 式で表すことができた.これは,$V = cX^T X$ という形をしているから対称行列である.いま,任意の 3 次元ベクトル $\boldsymbol{y} = (y_1, y_2, y_3)^T$ を用いて V の 2 次形式を考えよう.(15.35) 式より,

$$\boldsymbol{y}^T V \boldsymbol{y} = \frac{1}{n-1} \boldsymbol{y}^T X^T X \boldsymbol{y}$$
$$= \frac{1}{n-1} (y_1, y_2, y_3) \begin{pmatrix} \boldsymbol{x}_1^T \\ \boldsymbol{x}_2^T \\ \boldsymbol{x}_3^T \end{pmatrix} (\boldsymbol{x}_1, \boldsymbol{x}_2, \boldsymbol{x}_3) \begin{pmatrix} y_1 \\ y_2 \\ y_3 \end{pmatrix}$$
$$= \frac{1}{n-1} (y_1 \boldsymbol{x}_1^T + y_2 \boldsymbol{x}_2^T + y_3 \boldsymbol{x}_3^T)(y_1 \boldsymbol{x}_1 + y_2 \boldsymbol{x}_2 + y_3 \boldsymbol{x}_3)$$
$$= \frac{1}{n-1} (y_1 \boldsymbol{x}_1 + y_2 \boldsymbol{x}_2 + y_3 \boldsymbol{x}_3)^T (y_1 \boldsymbol{x}_1 + y_2 \boldsymbol{x}_2 + y_3 \boldsymbol{x}_3)$$

16.8 正定値行列・非負定値行列   105

$$= \frac{1}{n-1}\|y_1\boldsymbol{x}_1 + y_2\boldsymbol{x}_2 + y_3\boldsymbol{x}_3\|^2 \geq 0 \tag{16.33}$$

となるから V は非負定値行列である.上式で等号が成立するのは,$y_1\boldsymbol{x}_1 + y_2\boldsymbol{x}_2 + y_3\boldsymbol{x}_3 = \boldsymbol{0}$ のとき,すなわち,$\boldsymbol{x}_1, \boldsymbol{x}_2, \boldsymbol{x}_3$ が1次従属の場合である.それ以外の場合は V は正定値行列になる.

$\boldsymbol{x}_1, \boldsymbol{x}_2, \boldsymbol{x}_3$ は (15.33) 式で定義された n 次元ベクトルだから,$y_1\boldsymbol{x}_1 + y_2\boldsymbol{x}_2 + y_3\boldsymbol{x}_3$ は,第 k 成分が $y_1(x_{k1} - \bar{x}_1) + y_2(x_{k2} - \bar{x}_2) + y_3(x_{k3} - \bar{x}_3)$ の n 次元ベクトルである.(15.36) 式を参照することより,(16.33) 式は $y_1(x_{k1} - \bar{x}_1) + y_2(x_{k2} - \bar{x}_2) + y_3(x_{k3} - \bar{x}_3)$ $(k = 1, 2, \cdots, n)$ の標本分散であることがわかる.

相関係数行列についても,(15.38) 式と (15.39) 式を用いて,同様に非負定値行列であることを示すことができる.

◆======== 統計学ではこう使う 25(マハラノビスの距離)========◆

$p = 3$ の場合,$\boldsymbol{y}_k = (x_{k1} - \bar{x}_1, x_{k2} - \bar{x}_2, x_{k3} - \bar{x}_3)^T$ $(k = 1, 2, 3, \cdots, n)$ とする.これは,(15.33) 式のベクトル $\boldsymbol{x}_1, \boldsymbol{x}_2, \boldsymbol{x}_3$ のそれぞれの第 k 成分からなる.このとき,(15.35) 式の分散共分散行列 V を用いて次式を定義する.

$$MD_k^2 = \boldsymbol{y}_k^T V^{-1} \boldsymbol{y}_k \tag{16.34}$$

この正の平方根を**マハラノビスの距離** (Maharanobis distance) と呼ぶ.

この定義では,V の逆行列の存在を仮定している.V^{-1} が存在するなら V^{-1} は正定値になる.MD_k^2 は正定値行列の2次形式だから $\boldsymbol{y}_k = \boldsymbol{0}$ のとき以外は正になる.

$V^{-1} = I_3$ なら,MD_k^2 はユークリッドの距離の2乗に一致する.マハラノビスの距離は,分散や共分散を考慮して調整した距離である.

(16.34) 式に (16.32) 式を代入すると

$$MD_k^2 = \boldsymbol{y}_k^T V^{-1} \boldsymbol{y}_k = \boldsymbol{y}_k^T D R^{-1} D \boldsymbol{y}_k = \boldsymbol{z}_k^T R^{-1} \boldsymbol{z}_k \tag{16.35}$$

となる.ここで,

$$\boldsymbol{z}_k = D\boldsymbol{y}_k = \begin{pmatrix} (x_{k1} - \bar{x}_1)/\{\|\boldsymbol{x}_1\|/\sqrt{n-1}\} \\ (x_{k2} - \bar{x}_2)/\{\|\boldsymbol{x}_2\|/\sqrt{n-1}\} \\ (x_{k3} - \bar{x}_3)/\{\|\boldsymbol{x}_3\|/\sqrt{n-1}\} \end{pmatrix} \tag{16.36}$$

である.(15.36) 式より $\|\boldsymbol{x}_i\|^2/(n-1)$ は変数 x_i の標本分散 $(i = 1, 2, 3)$ だから,$\boldsymbol{z}_k$ のそれぞれの成分は,変数ごとに標準化した量になっている.すなわち,(16.35) 式の右辺は,相関係数行列 R を用いてマハラノビスの距離を計算するときには,変数を標準化したものを成分とするベクトルに基づけばよいことを示している.

第17講

行列の基本変形

17.1 基本変形と基本行列

次のような操作を行列の**列に関する基本変形**と呼ぶ.

行列の列に関する基本変形
(1) 第 i 列を c 倍する.
(2) 第 i 列と第 j 列を入れ替える.
(3) 第 i 列を c 倍して第 j 列に加える (第 i 列は変化なし)

同様に,行列の**行に関する基本変形**もある.

行列の行に関する基本変形
(1) 第 i 行を c 倍する.
(2) 第 i 行と第 j 行を入れ替える.
(3) 第 j 行を c 倍して第 i 行に加える (第 j 行は変化なし)

「列の (3)」と「行の (3)」で i と j が入れ替わっていることに注意する.以下の基本行列に対応させるためである.

次に定義する**基本行列**を右から (列の場合) あるいは左から (行の場合) 掛けることにより基本変形を行うことができる.

---
p 次の基本行列
(1) $P(i;c) = (i$ 番目の対角成分のみ c で,残りは単位行列 I_p と同じ$)$
(2) $Q(i,j) = (I_p$ で第 i 列ベクトルと第 j 列ベクトルを入れ替えたもの$)$

(3)　$R(i,j;c) = (I_p$ で (i,j) 成分だけを c に置き換えたもの$)$

(例 17.1) 3次の基本行列の例をいくつかあげる．

$$P(1;c) = \begin{pmatrix} c & 0 & 0 \\ 0 & 1 & 0 \\ 0 & 0 & 1 \end{pmatrix}, \quad P(2;c) = \begin{pmatrix} 1 & 0 & 0 \\ 0 & c & 0 \\ 0 & 0 & 1 \end{pmatrix} \tag{17.1}$$

$$Q(1,2) = \begin{pmatrix} 0 & 1 & 0 \\ 1 & 0 & 0 \\ 0 & 0 & 1 \end{pmatrix}, \quad Q(1,3) = \begin{pmatrix} 0 & 0 & 1 \\ 0 & 1 & 0 \\ 1 & 0 & 0 \end{pmatrix} \tag{17.2}$$

$$R(1,2;c) = \begin{pmatrix} 1 & c & 0 \\ 0 & 1 & 0 \\ 0 & 0 & 1 \end{pmatrix}, \quad R(1,3;c) = \begin{pmatrix} 1 & 0 & c \\ 0 & 1 & 0 \\ 0 & 0 & 1 \end{pmatrix} \tag{17.3}$$

□

(例 17.2) 例 17.1 のいくつかの基本行列を 2×3 行列 A に右から掛ける．

$$\begin{aligned} AP(2;c) &= \begin{pmatrix} a_{11} & a_{12} & a_{13} \\ a_{21} & a_{22} & a_{23} \end{pmatrix} \begin{pmatrix} 1 & 0 & 0 \\ 0 & c & 0 \\ 0 & 0 & 1 \end{pmatrix} \\ &= \begin{pmatrix} a_{11} & ca_{12} & a_{13} \\ a_{21} & ca_{22} & a_{23} \end{pmatrix} \end{aligned} \tag{17.4}$$

(第 2 列が c 倍された)

$$\begin{aligned} AQ(1,2) &= \begin{pmatrix} a_{11} & a_{12} & a_{13} \\ a_{21} & a_{22} & a_{23} \end{pmatrix} \begin{pmatrix} 0 & 1 & 0 \\ 1 & 0 & 0 \\ 0 & 0 & 1 \end{pmatrix} \\ &= \begin{pmatrix} a_{12} & a_{11} & a_{13} \\ a_{22} & a_{21} & a_{23} \end{pmatrix} \end{aligned} \tag{17.5}$$

(第 1 列と第 2 列が入れ替わった)

$$\begin{aligned} AR(1,3;c) &= \begin{pmatrix} a_{11} & a_{12} & a_{13} \\ a_{21} & a_{22} & a_{23} \end{pmatrix} \begin{pmatrix} 1 & 0 & c \\ 0 & 1 & 0 \\ 0 & 0 & 1 \end{pmatrix} \\ &= \begin{pmatrix} a_{11} & a_{12} & ca_{11} + a_{13} \\ a_{21} & a_{22} & ca_{21} + a_{23} \end{pmatrix} \end{aligned} \tag{17.6}$$

(第 1 列を c 倍して第 3 列に加えられた) □

(例 17.3) 例 17.1 の行列を 3×2 行列 B に左から掛ける．

$$P(2;c)B = \begin{pmatrix} 1 & 0 & 0 \\ 0 & c & 0 \\ 0 & 0 & 1 \end{pmatrix} \begin{pmatrix} b_{11} & b_{12} \\ b_{21} & b_{22} \\ b_{31} & b_{32} \end{pmatrix} = \begin{pmatrix} b_{11} & b_{12} \\ cb_{21} & cb_{22} \\ b_{31} & b_{32} \end{pmatrix} \tag{17.7}$$

(第 2 行が c 倍された)

$$Q(1,2)B = \begin{pmatrix} 0 & 1 & 0 \\ 1 & 0 & 0 \\ 0 & 0 & 1 \end{pmatrix} \begin{pmatrix} b_{11} & b_{12} \\ b_{21} & b_{22} \\ b_{31} & b_{32} \end{pmatrix} = \begin{pmatrix} b_{21} & b_{22} \\ b_{11} & b_{12} \\ b_{31} & b_{32} \end{pmatrix} \quad (17.8)$$

(第1行と第2行が入れ替わった)

$$R(1,3;c)B = \begin{pmatrix} 1 & 0 & c \\ 0 & 1 & 0 \\ 0 & 0 & 1 \end{pmatrix} \begin{pmatrix} b_{11} & b_{12} \\ b_{21} & b_{22} \\ b_{31} & b_{32} \end{pmatrix}$$
$$= \begin{pmatrix} b_{11}+cb_{31} & b_{12}+cb_{32} \\ b_{21} & b_{22} \\ b_{31} & b_{32} \end{pmatrix} \quad (17.9)$$

(第3行を c 倍して第1行に加えられた) □

基本行列は正則である.

---

p 次の基本行列の逆行列

(1) $P(i;c)^{-1} = P(i;1/c) \quad (c \neq 0)$

(2) $Q(i,j)^{-1} = Q(i,j)$

(3) $R(i,j;c)^{-1} = R(i,j;-c)$

(**例 17.4**) 例 17.1 の基本行列の逆行列を示す.

$$P(1;c)^{-1} = \begin{pmatrix} 1/c & 0 & 0 \\ 0 & 1 & 0 \\ 0 & 0 & 1 \end{pmatrix}, \quad P(2;c)^{-1} = \begin{pmatrix} 1 & 0 & 0 \\ 0 & 1/c & 0 \\ 0 & 0 & 1 \end{pmatrix} \quad (17.10)$$

$$Q(1,2)^{-1} = \begin{pmatrix} 0 & 1 & 0 \\ 1 & 0 & 0 \\ 0 & 0 & 1 \end{pmatrix}, \quad Q(1,3)^{-1} = \begin{pmatrix} 0 & 0 & 1 \\ 0 & 1 & 0 \\ 1 & 0 & 0 \end{pmatrix} \quad (17.11)$$

$$R(1,2;c)^{-1} = \begin{pmatrix} 1 & -c & 0 \\ 0 & 1 & 0 \\ 0 & 0 & 1 \end{pmatrix}, \quad R(1,3;c)^{-1} = \begin{pmatrix} 1 & 0 & -c \\ 0 & 1 & 0 \\ 0 & 0 & 1 \end{pmatrix} \quad (17.12)$$

□

17.2 基本変形の利用

正方行列 A が正則なら,基本変形により逆行列を求めることができる.

(**例 17.5**) 次の行列 A に行に関する基本変形を行って,逆行列を求める. $[A|I_3]$ という形式で,I_3 の行も同時に変形する.

17.2 基本変形の利用

$$[A|I_3] = \begin{bmatrix} 1 & 1 & 0 & | & 1 & 0 & 0 \\ -2 & 0 & 0 & | & 0 & 1 & 0 \\ 0 & 1 & 1 & | & 0 & 0 & 1 \end{bmatrix}$$

第2行 ×(1/2)
$\Longrightarrow$
$\begin{bmatrix} 1 & 1 & 0 & | & 1 & 0 & 0 \\ -1 & 0 & 0 & | & 0 & 1/2 & 0 \\ 0 & 1 & 1 & | & 0 & 0 & 1 \end{bmatrix}$

第1行を第2行に加える
$\Longrightarrow$
$\begin{bmatrix} 1 & 1 & 0 & | & 1 & 0 & 0 \\ 0 & 1 & 0 & | & 1 & 1/2 & 0 \\ 0 & 1 & 1 & | & 0 & 0 & 1 \end{bmatrix}$

第2行 ×(−1) を第1行に加える
$\Longrightarrow$
$\begin{bmatrix} 1 & 0 & 0 & | & 0 & -1/2 & 0 \\ 0 & 1 & 0 & | & 1 & 1/2 & 0 \\ 0 & 1 & 1 & | & 0 & 0 & 1 \end{bmatrix}$

第2行 ×(−1) を第3行に加える
$\Longrightarrow$
$\begin{bmatrix} 1 & 0 & 0 & | & 0 & -1/2 & 0 \\ 0 & 1 & 0 & | & 1 & 1/2 & 0 \\ 0 & 0 & 1 & | & -1 & -1/2 & 1 \end{bmatrix}$ (17.13)

上の計算は, 基本行列を用いると次のように表すことができる.

$$A \Rightarrow R(3,2;(-1))R(1,2;(-1))R(2,1;1)P(2;1/2)A = I_3 \quad (17.14)$$

$$I_3 \Rightarrow R(3,2;(-1))R(1,2;(-1))R(2,1;1)P(2;1/2)I_3 \quad (17.15)$$

(17.14) 式より, $A^{-1} = R(3,2;(-1))R(1,2;(-1))R(2,1;1)P(2;1/2)$ である. これは (17.15) 式であり, (17.13) 式の変形で I_3 に対応するところに最後に現れたものである. 列に関する基本変形だけを同様に行ってもよい. □

逆行列が存在しない場合に, 例 17.5 と同じように基本変形を行っていくとどのようになるだろうか.

(**例 17.6**) 次の行列 B に逆行列を求める目的で行に関する基本変形を行う.

$$[B|I_3] = \begin{bmatrix} 1 & -1 & 0 & | & 1 & 0 & 0 \\ 1 & 0 & 1 & | & 0 & 1 & 0 \\ 2 & -1 & 1 & | & 0 & 0 & 1 \end{bmatrix}$$

第1行 ×(−1) を第2行に加える
$\Longrightarrow$
$\begin{bmatrix} 1 & -1 & 0 & | & 1 & 0 & 0 \\ 0 & 1 & 1 & | & -1 & 1 & 0 \\ 2 & -1 & 1 & | & 0 & 0 & 1 \end{bmatrix}$

第1行 ×(−2) を第3行に加える
$\Longrightarrow$
$\begin{bmatrix} 1 & -1 & 0 & | & 1 & 0 & 0 \\ 0 & 1 & 1 & | & -1 & 1 & 0 \\ 0 & 1 & 1 & | & -2 & 0 & 1 \end{bmatrix}$

第2行 ×(−1) を第3行に加える
$\Longrightarrow$
$\begin{bmatrix} 1 & -1 & 0 & | & 1 & 0 & 0 \\ 0 & 1 & 1 & | & -1 & 1 & 0 \\ 0 & 0 & 0 & | & -1 & -1 & 1 \end{bmatrix}$ (17.16)

下から 2 つ目の段階で B に対応する部分の第 2 行と第 3 行が同じになった. そ

の結果，一番下の段階で第3行が0,0,0となって，これ以上変形しても B に対応する部分は I_3 に行き着かない．□

例 17.6 が示すように，逆行列が存在するかどうかわからない場合でも，行に関する基本変形を実施してみればよい．しかし，逆行列が存在するかどうかだけなら，行と列の両方の基本変形を織りまぜてチェックする方が簡単である．それは，p 次の正方行列 A に対して，次のように行う．

ステップ1：行の入れ替えおよび列の入れ替えを行い，第1行を定数倍して $(1,1)$ 成分が1になるようにする（できないならそれはゼロ行列である）．

ステップ2：第1列を定数倍して他の列に加えることにより，第1行の $(1,1)$ 成分以外をすべてゼロにできる．また，第1行を定数倍して他の行に加えることにより，第1列の $(1,1)$ 成分以外をすべてゼロにできる．

ステップ3：ステップ1と同様にして $(2,2)$ 成分が1になるようにする．次に，ステップ2と同様にして，第2行と第2列の $(2,2)$ 成分以外をすべてゼロにする．

ステップ4：ステップ3と同様に，$(3,3)$ 成分だけを1に，$(4,4)$ 成分だけを1に，……，と続けられる限り行う．(p,p) 成分が1にできれば，逆行列は存在する．そうでないなら，逆行列は存在しない．

(例 17.7) 例 17.5 と 例 17.6 の行列 A と B に上のステップを適用する．

$$A = \begin{pmatrix} 1 & 1 & 0 \\ -2 & 0 & 0 \\ 0 & 1 & 1 \end{pmatrix} \Rightarrow \begin{pmatrix} 1 & 0 & 0 \\ -2 & 2 & 0 \\ 0 & 1 & 1 \end{pmatrix} \Rightarrow \begin{pmatrix} 1 & 0 & 0 \\ 0 & 2 & 0 \\ 0 & 1 & 1 \end{pmatrix}$$

$$\Rightarrow \begin{pmatrix} 1 & 0 & 0 \\ 0 & 1 & 0 \\ 0 & 1 & 1 \end{pmatrix} \Rightarrow \begin{pmatrix} 1 & 0 & 0 \\ 0 & 1 & 0 \\ 0 & 0 & 1 \end{pmatrix} \tag{17.17}$$

(17.17) 式では，$R(3,2;-1)P(2;1/2)R(2,1;2)AR(1,2;-1) = I_3$ という変形を行った．したがって，逆行列は存在する．

$$B = \begin{pmatrix} 1 & -1 & 0 \\ 1 & 0 & 1 \\ 2 & -1 & 1 \end{pmatrix} \Rightarrow \begin{pmatrix} 1 & 0 & 0 \\ 1 & 1 & 1 \\ 2 & 1 & 1 \end{pmatrix} \Rightarrow \begin{pmatrix} 1 & 0 & 0 \\ 0 & 1 & 1 \\ 2 & 1 & 1 \end{pmatrix}$$

$$\Rightarrow \begin{pmatrix} 1 & 0 & 0 \\ 0 & 1 & 1 \\ 0 & 1 & 1 \end{pmatrix} \Rightarrow \begin{pmatrix} 1 & 0 & 0 \\ 0 & 1 & 0 \\ 0 & 1 & 0 \end{pmatrix} \Rightarrow \begin{pmatrix} 1 & 0 & 0 \\ 0 & 1 & 0 \\ 0 & 0 & 0 \end{pmatrix} \tag{17.18}$$

上では，$R(3,2;-1)R(3,1;-2)R(2,1;-1)AR(1,2;1)R(2,3;-1)=\text{diag}(1,1,0)$ という変形を行った．したがって，逆行列は存在しない．□

17.2 基本変形の利用

基本変形は，逆行列の計算のほか，ランク (第 19 講) の計算などで便利である．理論的な内容を考えるときにも重要である．

◇ 問　　題 ◇

問題 17.1　次の行列 A の逆行列が存在するかどうか調べ，存在するなら逆行列を求めよ．

$$A = \begin{pmatrix} 1 & 1 & 0 & 1 \\ 0 & 1 & -1 & 0 \\ 0 & 1 & 1 & 1 \\ 0 & 0 & 1 & 1 \end{pmatrix}$$

問題 17.2　正方行列でない場合にも，基本変形を用いて，(1,1) 成分, (2,2) 成分, ······ を 1，それ以外をゼロにすることができる．次の 3×4 行列 B に対してそのような基本変形を試みよ．

$$B = \begin{pmatrix} 1 & 1 & 1 & 1 \\ 0 & 2 & -1 & 0 \\ 1 & 3 & 0 & 1 \end{pmatrix}$$

第 **18** 講

部分ベクトル空間

18.1 ベクトルの1次結合

p 次元ベクトルに対して，第 i 成分が 1 で，その他の成分がすべてゼロのベクトルを**基本ベクトル**と呼ぶ．例えば，3 次元の基本ベクトルは次のようになる．

$$e_1 = \begin{pmatrix} 1 \\ 0 \\ 0 \end{pmatrix}, \quad e_2 = \begin{pmatrix} 0 \\ 1 \\ 0 \end{pmatrix}, \quad e_3 = \begin{pmatrix} 0 \\ 0 \\ 1 \end{pmatrix} \quad (18.1)$$

基本ベクトルの役割について確認する．次式が成り立つ．

$$\boldsymbol{x} = \begin{pmatrix} x_1 \\ x_2 \\ x_3 \end{pmatrix} = x_1 \boldsymbol{e}_1 + x_2 \boldsymbol{e}_2 + x_3 \boldsymbol{e}_3 \quad (18.2)$$

また，行列 A に基本ベクトルを右から掛けると，基本ベクトルの 1 の成分に対応する A の列ベクトルを取り出すことができる．

$$A\boldsymbol{e}_1 = (\boldsymbol{a}_1, \boldsymbol{a}_2, \boldsymbol{a}_3) \boldsymbol{e}_1 = \begin{pmatrix} a_{11} & a_{12} & a_{13} \\ a_{21} & a_{22} & a_{23} \end{pmatrix} \begin{pmatrix} 1 \\ 0 \\ 0 \end{pmatrix} = \begin{pmatrix} a_{11} \\ a_{21} \end{pmatrix} = \boldsymbol{a}_1 \quad (18.3)$$

$$A\boldsymbol{e}_2 = \boldsymbol{a}_2, \quad A\boldsymbol{e}_3 = \boldsymbol{a}_3 \quad (18.4)$$

(18.2)～(18.4) 式を組み合わせることにより，次式を得る．

$$A\boldsymbol{x} = A(x_1 \boldsymbol{e}_1 + x_2 \boldsymbol{e}_2 + x_3 \boldsymbol{e}_3) = x_1 \boldsymbol{a}_1 + x_2 \boldsymbol{a}_2 + x_3 \boldsymbol{a}_3 \quad (18.5)$$

(18.5) 式の右辺のように，ベクトルのスカラー倍の和を **1次結合**と呼ぶ．このような表現はすでに何度か登場した．今後も頻繁に用いる．

18.2 ベクトルの1次独立

k 個の p 次元ベクトル $\boldsymbol{a}_1, \boldsymbol{a}_2, \cdots, \boldsymbol{a}_k$ が **1次独立**とは，

$$c_1\boldsymbol{a}_1 + c_2\boldsymbol{a}_2 + \cdots + c_k\boldsymbol{a}_k = \boldsymbol{0} \tag{18.6}$$

が，$c_1 = c_2 = \cdots = c_k = 0$ 以外では成立しないことをいう．1次独立でないとき **1次従属**と呼ぶ．$\boldsymbol{a}_1, \boldsymbol{a}_2, \cdots, \boldsymbol{a}_k$ にゼロベクトルがあれば1次従属になる．

(**例18.1**) 基本ベクトルは1次独立である．例えば，(18.1)式について考える．

$$c_1\boldsymbol{e}_1 + c_2\boldsymbol{e}_2 + c_3\boldsymbol{e}_3 = \boldsymbol{0} \tag{18.7}$$

とすると，$c_1 = c_2 = c_3 = 0$ でなければならない．□

(**例18.2**) 次の3つのベクトルについて考える．

$$\boldsymbol{a}_1 = \begin{pmatrix} 1 \\ 0 \\ 1 \end{pmatrix}, \quad \boldsymbol{a}_2 = \begin{pmatrix} -1 \\ 2 \\ 1 \end{pmatrix}, \quad \boldsymbol{a}_3 = \begin{pmatrix} 0 \\ 2 \\ 2 \end{pmatrix} \tag{18.8}$$

これらのベクトルについて $c_1\boldsymbol{a}_1 + c_2\boldsymbol{a}_2 + c_3\boldsymbol{a}_3 = \boldsymbol{0}$ が成り立つとする．これは

$$c_1 \begin{pmatrix} 1 \\ 0 \\ 1 \end{pmatrix} + c_2 \begin{pmatrix} -1 \\ 2 \\ 1 \end{pmatrix} + c_3 \begin{pmatrix} 0 \\ 2 \\ 2 \end{pmatrix} = \begin{pmatrix} c_1 - c_2 \\ 2c_2 + 2c_3 \\ c_1 + c_2 + 2c_3 \end{pmatrix} = \begin{pmatrix} 0 \\ 0 \\ 0 \end{pmatrix} \tag{18.9}$$

となるから，$c_1 = c_2 = -c_3$ を得る．例えば，$(c_1, c_2, c_3) = (1, 1, -1)$ とおくと $c_1\boldsymbol{a}_1 + c_2\boldsymbol{a}_2 + c_3\boldsymbol{a}_3 = \boldsymbol{0}$ が成り立つ．したがって，上の3つのベクトルは1次従属である．□

k 個のベクトル $\boldsymbol{a}_1, \boldsymbol{a}_2, \cdots, \boldsymbol{a}_k$ が1次従属なら，それらの中の少なくとも1つのベクトルは残りのベクトルの1次結合で表すことができる．

(**例18.3**) 例18.2の3つのベクトルは $\boldsymbol{a}_1 + \boldsymbol{a}_2 - \boldsymbol{a}_3 = \boldsymbol{0}$ が成り立つから，$\boldsymbol{a}_1 = -\boldsymbol{a}_2 + \boldsymbol{a}_3$ ($\boldsymbol{a}_2 = -\boldsymbol{a}_1 + \boldsymbol{a}_3$, $\boldsymbol{a}_3 = \boldsymbol{a}_1 + \boldsymbol{a}_2$) と表すことができる．□

18.3 部分ベクトル空間

p 次元ベクトル全体 R^p を考えると，1次独立な p 次元ベクトルは p 個までしか選べない．例えば，(18.1)式に示した基本ベクトル $\boldsymbol{e}_1, \boldsymbol{e}_2, \cdots, \boldsymbol{e}_p$ を選ぶと，任意の p 次元ベクトル $\boldsymbol{x} = (x_1, x_2, \cdots, x_p)^T$ は

$$\boldsymbol{x} = x_1\boldsymbol{e}_1 + x_2\boldsymbol{e}_2 + \cdots + x_p\boldsymbol{e}_p \tag{18.10}$$

と表すことができるから，$\boldsymbol{e}_1, \boldsymbol{e}_2, \cdots, \boldsymbol{e}_p$ に別の p 次元ベクトルを追加して1次独立なベクトルとすることはできない．基本ベクトル以外のベクトルで1次独立な p 次元ベクトルを p 個 ($\boldsymbol{z}_1, \boldsymbol{z}_2, \cdots, \boldsymbol{z}_p$) 選んだときも同じで，任意の p 次元ベクトルはこれらの1次結合として表すことができる．

したがって，p 次元ベクトル全体は，基本ベクトル $e_1, e_2, \cdots, e_p$ を用いた 1 次結合で，または，それ以外の 1 次独立な p 個の p 次元ベクトル $z_1, z_2, \cdots, z_p$ を用いた 1 次結合で次のように表すことができる．

$$\begin{aligned}R^p &= \{x : x = x_1 e_1 + x_2 e_2 + \cdots + x_p e_p\} \\ &= \{x : x = w_1 z_1 + w_2 z_2 + \cdots + w_p z_p\}\end{aligned} \qquad (18.11)$$

$\{e_1, e_2, \cdots, e_p\}$ や $\{z_1, z_2, \cdots, z_p\}$ を**基底**と呼ぶ．前者を**標準基底**と呼ぶ．基底の選び方はさまざまあるが，基底の個数は一定 ($=p$) で，それを**次元** (dimension) と呼び，$\dim R^p = p$ と表す．R^p を **p 次元ベクトル空間**と呼ぶ．

ベクトル $a_1, a_2, \cdots, a_q$ (これらは 1 次独立でなくてもよい) に基づくすべての 1 次結合 $c_1 a_1 + c_2 a_2 + \cdots + c_q a_q$ の集合 M をベクトル $a_1, a_2, \cdots, a_q$ が**張る空間**と呼ぶ．

$$M = \{y : y = c_1 a_1 + c_2 a_2 + \cdots + c_q a_q\} \qquad (18.12)$$

一般に，あるベクトルの集合から任意に 2 つのベクトル y_1 と y_2 を選んだとき，$b_1 y_1 + b_2 y_2$ (b_1 と b_2 は任意のスカラー) がこの集合に含まれているなら，この集合を**部分ベクトル空間**と呼ぶ．$b_1 = b_2 = 0$ とすれば $b_1 y_1 + b_2 y_2 = 0$ となるから，部分ベクトル空間はゼロベクトルを含む．(18.12) 式のベクトルの集合 M は部分ベクトル空間である．

$a_1, a_2, \cdots, a_q$ が 1 次独立で，部分ベクトル空間 M を張るとき，これらのベクトルの集まりを M の**基底**と呼ぶ．M に属するすべてのベクトルは基底の 1 次結合として表すことができる．そして，基底を構成する 1 次独立なベクトルの個数をその部分ベクトル空間の次元と呼び，$\dim M$ と表す．M の基底の選び方はいろいろあるが，どのように選んでも，その個数は同じになる．

(**例 18.4**) R^3 において，2 つの基本ベクトル $e_1 = (1, 0, 0)^T$, $e_2 = (0, 1, 0)^T$ が張る部分ベクトル空間 $M = \{y : y = c_1 e_1 + c_2 e_2\}$ は図 18.1 に示すように，平面 $z = 0$ である．c_1 と c_2 がさまざまな値をとることにより $y = c_1 e_1 + c_2 e_2$ が平面をうめつくす (平面を張る) 様子をイメージしてほしい．

この部分ベクトル空間は，例えば $a_1 = (1, 1, 0)^T$, $a_2 = (1, -1, 0)^T$ に基づいて $M = \{y : y = d_1 a_1 + d_2 a_2\}$ と表すこともできる．$\dim M = 2$ である．□

(**例 18.5**) R^3 における平面であっても，先に述べたように，原点を通らない (ゼロベクトルを含まない) 平面は部分ベクトル空間にはならない．例えば，平面 $z =$

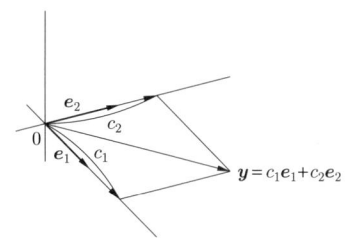

図 18.1 R^3 における 2 次元の部分ベクトル空間 (例 18.4)

1 は部分ベクトル空間ではない. $y_1 = (1,1,1)^T$, $y_2 = (1,2,1)^T$ はこの平面上のベクトルだが, $y_1 + y_2 = (2,3,2)^T$ はこの平面上にはないからである. □

18.4 シュミットの直交化法

$b_1, b_2, \cdots, b_p$ をたがいに直交するベクトルとするとき, これらは 1 次独立になる. $c_1 b_1 + c_2 b_2 + \cdots + c_p b_p = 0$ とおき, 両辺に左から b_i^T を掛けると (b_i と内積をとると), $b_i^T b_j = 0$ $(i \neq j)$ となるので, $c_i \|b_i\|^2 = 0$ となり, $c_i = 0$ $(i = 1, 2, \cdots, p)$ が導かれるからである.

p 個の 1 次独立なベクトルに基づいて, それらの 1 次結合により, 長さが 1 でたがいに直交する p 個のベクトルを構成することができる. そのための次の手順を**シュミットの直交化法**または**グラム・シュミットの直交化法**と呼ぶ.

シュミットの直交化法の手順

$a_1, a_2, \cdots, a_p$ を 1 次独立とするとき, 次の手順で求まる $b_1, b_2, \cdots, b_p$ は長さが 1 でたがいに直交する.

ステップ 1: $b_1 = a_1 / \|a_1\|$

ステップ 2: $b_1, b_2, \cdots, b_{k-1}$ まで得られたとき, 次式で $\tilde{a}_k$ を求める.

$$\tilde{a}_k = a_k - (a_k, b_1) b_1 - (a_k, b_2) b_2 - \cdots - (a_k, b_{k-1}) b_{k-1} \quad (18.13)$$

ステップ 3: $b_k = \tilde{a}_k / \|\tilde{a}_k\|$

ステップ 4: $k = p$ なら終了. $k < p$ ならステップ 2 に戻る.

この手順の妥当性を説明する. まず, $a_1 \neq 0$ だからステップ 1 より $\|b_1\| = 1$ とできる.

次に，$\tilde{a}_2 = a_2 - (a_2, b_1)b_1$ はゼロベクトルではない．もし，そうなら，a_1 と a_2 の 1 次独立性に反するからである．$\tilde{a}_2$ と b_1 の内積を計算すると

$$(\tilde{a}_2, b_1) = (a_2, b_1) - (a_2, b_1)(b_1, b_1) = (a_2, b_1) - (a_2, b_1)\|b_1\|^2 = 0 \tag{18.14}$$

となるから，$\tilde{a}_2$ と b_1 は直交し，$\tilde{a}_2$ の長さを 1 に調整した b_2 と b_1 も直交する．
もう 1 段階，同様に説明する．$\tilde{a}_3 = a_3 - (a_3, b_1)b_1 - (a_3, b_2)b_2$ はゼロベクトルではない．b_1 は a_1 の定数倍，b_2 は a_1 と a_2 の 1 次結合だから，$\tilde{a}_3 = 0$ なら a_1, a_2, a_3 の 1 次独立性に反するからである．$\tilde{a}_3$ と b_1 の内積を計算すると

$$\begin{aligned}(\tilde{a}_3, b_1) &= (a_3, b_1) - (a_3, b_1)(b_1, b_1) - (a_3, b_2)(b_2, b_1) \\ &= (a_3, b_1) - (a_3, b_1)\|b_1\|^2 = 0\end{aligned} \tag{18.15}$$

となり，同様に，$(\tilde{a}_3, b_2) = 0$ となる．したがって，$\tilde{a}_3$ は b_1, b_2 と直交し，b_3 は b_1, b_2 と直交する．

同様に，$\tilde{a}_k$ は $b_1, b_2, \cdots, b_{k-1}$ と直交し，したがって，b_k は $b_1, b_2, \cdots, b_{k-1}$ と直交することを示すことができる．□

$b_1, b_2, \cdots, b_p$ のそれぞれは $a_1, a_2, \cdots, a_p$ の 1 次結合だから，$a_1, a_2, \cdots, a_p$ が張る部分空間と $b_1, b_2, \cdots, b_p$ が張る部分空間は同じである．

(例 18.6) 次の 3 つの 1 次独立なベクトルにシュミットの直交化法を適用する．

$$a_1 = \begin{pmatrix} 1 \\ 1 \\ 0 \end{pmatrix}, \quad a_2 = \begin{pmatrix} -1 \\ 0 \\ 1 \end{pmatrix}, \quad a_3 = \begin{pmatrix} 0 \\ 1 \\ 1/2 \end{pmatrix} \tag{18.16}$$

$$b_1 = a_1/\|a_1\| = a_1/\sqrt{2} = \begin{pmatrix} 1/\sqrt{2} \\ 1/\sqrt{2} \\ 0 \end{pmatrix} \tag{18.17}$$

$$\begin{aligned}\tilde{a}_2 &= a_2 - (a_2, b_1)b_1 \\ &= \begin{pmatrix} -1 \\ 0 \\ 1 \end{pmatrix} - \left(-\frac{1}{\sqrt{2}}\right)\begin{pmatrix} 1/\sqrt{2} \\ 1/\sqrt{2} \\ 0 \end{pmatrix} = \begin{pmatrix} -1/2 \\ 1/2 \\ 1 \end{pmatrix}\end{aligned} \tag{18.18}$$

$$b_2 = \tilde{a}_2/\|\tilde{a}_2\| = \tilde{a}_2/\sqrt{3/2} = \begin{pmatrix} -1/\sqrt{6} \\ 1/\sqrt{6} \\ 2/\sqrt{6} \end{pmatrix} \tag{18.19}$$

$$\begin{aligned}\tilde{a}_3 &= a_3 - (a_3, b_1)b_1 - (a_3, b_2)b_2 \\ &= \begin{pmatrix} 0 \\ 1 \\ 1/2 \end{pmatrix} - \frac{1}{\sqrt{2}}\begin{pmatrix} 1/\sqrt{2} \\ 1/\sqrt{2} \\ 0 \end{pmatrix} - \frac{2}{\sqrt{6}}\begin{pmatrix} -1/\sqrt{6} \\ 1/\sqrt{6} \\ 2/\sqrt{6} \end{pmatrix} = \begin{pmatrix} -1/6 \\ 1/6 \\ -1/6 \end{pmatrix}\end{aligned} \tag{18.20}$$

$$b_3 = \tilde{a}_3/\|\tilde{a}_3\| = \tilde{a}_3/\sqrt{1/12} = \begin{pmatrix} -1/\sqrt{3} \\ 1/\sqrt{3} \\ -1/\sqrt{3} \end{pmatrix} \tag{18.21}$$

b_1, b_2, b_3 はすべて長さが 1 でたがいに直交する. □

18.5 直交補空間

2つの部分ベクトル空間 M_1 と M_2 に対して

$$M_1 \cap M_2 = \{x : x \in M_1, x \in M_2\} \tag{18.22}$$

$$M_1 + M_2 = \{x : x = x_1 + x_2, x_1 \in M_1, x_2 \in M_2\} \quad \text{(和空間)} \tag{18.23}$$

と定義する. これらは部分空間になる (問題 18.2). 一般に,

$$\dim(M_1) + \dim(M_2) = \dim(M_1 + M_2) + \dim(M_1 \cap M_2) \tag{18.24}$$

が成り立つ. 特に, $M_1 \cap M_2 = \{\mathbf{0}\}$ なら $\dim(M_1) + \dim(M_2) = \dim(M_1 + M_2)$ が成り立つ.

R^p のある部分ベクトル空間 M に対して, M に属するすべてのベクトルとの内積がゼロとなるベクトルの集合を M の**直交補空間**と呼び, $M^\perp$ と表す. 直交補空間は部分ベクトル空間になる (問題 18.2).

$M + M^\perp = R^p$ であり, $M \cap M^\perp = \{\mathbf{0}\}$ なので, R^p の任意のベクトルは次のように一意に表すことができる.

$$x = x_1 + x_2 \quad (x_1 \in M, x_2 \in M^\perp) \tag{18.25}$$

また, 次式が成り立つ.

$$\dim(M) + \dim(M^\perp) = p \tag{18.26}$$

◇ 問 題 ◇

問題 18.1 $A = (a_1, a_2, a_3, a_4)$, $x_1 = (1,1,1,1)^T$, $x_2 = (1,2,3,4)^T$ とするとき, Ax_1 および Ax_2 を A の列ベクトルを用いて表せ.

問題 18.2 (1) 直交補空間が部分ベクトル空間になることを示せ.
(2) $M_1 \cap M_2$ と $M_1 + M_2$ が部分ベクトル空間になることを示せ.
(3) $M_1^\perp \cap M_2^\perp = (M_1 + M_2)^\perp$ となることを示せ.

第 19 講

行列のランク

19.1 行列のランク

n 個の p 次元ベクトル $\boldsymbol{a}_1, \boldsymbol{a}_2, \cdots, \boldsymbol{a}_n$ を横に並べた $p \times n$ 行列 A を考える.

$$A = (\boldsymbol{a}_1, \boldsymbol{a}_2, \cdots, \boldsymbol{a}_n) \tag{19.1}$$

このとき, A の列ベクトルの 1 次独立な最大個数を A の**ランク** (または, **階数**) と呼び, rank(A) と表す.

n 次元ベクトル $\boldsymbol{x} = (x_1, x_2, \cdots, x_n)^T \in R^n$ に行列 A を左から掛けて得られる p 次元ベクトルを $\boldsymbol{y}$ とおく. これは, (18.5) 式より次のように表現できる.

$$\boldsymbol{y} = A\boldsymbol{x} = x_1 \boldsymbol{a}_1 + x_2 \boldsymbol{a}_2 + \cdots + x_n \boldsymbol{a}_n \tag{19.2}$$

このように, $p \times n$ 行列 A は R^n から R^p への**写像**を定める. n 次元ベクトル $\boldsymbol{x}$ を n 次元ベクトル空間全体にわたって動かしたとき, それに行列 A を左から掛けて得られる p 次元ベクトル全体 (A の値域) を $M(A)$ と表す.

$$M(A) = \{\boldsymbol{y} : \boldsymbol{y} = A\boldsymbol{x} = x_1 \boldsymbol{a}_1 + x_2 \boldsymbol{a}_2 + \cdots + x_n \boldsymbol{a}_n, \boldsymbol{x} \in R^n\} \subseteq R^p \tag{19.3}$$

$M(A)$ は行列 A の列ベクトルが張る空間であり, 部分ベクトル空間である.

(19.1) 式の行列 A について rank$(A) = k$ とする. すなわち, $\boldsymbol{a}_1, \boldsymbol{a}_2, \cdots, \boldsymbol{a}_n$ の中の 1 次独立なベクトルの最大個数を k とする. 必要なら順序を適当に入れ替えることにより, 最初の k 個の列ベクトル $\boldsymbol{a}_1, \boldsymbol{a}_2, \cdots, \boldsymbol{a}_k$ が 1 次独立と考えることができる. そうすると, 残りの $n-k$ 個の列ベクトル $\boldsymbol{a}_{k+1}, \boldsymbol{a}_{k+2}, \cdots, \boldsymbol{a}_n$ は $\boldsymbol{a}_1, \boldsymbol{a}_2, \cdots, \boldsymbol{a}_k$ の 1 次結合で表すことができる. したがって, (19.3) 式の $M(A)$ は $\boldsymbol{a}_1, \boldsymbol{a}_2, \cdots, \boldsymbol{a}_n$ の中の 1 次独立な k 個のベクトル $\boldsymbol{a}_1, \boldsymbol{a}_2, \cdots, \boldsymbol{a}_k$ だけを用いて

$$M(A) = \{\boldsymbol{y} : \boldsymbol{y} = c_1\boldsymbol{a}_1 + c_2\boldsymbol{a}_2 + \cdots + c_k\boldsymbol{a}_k\} \qquad (19.4)$$

と表すことができる．$\boldsymbol{a}_1, \boldsymbol{a}_2, \cdots, \boldsymbol{a}_k$ は $M(A)$ の基底と考えることができるから，$\dim M(A) = k = \text{rank}(A)$ である．

$\boldsymbol{y}$ は p 次元ベクトルなので $M(A) \subseteq R^p$ であり，$\dim M(A) \leq p$ が成り立つ．$M(A) = R^p$ と必ずしもならないのは，ある $\boldsymbol{y} \in R^p$ に対して，$\boldsymbol{y} = A\boldsymbol{x}$ となる $\boldsymbol{x} \in R^n$ が存在しない場合があるからである（図 19.1 を参照）．

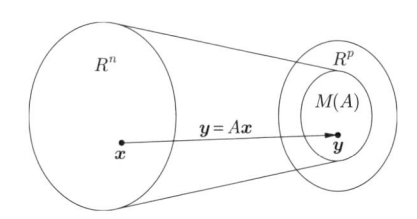

図 19.1 R^n から R^p への変換

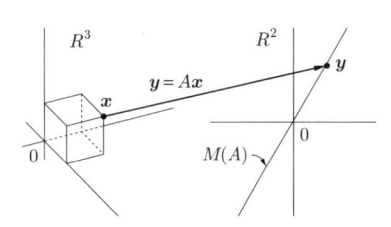

図 19.2 R^3 から R^2 への変換（例 19.1）

(**例 19.1**) 次の 2×3 行列 A を考える．

$$A = \begin{pmatrix} 1 & -1 & 2 \\ 2 & -2 & 4 \end{pmatrix} = (\boldsymbol{a}_1, \boldsymbol{a}_2, \boldsymbol{a}_3) \qquad (19.5)$$

この行列のランクは $\text{rank}(A) = 1$ である（$\boldsymbol{a}_2 = -\boldsymbol{a}_1$, $\boldsymbol{a}_3 = 2\boldsymbol{a}_1$）．したがって，(19.4) 式は

$$M(A) = \{\boldsymbol{y} : \boldsymbol{y} = c_1\boldsymbol{a}_1 = (c_1, 2c_1)^T\} \qquad (19.6)$$

となり，$\dim M(A) = 1$ である．$M(A)$ は 2 次元平面 R^2 において原点を通る傾き 2 の直線を表す．この例では，$\boldsymbol{x}$ が R^3 全体を動いても，A を掛けたものは R^2 の一部分であるこの直線上だけを動く．□

(**例 19.2**) 次の 2×3 行列 A を考える．

$$A = \begin{pmatrix} 1 & 1 & 3 \\ 2 & -1 & 3 \end{pmatrix} = (\boldsymbol{a}_1, \boldsymbol{a}_2, \boldsymbol{a}_3) \qquad (19.7)$$

この行列のランクは $\text{rank}(A) = 2$ である（$\boldsymbol{a}_3 = 2\boldsymbol{a}_1 + \boldsymbol{a}_2$）．(19.4) 式は

$$M(A) = \{\boldsymbol{y} : \boldsymbol{y} = c_1\boldsymbol{a}_1 + c_2\boldsymbol{a}_2 = (c_1 + c_2, 2c_1 - c_2)^T\} \qquad (19.8)$$

となり，$\dim M(A) = 2$ である．$M(A)$ は 2 次元平面 R^2 全体と一致する．この例では，$\boldsymbol{x}$ が R^3 全体を動くとき，A を掛けたものは R^2 全体を動く．□

第 17 講の最後に述べた基本変形のステップを適用する（例 17.7, 問題 17.2

と同様の計算をする) ことにより，行列のランクを求めることができる．

(**例 19.3**)　例 19.1 の行列 A のランクを基本変形のステップで求める．
$$A = \begin{pmatrix} 1 & -1 & 2 \\ 2 & -2 & 4 \end{pmatrix} \Rightarrow \begin{pmatrix} 1 & 0 & 0 \\ 2 & 0 & 0 \end{pmatrix} \Rightarrow \begin{pmatrix} 1 & 0 & 0 \\ 0 & 0 & 0 \end{pmatrix} \quad (19.9)$$
この最後の行列のランクは 1 なので，rank$(A) = 1$ である．上の基本変形は，$R(2,1;-2)AR(1,2;1)R(1,3;-2)$ という基本行列の掛け算に対応する．□

(**例 19.4**)　例 19.2 の行列 A のランクを基本変形のステップで求める．
$$A = \begin{pmatrix} 1 & 1 & 3 \\ 2 & -1 & 3 \end{pmatrix} \Rightarrow \begin{pmatrix} 1 & 0 & 0 \\ 2 & -3 & -3 \end{pmatrix} \Rightarrow \begin{pmatrix} 1 & 0 & 0 \\ 0 & -3 & -3 \end{pmatrix}$$
$$\Rightarrow \begin{pmatrix} 1 & 0 & 0 \\ 0 & 1 & 1 \end{pmatrix} \Rightarrow \begin{pmatrix} 1 & 0 & 0 \\ 0 & 1 & 0 \end{pmatrix} \quad (19.10)$$
この最後の行列のランクは 2 なので，rank$(A) = 2$ である．上の基本変形は，$P(2;-1/3)R(2,1;-2)AR(1,2;-1)R(1,3;-3)R(2,3;-1)$ という基本行列の掛け算に対応する．□

このように基本変形を用いてランクを計算できるのは，19.3 節で述べるように，B と C が正則行列なら rank$(AB) = $ rank$(CA) = $ rank(A) が成り立つ (このとき rank$(CAB) = $ rank(A) も成り立つ) からである．

19.2　次元の公式

$p \times n$ 行列 A に対して
$$M(A) = \{\boldsymbol{y} : \boldsymbol{y} = A\boldsymbol{x}, \boldsymbol{x} \in R^n\} \subseteq R^p \quad (19.11)$$
を考える．dim $M(A) = $ rank(A) だった．また，R^n の部分集合として
$$K(A) = \{\boldsymbol{x} : A\boldsymbol{x} = \boldsymbol{0}\} \subseteq R^n \quad (19.12)$$
と定義する．ベクトル A による写像先がゼロベクトル $(\in R^p)$ になるもとのベクトル $(\in R^n)$ 全体である．これを A の**核** (kernel) と呼ぶ．$K(A)$ は部分ベクトル空間になる (問題 19.2)．

(**例 19.5**)　例 19.1 の行列 A の核を求める．$p = 2$, $n = 3$, dim $M(A) = 1$ だった．
$$A\boldsymbol{x} = \begin{pmatrix} 1 & -1 & 2 \\ 2 & -2 & 4 \end{pmatrix} \begin{pmatrix} x_1 \\ x_2 \\ x_3 \end{pmatrix} = \begin{pmatrix} x_1 - x_2 + 2x_3 \\ 2x_1 - 2x_2 + 4x_3 \end{pmatrix} = \begin{pmatrix} 0 \\ 0 \end{pmatrix} \quad (19.13)$$

とおく．$\boldsymbol{x} = (x_1, x_2, x_3)^T$ について 2 つの等式を得るが，一方は他方の 2 倍なので実質的に等式は 1 つである．これを満たす解は，例えば $\boldsymbol{x}_1 = (1, 1, 0)^T$, $\boldsymbol{x}_2 = (-1, 1, 1)^T$ である．これらは 1 次独立だから，$K(A)$ の基底に用いて

$$K(A) = \{\boldsymbol{x} : \boldsymbol{x} = c_1 \boldsymbol{x}_1 + c_2 \boldsymbol{x}_2\} \tag{19.14}$$

と表すことができる．$\dim K(A) = 2$ である．□

(**例 19.6**) 例 19.2 の行列 A の核を求める．$p=2$, $n=3$, $\dim M(A)=2$ だった．

$$A\boldsymbol{x} = \begin{pmatrix} 1 & 1 & 3 \\ 2 & -1 & 3 \end{pmatrix} \begin{pmatrix} x_1 \\ x_2 \\ x_3 \end{pmatrix} = \begin{pmatrix} x_1 + x_2 + 3x_3 \\ 2x_1 - x_2 + 3x_3 \end{pmatrix} = \begin{pmatrix} 0 \\ 0 \end{pmatrix} \tag{19.15}$$

とおく．これを解くと $x_1 = -2x_3$, $x_2 = -x_3$ なので，例えば $\boldsymbol{x}_1 = (2, 1, -1)^T$ を $K(A)$ の基底に用いて

$$K(A) = \{\boldsymbol{x} : \boldsymbol{x} = c_1 \boldsymbol{x}_1\} \tag{19.16}$$

と表すことができる．$\dim K(A) = 1$ である．□

次の重要な公式が成り立つ．

次元の公式

$p \times n$ 行列 A に関して次式が成り立つ．

$$\dim M(A) \ (= \mathrm{rank}(A)) = n - \dim K(A) \tag{19.17}$$

まず，例 19.5 と例 19.6 で (19.17) 式が成り立っていることを確認できる．次に，図 19.3 で (19.17) 式の内容をイメージしてほしい．

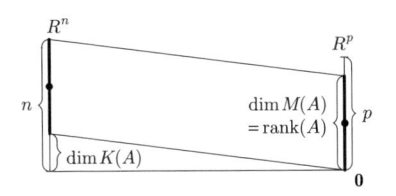

図 19.3 次元の公式のイメージ図

$p \times n$ 行列 A の転置行列 A^T に基づいて，(19.11) 式と同様に

$$M(A^T) = \{\boldsymbol{x} : \boldsymbol{x} = A^T \boldsymbol{y}, \boldsymbol{y} \in R^p\} \subseteq R^n \tag{19.18}$$

と定義する．$M(A^T)$ の直交補空間 $M(A^T)^\perp$ と (19.12) 式の $K(A)$ について

$$K(A) = M(A^T)^\perp \qquad (19.19)$$
$$\dim K(A) = \dim M(A^T)^\perp \qquad (19.20)$$

が成り立つ．

(19.19) 式を示す．任意の $\boldsymbol{x}_0 \in K(A)$ を選ぶと $A\boldsymbol{x}_0 = \boldsymbol{0}$ を満たす．すべての $\boldsymbol{y} \in R^p$ に対して $(A^T\boldsymbol{y})^T\boldsymbol{x}_0 = \boldsymbol{y}^T A\boldsymbol{x}_0 = 0$ となるから，$\boldsymbol{x}_0 \in M(A^T)^\perp$ となる．これより，$K(A) \subseteq M(A^T)^\perp$ が成り立つ．

逆に，任意の $\boldsymbol{x}_0 \in M(A^T)^\perp$ を選ぶ．すべての $\boldsymbol{y} \in R^p$ に対して $(A^T\boldsymbol{y})^T\boldsymbol{x}_0 = \boldsymbol{y}^T A\boldsymbol{x}_0 = 0$ (内積がゼロ) となる．$\boldsymbol{y}$ として $\boldsymbol{y} = A\boldsymbol{x}_0$ とおくと，$(A\boldsymbol{x}_0)^T A\boldsymbol{x}_0 = \|A\boldsymbol{x}_0\|^2 = 0$ だから，$A\boldsymbol{x}_0 = \boldsymbol{0}$，すなわち，$\boldsymbol{x}_0 \in K(A)$ となる．これより，$M(A^T)^\perp \subseteq K(A)$ が成り立つ．

以上より，$K(A) = M(A^T)^\perp$ である．これより，(19.20) 式も成り立つ．□

19.3 行列のランクの性質

行列のランクについてのさまざまな性質を述べる．

行列のランクの性質

(1) $p \times n$ 行列 A に対して $\mathrm{rank}(A) \leq \min(p, n)$ が成り立つ．
(2) $\mathrm{rank}(A^T) = \mathrm{rank}(A)$
(3) $\mathrm{rank}(AA^T) = \mathrm{rank}(A^T A) = \mathrm{rank}(A)$
(4) $\mathrm{rank}(AB) \leq \mathrm{rank}(A), \mathrm{rank}(AB) \leq \mathrm{rank}(B)$
(5) B と C は正則 $\Rightarrow \mathrm{rank}(AB) = \mathrm{rank}(CA) = \mathrm{rank}(A)$
(6) $\mathrm{rank}(A + B) \leq \mathrm{rank}(A) + \mathrm{rank}(B)$
(7) p 次の正方行列 A に対して，$\mathrm{rank}(A) = p \Leftrightarrow A$ が正則

---

(1) を示す．$p \leq n$ とする．1 次独立な p 次元ベクトルは p 個までだから，$\mathrm{rank}(A) \leq p \leq n$ である．また，$p > n$ なら，行列 A には列ベクトルが n 個あり，1 次独立な列ベクトルは n 個以下だから $\mathrm{rank}(A) \leq n < p$ である．

(2) は，(19.17) 式，(19.20) 式，(18.26) 式 (p を n に読み替える) をこの順に用いればよい．

$$\mathrm{rank}(A) = n - \dim K(A) = n - \dim M(A^T)^\perp$$

$$= \dim M(A^T) = \text{rank}(A^T) \qquad (19.21)$$

(3) のうち,$\text{rank}(A^T A) = \text{rank}(A)$ を示す.(19.17) 式より,$K(A^T A) = K(A)$ を示せばよい.

任意の $\boldsymbol{x}_0 \in K(A^T A)$ を選ぶと,$A^T A \boldsymbol{x}_0 = \boldsymbol{0}$ である.左から $\boldsymbol{x}_0^T$ を掛けると $\boldsymbol{x}_0^T A^T A \boldsymbol{x}_0 = \boldsymbol{0}$ が成り立つから,$A \boldsymbol{x}_0 = \boldsymbol{0}$ となる.すなわち,$\boldsymbol{x}_0 \in K(A)$ なので,$K(A^T A) \subseteq K(A)$ である.

逆に,任意の $\boldsymbol{x}_0 \in K(A)$ を選ぶと $A \boldsymbol{x}_0 = \boldsymbol{0}$ である.左から A^T を掛けると $A^T A \boldsymbol{x}_0 = \boldsymbol{0}$ となるので,$\boldsymbol{x}_0 \in K(A^T A)$ である.$K(A) \subseteq K(A^T A)$ を得る.

以上より,$K(A^T A) = K(A)$ が成り立つ.

いま示した等式において,A を A^T に読み替えると $\text{rank}(AA^T) = \text{rank}(A^T)$ となり,(2) を用いると,$\text{rank}(AA^T) = \text{rank}(A)$ が成り立つ.

(4) を示す.A を $p \times n$ 行列,B を $n \times m$ 行列とする.AB は,B により R^m から R^n へ写像し,さらに A により R^p へ写像するという合成写像である.R^m 全体の B による値域を $B(R^m)$ と表す.これは,$M(B)$ にほかならない.つまり,$M(B) = B(R^m) \subseteq R^n$ となる.これを,さらに A により R^p へ写像したものは $M(AB) = A\{B(R^m)\} \subseteq A(R^n) = M(A)$ である.これより,$\dim M(AB) \leq \dim M(A)$,つまり,$\text{rank}(AB) \leq \text{rank}(A)$ が成り立つ.

同様に,$\text{rank}(B^T A^T) \leq \text{rank}(B^T)$ が成り立つ.(2) より,$\text{rank}(AB) = \text{rank}(B^T A^T)$,$\text{rank}(B^T) = \text{rank}(B)$ だから,$\text{rank}(AB) \leq \text{rank}(B)$ が成り立つ.

(5) を示す.B は正則だから,(4) より,$\text{rank}(A) = \text{rank}\{(AB)B^{-1}\} \leq \text{rank}(AB)$ が成り立つ.これと (4) より $\text{rank}(AB) = \text{rank}(A)$ を得る.

$\text{rank}(CA) = \text{rank}(A)$ も同様に考えればよい.

(6) を示す.A と B はともに $p \times n$ 行列とする.$\boldsymbol{y} \in K(A^T) \cap K(B^T) = M(A)^{\perp} \cap M(B)^{\perp}$ (等号は (19.19) 式を参照) とする.$A^T \boldsymbol{y} = \boldsymbol{0}$ かつ $B^T \boldsymbol{y} = \boldsymbol{0}$ だから $(A+B)^T \boldsymbol{y} = \boldsymbol{0}$ となるので $\boldsymbol{y} \in K((A+B)^T) = M(A+B)^{\perp}$ である.したがって,$M(A+B)^{\perp} \supseteq M(A)^{\perp} \cap M(B)^{\perp} = (M(A)+M(B))^{\perp}$ (等号は問題 18.2(3)) となる.(18.26) 式および (18.24) 式を用いると次式が成り立つ.

$$p - \text{rank}(A+B) = p - \dim M(A+B)$$
$$= \dim M(A+B)^{\perp}$$

$$\geq \dim(M(A)+M(B))^{\perp}$$
$$= p - \dim(M(A)+M(B))$$
$$\geq p - (\dim M(A) + \dim M(B))$$
$$= p - (\mathrm{rank}(A)+\mathrm{rank}(B)) \qquad (19.22)$$

(7) を示す．前講の最後に述べたように，$\mathrm{rank}(A)=p$ なら基本変形によって $CAB=I_p$ とできるので $A=C^{-1}B^{-1}$ (基本行列の積) であり，$A^{-1}=BC$ (基本行列の積) と逆行列を求めることができるから A は正則である．逆に，A が正則なら，(4) を用いることにより

$$p = \mathrm{rank}(I_p) = \mathrm{rank}(A^{-1}A) \leq \mathrm{rank}(A) \leq p \qquad (19.23)$$

だから，$\mathrm{rank}(A)=p$ である．□

◇ 問 題 ◇

問題 19.1 (1) 例 19.1 の行列 A について $\mathrm{rank}(A^T)$ を求めよ．また，$M(A^T)$ がどのようなものかを述べよ．
(2) 例 19.2 の行列 A について $\mathrm{rank}(A^T)$ を求めよ．また，$M(A^T)$ がどのようなものかを述べよ．

問題 19.2 (19.12) 式の $K(A)$ は部分ベクトル空間になることを示せ．

◆======== 統計学ではこう使う 26 (フルランクとランク落ち) ========◆

多変量解析法では，すでに (15.35) 式や (15.39) 式でも現れたように，$n \times p$ 行列 X が定義されて，分散共分散行列や相関係数行列などにおいて，$X^T X$ ($p \times p$ 行列) が登場する．そして，この逆行列を考える必要のあることが多い．多くの場合，n は標本数 (サンプルサイズ) に対応し，p は変数の個数に対応する．たいていは $n > p$ である．$X^T X$ の逆行列が存在するためには，$\mathrm{rank}(X^T X) = p$ である必要がある．$\mathrm{rank}(X^T X) = \mathrm{rank}(X) \leq \min(p,n) = p$ だから，$X^T X$ の逆行列が存在するためには $\mathrm{rank}(X) = p$ となる必要がある．この条件を「X はフルランクをもつ」という．また，$\mathrm{rank}(X) < p$ となる場合は「ランクが落ちている」という．

一方，標本数 n よりも変数の個数 p の方が多い場合もある．例えば，動物実験などのように，標本となる個体が高価であるため数多くの標本を確保することが困難であり，一方で，たくさんの測定項目 (変数) が存在する場合である．しかし，このとき ($n < p$) には，$\mathrm{rank}(X^T X) = \mathrm{rank}(X) \leq n < p$ だから，$X^T X$ の逆行列は存在しない．

第20講
行 列 式

20.1 行列式の定義

正方行列 A に対して，その**行列式** (determinant) を $|A|$ や $\det(A)$ と表す．これはスカラー量である．

2次と3次の正方行列に対して次のように計算することはよく知られている．

$$A = \begin{pmatrix} a & b \\ a' & b' \end{pmatrix} = (\boldsymbol{a}, \boldsymbol{b}) \Rightarrow |A| = |\boldsymbol{a}, \boldsymbol{b}| = ab' - a'b \tag{20.1}$$

$$A = \begin{pmatrix} a & b & c \\ a' & b' & c' \\ a'' & b'' & c'' \end{pmatrix} = (\boldsymbol{a}, \boldsymbol{b}, \boldsymbol{c})$$

$$\Rightarrow |A| = |\boldsymbol{a}, \boldsymbol{b}, \boldsymbol{c}| = ab'c'' + a'b''c + a''bc' - a''b'c - a'bc'' - ab''c' \tag{20.2}$$

(20.1) 式の $|A|$ の右辺の各項には，「a と b が1回ずつ，"$'$ なし"と"$'$ あり"が1回ずつ」現れている．(20.2) 式の $|A|$ の右辺の各項には，「a, b, c が1回ずつ，"$'$ なし"，"$'$"，"$''$" が1回ずつ」現れている．

ここで，p 次の正方行列

$$A = \begin{pmatrix} a_{11} & a_{12} & \cdots & a_{1p} \\ a_{21} & a_{22} & \cdots & a_{2p} \\ \vdots & \vdots & \cdots & \vdots \\ a_{p1} & a_{p2} & \cdots & a_{pp} \end{pmatrix} = (\boldsymbol{a}_1, \boldsymbol{a}_2, \cdots, \boldsymbol{a}_p) \tag{20.3}$$

に対して，次のように行列式を定義する．

行列式の定義

次の4つの条件を満たす A の列ベクトルの関数 $|\boldsymbol{a}_1, \boldsymbol{a}_2, \cdots, \boldsymbol{a}_p|$ を A の行列式と呼ぶ．

(1) 各列ベクトルについて線形である．

> (2) 2つの列ベクトルが同じならゼロになる．
> (2′) 2つの列ベクトルを入れ替えると符号が変わる．
> (3) $|I_p| = |e_1, e_2, \cdots, e_p| = 1$ ($e_1, e_2, \cdots, e_p$：基本ベクトル)

これらの意味を $p=3$ の場合 ((20.2) 式の $|a,b,c|$) を用いて説明する．
(1) の意味は，例えば第1列ベクトルについて

$$|ca + d\tilde{a}, b, c| = c|a, b, c| + d|\tilde{a}, b, c| \qquad (20.4)$$

が成り立つことである．ベクトル b や c についても同様である．

(2) は，例えば第1列ベクトルと第2列ベクトルが同じなら $|a, a, c| = 0$ が成り立つということである．どの2つの列ベクトルが同じでもゼロである．

(1) を前提にすると，(2) は (2′) と同値である．(2) が成り立っているなら，(1) より，

$$\begin{aligned} 0 = |a + \tilde{a}, a + \tilde{a}, c| &= |a, a + \tilde{a}, c| + |\tilde{a}, a + \tilde{a}, c| \\ &= |a, a, c| + |a, \tilde{a}, c| + |\tilde{a}, a, c| + |\tilde{a}, \tilde{a}, c| \\ &= |a, \tilde{a}, c| + |\tilde{a}, a, c| \end{aligned} \qquad (20.5)$$

となる．これより，「(2′) $|a, \tilde{a}, c| = -|\tilde{a}, a, c|$」が成り立つ．逆に，(2′) が成り立つとする．第1列ベクトルと第2列ベクトルが同じなら，$|a, a, c| = -|a, a, c|$ (a と a を入れ替えた) だから，$|a, a, c| = 0$ が成り立つ．□

(1), (2), (2′), (3) を用いて，$p=2$ の場合に (20.1) 式の右辺を導く．(3) と (2′) より $|e_1, e_2| = 1$, $|e_2, e_1| = -1$, (2) より $|e_1, e_1| = 0$, $|e_2, e_2| = 0$ である．$a = ae_1 + a'e_2$, $b = be_1 + b'e_2$ だから，

$$\begin{aligned} |a, b| &= |ae_1 + a'e_2, be_1 + b'e_2| \\ &= a|e_1, be_1 + b'e_2| + a'|e_2, be_1 + b'e_2| \\ &= ab|e_1, e_1| + ab'|e_1, e_2| + a'b|e_2, e_1| + a'b'|e_2, e_2| \\ &= ab' - a'b \end{aligned} \qquad (20.6)$$

を得る．$p=3$ の場合に (20.2) 式を同様に求めることができる (問題 20.1)．

20.2 行列式の性質

p 次の正方行列の行列式のさまざまな性質を述べる．

行列式の性質

行列 A, B を p 次の正方行列, c をスカラーとする.

(1) $|cA| = c^p |A|$
(2) 対角行列の行列式は対角成分の積となる
(3) 三角行列の行列式は対角成分の積となる
(4) $|AB| = |A||B|$
(5) A が正則 $(\text{rank}(A) = p)$ $\Rightarrow$ $|A^{-1}| = 1/|A|$
(6) A は正則 $(\text{rank}(A) = p)$ $\Leftrightarrow$ $|A| \neq 0$
(7) $|A^T| = |A|$
(8) 直交行列の行列式は 1 または -1 である.
(9) A が正定値行列 $\Rightarrow$ $|A| \leq a_{11} a_{22} \cdots a_{pp}$ (対角成分の積)
この不等式を**アダマールの不等式**と呼ぶ.

(1) を $p = 3$ の場合に示す. 行列式の定義の (1) より次式を得る.

$$|cA| = |c(\boldsymbol{a}, \boldsymbol{b}, \boldsymbol{c})| = |c\boldsymbol{a}, c\boldsymbol{b}, c\boldsymbol{c}| = c|\boldsymbol{a}, c\boldsymbol{b}, c\boldsymbol{c}|$$
$$= c^2 |\boldsymbol{a}, \boldsymbol{b}, c\boldsymbol{c}| = c^3 |\boldsymbol{a}, \boldsymbol{b}, \boldsymbol{c}| = c^3 |A| \tag{20.7}$$

(2) も $p = 3$ の場合に示す. 行列式の定義の (1) より次式を得る.

$$|D| = \begin{vmatrix} d_1 & 0 & 0 \\ 0 & d_2 & 0 \\ 0 & 0 & d_3 \end{vmatrix} = d_1 d_2 d_3 \begin{vmatrix} 1 & 0 & 0 \\ 0 & 1 & 0 \\ 0 & 0 & 1 \end{vmatrix} = d_1 d_2 d_3 \tag{20.8}$$

(3) は, (20.2) 式の下に述べた性質に基づく. この性質を言い換えると,「行列式を計算した各項にはすべての行の成分とすべての列の成分が 1 つずつ含まれる」となる. この性質が成り立つのは, (20.6) 式や問題 20.1 の解答から理解することができる. 次の上三角行列を例にして考える.

$$A = \begin{pmatrix} a_{11} & a_{12} & a_{13} \\ 0 & a_{22} & a_{23} \\ 0 & 0 & a_{33} \end{pmatrix} \tag{20.9}$$

まず, $a_{11} a_{22} a_{33}$ の項が行列式に含まれる (この符号は + である). これは, 1~3 列の成分と 1~3 行の成分を 1 つずつ含んでいる. 次に, a_{12} を含む項を考える. これは 1 行 2 列の成分だから, それ以外の行と列から成分を選ぶ必要がある. a_{23} を選べば, 2 行 3 列の成分だから, さらにそれ以外の 3 行 1 列の成分を選ぶ必要があり, $a_{12} a_{23} \times 0 = 0$ となる. その他の場合も対角成分以外を含める

と，必ず対角線の左下のゼロを選ぶ必要が生じる．その結果，$|A| = a_{11}a_{22}a_{33}$ となる．

(4) を $p = 2$ の場合に示す．行列式の定義の (1), (2), (2') を用いる．
$$A = \begin{pmatrix} a_{11} & a_{12} \\ a_{21} & a_{22} \end{pmatrix} = (\boldsymbol{a}_1, \boldsymbol{a}_2), \quad B = \begin{pmatrix} b_{11} & b_{12} \\ b_{21} & b_{22} \end{pmatrix} = (\boldsymbol{b}_1, \boldsymbol{b}_2) \quad (20.10)$$
$|AB| = |A\boldsymbol{b}_1, A\boldsymbol{b}_2| = |b_{11}\boldsymbol{a}_1 + b_{21}\boldsymbol{a}_2, b_{12}\boldsymbol{a}_1 + b_{22}\boldsymbol{a}_2|$
$\quad = b_{11}b_{12}|\boldsymbol{a}_1, \boldsymbol{a}_1| + b_{11}b_{22}|\boldsymbol{a}_1, \boldsymbol{a}_2| + b_{21}b_{12}|\boldsymbol{a}_2, \boldsymbol{a}_1| + b_{21}b_{22}|\boldsymbol{a}_2, \boldsymbol{a}_2|$
$\quad = b_{11}b_{22}|\boldsymbol{a}_1, \boldsymbol{a}_2| - b_{21}b_{12}|\boldsymbol{a}_1, \boldsymbol{a}_2| = |\boldsymbol{a}_1, \boldsymbol{a}_2|(b_{11}b_{22} - b_{21}b_{12})$
$$\quad = |A||B| \qquad (20.11)$$

(5) は，$1 = |I_p| = |AA^{-1}| = |A||A^{-1}|$ より，成り立つ．

(6) を示す．A が正則なら $|A||A^{-1}| = 1$ だから，$|A| \neq 0$ である．
逆に，$|A| \neq 0$ とする．そのとき，A が正則でないとして矛盾を導く．$p = 3$ の場合について考える．$A = (\boldsymbol{a}_1, \boldsymbol{a}_2, \boldsymbol{a}_3)$ が正則でないなら，ある 1 つの列ベクトルは他の列ベクトルの 1 次結合で表される．$\boldsymbol{a}_3 = c_1\boldsymbol{a}_1 + c_2\boldsymbol{a}_2$ とすると
$$|A| = |\boldsymbol{a}_1, \boldsymbol{a}_2, \boldsymbol{a}_3| = |\boldsymbol{a}_1, \boldsymbol{a}_2, c_1\boldsymbol{a}_1 + c_2\boldsymbol{a}_2|$$
$$= c_1|\boldsymbol{a}_1, \boldsymbol{a}_2, \boldsymbol{a}_1| + c_2|\boldsymbol{a}_1, \boldsymbol{a}_2, \boldsymbol{a}_2| = 0 \qquad (20.12)$$
となり，矛盾である．よって，A は正則である．

(7) を示すため，基本行列とその転置行列の行列式を求める．$P(i; c)$ と $Q(i, j)$ は対称行列である．行列式の定義の (1) より $|P(i; c)| = |P(i; c)^T| = c|I_p| = c$, 行列式の定義の (2) より $|Q(i, j)| = |Q(i, j)^T| = -|I_p| = -1$ である．また，三角行列の行列式の性質より $|R(i, j; c)| = |R(i, j; c)^T| = 1$ となる．

A が正則でないなら A^T も正則でないから，$|A| = 0 = |A^T|$ となる．

A が正則とすると，第 17 講の最後に述べたように，行と列による基本変形により $CAB = I_p$ とできる．C と B はいくつかの基本行列を掛けたもの（行だけの基本変形を行ったなら $B = I_p$）である．このとき次式が成り立つ．
$$CAB = I_p \implies |C||A||B| = |I_p| = 1 \qquad (20.13)$$
$$B^T A^T C^T = I_p \implies |B^T||A^T||C^T| = |I_p| = 1 \qquad (20.14)$$
いま，C が 3 つの基本行列の積 ($C = E_1 E_2 E_3$) とすると，
$$|C^T| = |E_3^T E_2^T E_1^T| = |E_3^T||E_2^T||E_1^T| = |E_3||E_2||E_1|$$
$$= |E_1||E_2||E_3| = |E_1 E_2 E_3| = |C| \qquad (20.15)$$

となり，同様に $|B^T| = |B|$ が成り立つ．(20.13) 式と (20.14) 式より題意を得る．

(8) を示す．W を p 次の直交行列とすると $W^T W = I_p$ であり，$1 = |I_p| = |W^T W| = |W^T||W| = |W|^2$ である．これより $|W| = \pm 1$ が成り立つ．

(9) の証明は省略する．□

(7) より，20.1 節で述べた行列式の定義の内容は，列ベクトルを行ベクトルに置き換えてもよい．

20.3 行列式の展開

(20.2) 式の行列式の右辺を次のように整理することができる．

$$|A| = a(b'c'' - b''c') - b(a'c'' - a''c') + c(a'b'' - a''b')$$
$$= a \begin{vmatrix} b' & c' \\ b'' & c'' \end{vmatrix} - b \begin{vmatrix} a' & c' \\ a'' & c'' \end{vmatrix} + c \begin{vmatrix} a' & b' \\ a'' & b'' \end{vmatrix} \quad (20.16)$$

$$|A| = a(b'c'' - b''c') - a'(bc'' - b''c) + a''(bc' - b'c)$$
$$= a \begin{vmatrix} b' & c' \\ b'' & c'' \end{vmatrix} - a' \begin{vmatrix} b & c \\ b'' & c'' \end{vmatrix} + a'' \begin{vmatrix} b & c \\ b' & c' \end{vmatrix} \quad (20.17)$$

(20.16) 式を A の行列式の第 1 **行による展開**，(20.17) 式を A の行列式の第 1 **列による展開**と呼ぶ．3 次の行列の行列式を 2 次の行列の行列式で求められることを意味している．同じように，第 2 列による展開や第 2 行による展開なども考えることができて，値はすべて一致する．

p 次の正方行列 A の (i, j) 成分を a_{ij} とする．A から第 i 行と第 j 列を取り除いた $(p-1)$ 次の正方行列を A_{ij} と表し，A_{ij} の行列式 $|A_{ij}|$ を用いて，

$$\Delta_{ij} = (-1)^{i+j} |A_{ij}| \quad (20.18)$$

を a_{ij} の**余因子**と呼ぶ．

(20.16) 式や (20.17) 式の一般化として次が成り立つ．

行列式の展開

$|A| = a_{i1}\Delta_{i1} + a_{i2}\Delta_{i2} + \cdots + a_{ip}\Delta_{ip}$ （第 i 行による展開） (20.19)

$|A| = a_{1j}\Delta_{1j} + a_{2j}\Delta_{2j} + \cdots + a_{pj}\Delta_{pj}$ （第 j 列による展開）(20.20)

ここで，(i,j) 成分を Δ_{ji} (添え字の付き方が逆であることに注意) とする行列 Δ を考え，これを**余因子行列**と呼ぶ．次の性質は重要である．

余因子行列の性質

(1) A を p 次の正方行列とするとき，次式が成り立つ．
$$A\Delta = \Delta A = |A|I_p \qquad (20.21)$$

(2) A が正則なら次式が成り立つ．
$$A^{-1} = \frac{1}{|A|}\Delta \qquad (20.22)$$

---

(1) について，(20.21) 式の $A\Delta = |A|I_p$ を $p=3$ の場合に具体的に表すと
$$\begin{pmatrix} a_{11} & a_{12} & a_{13} \\ a_{21} & a_{22} & a_{23} \\ a_{31} & a_{32} & a_{33} \end{pmatrix} \begin{pmatrix} \Delta_{11} & \Delta_{21} & \Delta_{31} \\ \Delta_{12} & \Delta_{22} & \Delta_{32} \\ \Delta_{13} & \Delta_{23} & \Delta_{33} \end{pmatrix} = \begin{pmatrix} |A| & 0 & 0 \\ 0 & |A| & 0 \\ 0 & 0 & |A| \end{pmatrix} \qquad (20.23)$$

である．上式が成り立つことを示す．まず，(20.19) 式より，
$$a_{11}\Delta_{11} + a_{12}\Delta_{12} + a_{13}\Delta_{13} = |A| \qquad (20.24)$$

となる．同様に，(20.23) 式の右辺の対角成分を左辺の対応する掛け算より得る．次に，(1,2) 成分に対応する掛け算を調べる．$\Delta_{ij} = (-1)^{i+j}|A_{ij}|$ より

$$a_{11}\Delta_{21} + a_{12}\Delta_{22} + a_{13}\Delta_{23}$$
$$= -a_{11}\begin{vmatrix} a_{12} & a_{13} \\ a_{32} & a_{33} \end{vmatrix} + a_{12}\begin{vmatrix} a_{11} & a_{13} \\ a_{31} & a_{33} \end{vmatrix} - a_{13}\begin{vmatrix} a_{11} & a_{12} \\ a_{31} & a_{32} \end{vmatrix}$$
$$= -1 \times \begin{vmatrix} a_{11} & a_{12} & a_{13} \\ a_{11} & a_{12} & a_{13} \\ a_{31} & a_{32} & a_{33} \end{vmatrix} = 0 \quad (\text{第1行} = \text{第2行だから}) \qquad (20.25)$$

となる．その他の場合も同様で，(20.23) 式の左辺の計算では，非対角成分を求める掛け算はすべてゼロになる．

(20.21) 式の $\Delta A = |A|I_p$ の部分は，上と同様に，(20.20) 式を用いればよい．

(2) については，A が正則なら $|A| \neq 0$ だから，(20.21) 式より (20.22) 式を得る． □

◇ 問 題 ◇

問題 20.1 (1) 行列式の定義の条件 (1), (2), (2′), (3) を用いて，$p=3$ の場合に

20.3 行列式の展開

(20.2) 式の右辺を導け.

(2) $p=3$ の場合に (20.11) 式と同様に $|AB|=|A||B|$ を示せ.

問題 20.2 次の行列 A は例 17.5 に示した行列である. 行列式と余因子行列を求めよ. さらに, (20.22) 式を用いて逆行列を求めよ.

$$A = \begin{pmatrix} 1 & 1 & 0 \\ -2 & 0 & 0 \\ 0 & 1 & 1 \end{pmatrix}$$

◆ ═══════ **統計学ではこう使う 27 (一般化分散)** ═══════ ◆

すでに「統計学ではこう使う 22, 23, 24」などで分散共分散行列について述べた. 分散共分散行列 V は行列なので解釈が容易ではない. 多変量のばらつき全体をスカラー量として解釈するために, 行列式 $|V|$ を考えることがある. $|V|$ を**一般化分散**と呼ぶ.

分散共分散行列は非負定値行列なので $|V| \geq 0$ である. 一方, $|V| > 0$ なら V は正定値なので, アダマールの不等式より $|V| \leq (V$ の対角成分の積$)$ である. V の対角成分は各変数の分散だから,

$$0 \leq V \leq \text{(各変数の分散の積)} \tag{20.26}$$

となる. 上式の 2 つ目の不等式において, V が対角行列であるとき, すなわち, すべての共分散がゼロであるとき, 等号が成り立つ.

◆ ═══════ **統計学ではこう使う 28 (多重共線性)** ═══════ ◆

多変量解析法では, 逆行列を計算することが多い. すでに述べたように, 変数ベクトルが 1 次従属だったり, サンプルサイズが変数の個数よりも小さいときには, 分散共分散行列や相関係数行列の逆行列は存在しない. このとき**正確多重共線性**が存在するという. 一方, 1 次従属に近い関係があるときには逆行列は存在するが, 不安定な値になり, 解析の信頼性を損なう可能性がある. また, 正確多重共線性が存在していても, 数値計算の誤差によりしばしば逆行列が求まる. このようなとき**準多重共線性**が存在するという. 正確多重共線性と準多重共線性をあわせて**多重共線性**と呼ぶ.

多重共線性の尺度として行列式を用いることができる. 正確多重共線性が存在するなら行列式はゼロであり, 準多重共線性のときはゼロに近い. 実際上は, 行列式がちょうどゼロになることはほとんどなく, 逆行列が求まる. 3 変数の相関係数行列

$$R = \begin{pmatrix} 1 & \sqrt{3}/2 & 1/2 \\ \sqrt{3}/2 & 1 & \sqrt{3}/2 \\ 1/2 & \sqrt{3}/2 & 1 \end{pmatrix} = (\boldsymbol{r}_1, \boldsymbol{r}_2, \boldsymbol{r}_3) \tag{20.27}$$

を考えよう. $\boldsymbol{r}_1 - \sqrt{3}\boldsymbol{r}_2 + \boldsymbol{r}_3 = \boldsymbol{0}$ が成り立つから $\mathrm{rank}(R) = 2$ であり, $|R| = 0$ とな

り，逆行列が存在しない．すなわち，正確多重共線性が存在する．ここで，$\sqrt{3}/2 = 0.866025403\cdots$ を四捨五入して小数点 2 桁目まで ($\sqrt{3}/2 = 0.87$)，および，小数点 3 桁目まで ($\sqrt{3}/2 = 0.866$) 求めると，逆行列やゼロでない行列式が求まってしまう．

$\sqrt{3}/2 = 0.87$ とするとき次のように求まる．

$$|R| = -0.0069, \quad R^{-1} = \begin{pmatrix} -35.2319 & 63.0435 & -37.2319 \\ 63.0435 & -108.696 & 63.0435 \\ -37.2319 & 63.0435 & -35.2319 \end{pmatrix} \quad (20.28)$$

$\sqrt{3}/2 = 0.866$ とするとき次のように求まる．

$$|R| = 0.000044, \quad R^{-1} = \begin{pmatrix} 5682.82 & -9840.91 & 5680.82 \\ -9840.91 & 17045.5 & -9840.91 \\ 5680.82 & -9840.91 & 5682.82 \end{pmatrix} \quad (20.29)$$

このように，行列式がゼロに近いのなら，相関係数のわずかな変化により逆行列が大きく変化する．したがって，行列式がどれくらいゼロに近いのなら，多重共線性が存在するとみなして，逆行列を求めないようにするのかを決めておく必要がある．

第21講

射影と射影行列

21.1 射　影

k 個の1次独立な p 次元ベクトル $\boldsymbol{a}_1, \boldsymbol{a}_2, \cdots, \boldsymbol{a}_k$ が張る部分ベクトル空間 M を考える．ただし，$k<p$ とする．

$$M = \{\boldsymbol{y} : \boldsymbol{y} = c_1\boldsymbol{a}_1 + c_2\boldsymbol{a}_2 + \cdots + c_k\boldsymbol{a}_k\} \tag{21.1}$$

任意の p 次元ベクトル $\boldsymbol{x}$ に対して，M に属するベクトル $\boldsymbol{y}$ で $\boldsymbol{x}$ との距離が最小となるものを，ベクトル $\boldsymbol{x}$ の M への**射影**と呼ぶ．

ベクトル $\boldsymbol{x}$ の M への射影は，$\boldsymbol{x}$ から空間 M へ垂線をおろしたときの M 上のベクトルになる．

(**例 21.1**)　$\boldsymbol{a}$ を p 次元ベクトルとし，$M = \{\boldsymbol{y} : \boldsymbol{y} = c\boldsymbol{a}\}$ とする．このとき，p 次元ベクトル $\boldsymbol{x}$ の M への射影を考える．

$\boldsymbol{x}$ と $c\boldsymbol{a}$ との距離が最小となる $c = c_0$ の値を求める．

$$\begin{aligned}\|\boldsymbol{x} - c\boldsymbol{a}\|^2 &= \|\boldsymbol{x}\|^2 + c^2\|\boldsymbol{a}\|^2 - 2c(\boldsymbol{x}, \boldsymbol{a}) \\ &= \|\boldsymbol{a}\|^2\left(c - \frac{(\boldsymbol{x}, \boldsymbol{a})}{\|\boldsymbol{a}\|^2}\right)^2 - \frac{(\boldsymbol{x}, \boldsymbol{a})^2}{\|\boldsymbol{a}\|^2} + \|\boldsymbol{x}\|^2\end{aligned} \tag{21.2}$$

$$c_0 = \frac{(\boldsymbol{x}, \boldsymbol{a})}{\|\boldsymbol{a}\|^2} = \frac{\boldsymbol{a}^T\boldsymbol{x}}{\boldsymbol{a}^T\boldsymbol{a}} \tag{21.3}$$

$c_0\boldsymbol{a}$ が $\boldsymbol{x}$ の M への射影になる．

次に，図 21.1 に基づいて，$\boldsymbol{a}$ と $\boldsymbol{x} - c\boldsymbol{a}$ が直交するように c の値を定める．両者の内積がゼロになればよいから

$$(\boldsymbol{a}, \boldsymbol{x} - c\boldsymbol{a}) = \boldsymbol{a}^T(\boldsymbol{x} - c\boldsymbol{a}) = \boldsymbol{a}^T\boldsymbol{x} - c\boldsymbol{a}^T\boldsymbol{a} = 0 \tag{21.4}$$

とすればよい．これより，(21.3) 式と同じ $c = c_0$ を得る．□

(**例 21.2**)　2つの1次独立な p 次元ベクトル $\boldsymbol{a}_1, \boldsymbol{a}_2$ が張る空間 $M = \{\boldsymbol{y} : \boldsymbol{y} =$

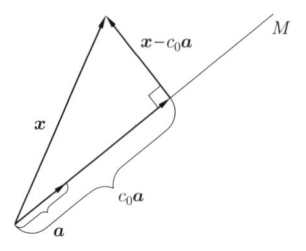

図 21.1 M (直線) への射影

$c_1\boldsymbol{a}_1+c_2\boldsymbol{a}_2\}$ に対して,p 次元ベクトル $\boldsymbol{x}$ の M への射影を考える.

例 21.1 の後半の考え方により求める.$\boldsymbol{a}_1$ と $\boldsymbol{a}_2$ が $\boldsymbol{x}-(c_1\boldsymbol{a}_1+c_2\boldsymbol{a}_2)$ と直交するように c_1,c_2 の値を定めるため,2 つの内積をそれぞれゼロとおく.

$$(\boldsymbol{a}_1,\boldsymbol{x}-(c_1\boldsymbol{a}_1+c_2\boldsymbol{a}_2))=\boldsymbol{a}_1^T\boldsymbol{x}-(c_1\boldsymbol{a}_1^T\boldsymbol{a}_1+c_2\boldsymbol{a}_1^T\boldsymbol{a}_2)=0 \quad (21.5)$$

$$(\boldsymbol{a}_2,\boldsymbol{x}-(c_1\boldsymbol{a}_1+c_2\boldsymbol{a}_2))=\boldsymbol{a}_2^T\boldsymbol{x}-(c_1\boldsymbol{a}_2^T\boldsymbol{a}_1+c_2\boldsymbol{a}_2^T\boldsymbol{a}_2)=0 \quad (21.6)$$

上の 2 つの式をまとめると

$$\begin{pmatrix}\boldsymbol{a}_1^T\boldsymbol{a}_1 & \boldsymbol{a}_1^T\boldsymbol{a}_2 \\ \boldsymbol{a}_2^T\boldsymbol{a}_1 & \boldsymbol{a}_2^T\boldsymbol{a}_2\end{pmatrix}\begin{pmatrix}c_1 \\ c_2\end{pmatrix}=\begin{pmatrix}\boldsymbol{a}_1^T\boldsymbol{x} \\ \boldsymbol{a}_2^T\boldsymbol{x}\end{pmatrix} \quad (21.7)$$

となるから,c_1,c_2 は次のように求めることができる.

$$\begin{pmatrix}c_1 \\ c_2\end{pmatrix}=\begin{pmatrix}\boldsymbol{a}_1^T\boldsymbol{a}_1 & \boldsymbol{a}_1^T\boldsymbol{a}_2 \\ \boldsymbol{a}_2^T\boldsymbol{a}_1 & \boldsymbol{a}_2^T\boldsymbol{a}_2\end{pmatrix}^{-1}\begin{pmatrix}\boldsymbol{a}_1^T\boldsymbol{x} \\ \boldsymbol{a}_2^T\boldsymbol{x}\end{pmatrix} \quad (21.8)$$

次節で述べるように,$\boldsymbol{a}_1,\boldsymbol{a}_2$ が 1 次独立なので逆行列は存在する.□

21.2 射 影 行 列

18.5 節で述べたように,M の直交補空間を $M^\perp$ とするとき,任意の p 次元ベクトル $\boldsymbol{x}(\in R^p)$ は次のように一意に表すことができる.

$$\boldsymbol{x}=\boldsymbol{x}_1+\boldsymbol{x}_2 \quad (\boldsymbol{x}_1\in M,\ \boldsymbol{x}_2\in M^\perp) \quad (21.9)$$

このとき,$\boldsymbol{x}_1$ を $\boldsymbol{x}$ の M への射影と呼び,$\boldsymbol{x}_2$ を $\boldsymbol{x}$ の $M^\perp$ への射影と呼ぶ.

p 次元ベクトル $\boldsymbol{x}$ を (21.9) 式のように表したとき,$\boldsymbol{x}$ に $\boldsymbol{x}_1$ を対応させる $p\times p$ 行列を P_M と表し,これを M への**射影行列**と呼ぶ.同様に,$\boldsymbol{x}$ に $\boldsymbol{x}_2$ を対応させる $M^\perp$ への射影行列 $P_{M^\perp}$ を考えることができる.

$$\boldsymbol{x}_1=P_M\boldsymbol{x}\in M \quad (21.10)$$

$$\boldsymbol{x}_2 = P_{M^\perp}\boldsymbol{x} \in M^\perp \tag{21.11}$$

ここでは p 次元空間 R^p の中で考えており，(21.1) 式において $\dim M = k$ と仮定したから，(18.26) 式より $\dim M^\perp = p - k$ である．$p \times k$ 行列 A を (21.1) 式で用いた基底ベクトルで次のように定義し，$M^\perp$ の基底となる $(p-k)$ 個のベクトルを用いて $p \times (p-k)$ 行列 B を次のように定義する．

$$A = (\boldsymbol{a}_1, \boldsymbol{a}_2, \cdots, \boldsymbol{a}_k), \quad B = (\boldsymbol{b}_1, \boldsymbol{b}_2, \cdots, \boldsymbol{b}_{p-k}) \tag{21.12}$$

ここで，$k = \mathrm{rank}(A) = \mathrm{rank}(A^T A)$ なので，$k \times k$ 行列 $A^T A$ は正則である．同様に，$B^T B$ も正則である．

以上の設定のもとで射影行列について次の性質が成り立つ．

射影行列の性質

(1) 射影行列 P_M と $P_{M^\perp}$ は次のように表すことができる．
$$P_M = A(A^T A)^{-1} A^T \tag{21.13}$$
$$P_{M^\perp} = B(B^T B)^{-1} B^T = I_p - P_M \tag{21.14}$$

(2) P_M と $P_{M^\perp}$ は対称行列である．

(3) P_M と $P_{M^\perp}$ はべき等行列である．

(4) $\mathrm{tr}(P_M) = k$, $\mathrm{tr}(P_{M^\perp}) = p - k$

(5) $\mathrm{rank}(P_M) = k$, $\mathrm{rank}(P_{M^\perp}) = p - k$

---

(1) を例 21.2 の場合 ($k=2$ の場合) に確認する．$\boldsymbol{c} = (c_1, c_2)^T, A = (\boldsymbol{a}_1, \boldsymbol{a}_2)$ とおくと (21.8) 式は次のように表現することができる．

$$\boldsymbol{c} = (A^T A)^{-1} A^T \boldsymbol{x} \tag{21.15}$$

したがって，

$$P_M \boldsymbol{x} = c_1 \boldsymbol{a}_1 + c_2 \boldsymbol{a}_2 = A\boldsymbol{c} = A(A^T A)^{-1} A^T \boldsymbol{x} \tag{21.16}$$

となるから (21.13) 式が成り立つ．(21.14) 式の 1 つ目の等号は (21.13) 式の場合と同様である．2 つ目の等号は次式に基づく．

$$P_{M^\perp} \boldsymbol{x} = \boldsymbol{x}_2 = \boldsymbol{x} - \boldsymbol{x}_1 = I_p \boldsymbol{x} - P_M \boldsymbol{x} = (I_p - P_M)\boldsymbol{x} \tag{21.17}$$

(2) は転置行列の性質を用いることにより次のように示すことができる．

$$P_M^T = \{A(A^T A)^{-1} A^T\}^T = (A^T)^T \{(A^T A)^{-1}\}^T A^T = A\{(A^T A)^T\}^{-1} A^T$$

$$= A\{A^T(A^T)^T\}^{-1}A^T = A(A^TA)^{-1}A^T = P_M \tag{21.18}$$

$$P_{M^\perp}^T = (I_p - P_M)^T = I_p^T - P_M^T = I_p - P_M = P_{M^\perp} \tag{21.19}$$

(3) は，次式より成り立つ．

$$P_M^2 = A(A^TA)^{-1}A^T A(A^TA)^{-1}A^T = A(A^TA)^{-1}A^T = P_M \tag{21.20}$$

$$P_{M^\perp}^2 = (I_p - P_M)^2 = I_p - 2P_M + P_M^2 = I_p - P_M = P_{M^\perp} \tag{21.21}$$

(4) は，トレースの性質より次のように示すことができる．

$$\mathrm{tr}(P_M) = \mathrm{tr}\left\{A(A^TA)^{-1}A^T\right\} = \mathrm{tr}\left\{(A^TA)^{-1}A^TA\right\} = \mathrm{tr}(I_k) = k$$
$$\tag{21.22}$$

$$\mathrm{tr}(P_{M^\perp}) = \mathrm{tr}(I_p - P_M) = \mathrm{tr}(I_p) - \mathrm{tr}(P_M) = p - k \tag{21.23}$$

(5) は，第 22 講と第 23 講で述べる 3 つの性質「べき等行列の固有値は 0 か 1 である」「行列のトレースは固有値の総和になる」「対称行列のランクはゼロでない固有値の個数に等しい」を用いて示すことができる．P_M と $P_{M^\perp}$ はべき等行列だから，固有値は 0 か 1 である．したがって，固有値の総和はゼロでない固有値の個数になる．一方，固有値の総和はトレースに等しい．これらより，トレースがランクになる．□

◇ 問 題 ◇

問題 21.1 $M = \{\boldsymbol{y} : \boldsymbol{y} = c_1\boldsymbol{a}_1 + c_2\boldsymbol{a}_2\}$ とする．次のように $\boldsymbol{a}_1$ と $\boldsymbol{a}_2$ を定めるとき，P_M と $P_{M^\perp}$ を求め，射影行列の性質 (2)〜(5) を確認せよ．
(1) $\boldsymbol{a}_1 = (1,1,0)^T, \boldsymbol{a}_2 = (1,-1,0)^T$
(2) $\boldsymbol{a}_1 = (1,1,0)^T, \boldsymbol{a}_2 = (1,0,1)^T$

問題 21.2 $P_M P_{M^\perp} = P_{M^\perp} P_M = O$ を示せ．

◆ ─────── **統計学ではこう使う 29 (重回帰式の推定)** ─────── ◆

重回帰分析を考える．簡単のため，目的変数を y，説明変数を $x_1, x_2, \cdots, x_p$ とする．表 21.1 にデータの形式を示す．

重回帰モデルを

$$y_i = \beta_0 + \beta_1 x_{i1} + \beta_2 x_{i2} + \cdots + \beta_p x_{ip} + \varepsilon_i, \quad \varepsilon_i \sim N(0, \sigma^2) \quad (i=1,2,\cdots,n)$$
$$\tag{21.24}$$

と設定する．**残差平方和** S_e を

21.2 射影行列

表21.1 データの形式

No.	x_1	x_2	$\cdots$	x_p	y
1	x_{11}	x_{12}	$\cdots$	x_{1p}	y_1
2	x_{21}	x_{22}	$\cdots$	x_{2p}	y_2
$\vdots$	$\vdots$	$\vdots$	$\vdots$	$\vdots$	$\vdots$
n	x_{n1}	x_{n2}	$\cdots$	x_{np}	y_n

$$S_e = \sum_{i=1}^{n}\{y_i - (\hat{\beta}_0 + \hat{\beta}_1 x_{i1} + \hat{\beta}_2 x_{i2} + \cdots + \hat{\beta}_p x_{ip})\}^2 \tag{21.25}$$

と定義する. S_e を最小にする $\hat{\beta}_0, \hat{\beta}_1, \hat{\beta}_2, \cdots, \hat{\beta}_p$ を求める.

ベクトルと行列を

$$\boldsymbol{y} = \begin{pmatrix} y_1 \\ y_2 \\ \vdots \\ y_n \end{pmatrix},\ X = \begin{pmatrix} 1 & x_{11} & \cdots & x_{1p} \\ 1 & x_{21} & \cdots & x_{2p} \\ \vdots & \vdots & \vdots & \vdots \\ 1 & x_{n1} & \cdots & x_{np} \end{pmatrix},\ \boldsymbol{\beta} = \begin{pmatrix} \beta_0 \\ \beta_1 \\ \beta_2 \\ \vdots \\ \beta_p \end{pmatrix},\ \boldsymbol{\varepsilon} = \begin{pmatrix} \varepsilon_1 \\ \varepsilon_2 \\ \vdots \\ \varepsilon_n \end{pmatrix} \tag{21.26}$$

と定義すると, (21.24) 式は次のように表すことができる.

$$\boldsymbol{y} = X\boldsymbol{\beta} + \boldsymbol{\varepsilon}, \quad \boldsymbol{\varepsilon} \sim N(\boldsymbol{0}, \sigma^2 I_n) \tag{21.27}$$

いま, (21.26) 式の行列 X を $(p+1)$ 個の n 次元ベクトルを横に並べた形で $X = (\boldsymbol{1}, \boldsymbol{x}_1, \cdots, \boldsymbol{x}_p)$ と表すと, 残差平方和は次のようになる.

$$S_e = \{\boldsymbol{y} - (\hat{\beta}_0 \boldsymbol{1} + \hat{\beta}_1 \boldsymbol{x}_1 + \cdots + \hat{\beta}_p \boldsymbol{x}_p)\}^T \{\boldsymbol{y} - (\hat{\beta}_0 \boldsymbol{1} + \hat{\beta}_1 \boldsymbol{x}_1 + \cdots + \hat{\beta}_p \boldsymbol{x}_p)\}$$
$$= (\boldsymbol{y} - X\hat{\boldsymbol{\beta}})^T (\boldsymbol{y} - X\hat{\boldsymbol{\beta}}) \tag{21.28}$$

ただし, $\hat{\boldsymbol{\beta}} = (\hat{\beta}_0, \hat{\beta}_1, \cdots, \hat{\beta}_p)^T$ である.

通常は S_e をそれぞれ $\hat{\beta}_0, \hat{\beta}_1, \hat{\beta}_2, \cdots, \hat{\beta}_p$ で偏微分してゼロに等しいとおいて最小2乗推定量を求める (「統計学ではこう使う 36」) が, ここでは例 21.2 と同様に考えて求めよう. すなわち, $X\hat{\boldsymbol{\beta}} = \hat{\beta}_0 \boldsymbol{1} + \hat{\beta}_1 \boldsymbol{x}_1 + \hat{\beta}_2 \boldsymbol{x}_2 + \cdots + \hat{\beta}_p \boldsymbol{x}_p$ は X の列ベクトルが張る部分ベクトル空間上のベクトルなので, この部分ベクトル空間への $\boldsymbol{y}$ の射影を考える. X の列ベクトルのそれぞれが $\boldsymbol{y} - X\hat{\boldsymbol{\beta}}$ と直交すればよい. この条件をまとめると次のようになる.

$$\begin{pmatrix} \boldsymbol{1}^T \\ \boldsymbol{x}_1^T \\ \vdots \\ \boldsymbol{x}_p^T \end{pmatrix} (\boldsymbol{y} - X\hat{\boldsymbol{\beta}}) = X^T (\boldsymbol{y} - X\hat{\boldsymbol{\beta}}) = \boldsymbol{0} \tag{21.29}$$

これより, $X^T X$ の逆行列が存在するなら

$$X^T \boldsymbol{y} = X^T X \hat{\boldsymbol{\beta}} \implies \hat{\boldsymbol{\beta}} = (X^T X)^{-1} X^T \boldsymbol{y} \tag{21.30}$$

となる. $X\hat{\boldsymbol{\beta}} = X(X^T X)^{-1} X^T \boldsymbol{y}$ は $\boldsymbol{y}$ に X の列ベクトルが張る空間への射影行列を

掛けた形として求まる．さらに，残差ベクトルは

$$\boldsymbol{y} - X\hat{\boldsymbol{\beta}} = \boldsymbol{y} - X(X^TX)^{-1}X^T\boldsymbol{y} = \{I_n - X(X^TX)^{-1}X^T\}\boldsymbol{y} \qquad (21.31)$$

と表すことができ，これは $\boldsymbol{y}$ に X の列ベクトルが張る空間の直交補空間への射影行列を掛けた形として求まる．

第22講

固有値と固有ベクトル

22.1 固有値と固有ベクトルの定義と性質

p 次の正方行列 A に対して

$$A\boldsymbol{x} = \lambda \boldsymbol{x} \tag{22.1}$$

が成り立つとき (ただし，$\boldsymbol{x} \neq \boldsymbol{0}$)，スカラー量 λ を A の**固有値**，p 次元ベクトル $\boldsymbol{x}$ を A の λ に対応する**固有ベクトル**と呼ぶ．(22.1) 式は，「固有ベクトル $\boldsymbol{x}$ に行列 A を掛けることは $\boldsymbol{x}$ を λ 倍することと同じ」を意味している．

(22.1) 式は

$$(A - \lambda I_p)\boldsymbol{x} = \boldsymbol{0} \tag{22.2}$$

と表すことができる．これが $\boldsymbol{x} \neq \boldsymbol{0}$ の解をもつためには，

$$|A - \lambda I_p| = 0 \tag{22.3}$$

でなければならない．$|A - \lambda I_p| \neq 0$ なら $A - \lambda I_p$ の逆行列が存在するので，それを (22.2) 式に左から掛けると $\boldsymbol{x} = \boldsymbol{0}$ が解として一意に定まってしまうからである．(22.3) 式を**固有方程式**と呼ぶ．固有値は固有方程式の解として求める．

(**例 22.1**) 次の 2 次の正方行列 A の固有値と固有ベクトルを求める．

$$A = \begin{pmatrix} -3 & -2 \\ 4 & 3 \end{pmatrix} \tag{22.4}$$

$$|A - \lambda I_2| = \begin{vmatrix} -3-\lambda & -2 \\ 4 & 3-\lambda \end{vmatrix} = \lambda^2 - 1 = (\lambda - 1)(\lambda + 1) = 0 \tag{22.5}$$

より $\lambda = 1, -1 \, (= \lambda_1, \lambda_2$ とおく) が求まる．

$\lambda_1 = 1$ に対する固有ベクトルを $\boldsymbol{x} = (x_1, x_2)^T$ とおいて次のように求める．

$$A\boldsymbol{x} = \lambda_1 \boldsymbol{x} \iff \begin{array}{c} -3x_1 - 2x_2 = x_1 \\ 4x_1 + 3x_2 = x_2 \end{array} \implies \boldsymbol{x} = \begin{pmatrix} s \\ -2s \end{pmatrix} \tag{22.6}$$

$\lambda_2 = -1$ に対する固有ベクトルを $\boldsymbol{y} = (y_1, y_2)^T$ とおいて次のように求める.

$$A\boldsymbol{y} = \lambda_2 \boldsymbol{y} \iff \begin{array}{l} -3y_1 - 2y_2 = -y_1 \\ 4y_1 + 3y_2 = -y_2 \end{array} \implies \boldsymbol{y} = \begin{pmatrix} t \\ -t \end{pmatrix} \quad (22.7)$$

ここで, s や t は任意の値でよいので, 固有ベクトルの長さが1となるように定めると, $\lambda_1 = 1$ に対する長さ1の固有ベクトルは $\boldsymbol{x} = (1/\sqrt{5}, -2/\sqrt{5})^T$, $\lambda_2 = -1$ に対する長さ1の固有ベクトルは $\boldsymbol{y} = (1/\sqrt{2}, -1/\sqrt{2})^T$ となる. □

一般に, p 次の正方行列の固有値について次の性質が成り立つ.

固有値・固有ベクトルの性質

(1) 固有方程式は p 次方程式であり, 固有値は p 個 ($\lambda_1, \lambda_2, \cdots, \lambda_p$ と表す) ある. ただし, 重根の場合には重複度を含めて p 個と考える.

(2) $\lambda_1 + \lambda_2 + \cdots + \lambda_p = \mathrm{tr}(A)$

(3) $\lambda_1 \lambda_2 \cdots \lambda_p = |A|$

(4) $|A| = 0 \iff$ 少なくとも1つの固有値が0

(5) A の逆行列 A^{-1} が存在する $\iff$ すべての固有値が0ではない

(6) A の逆行列 A^{-1} が存在するとき, A の固有値を $\lambda_1, \lambda_2, \cdots, \lambda_p$ とするなら, A^{-1} の固有値は $1/\lambda_1, 1/\lambda_2, \cdots, 1/\lambda_p$ である. λ_i に対する A の固有ベクトルが $\boldsymbol{x}_i$ なら, $1/\lambda_i$ に対する A^{-1} の固有ベクトルは $\boldsymbol{x}_i$ である.

(7) A の固有値と A^T の固有値は同じである.

---

(1) は代数学の基本定理「p 次方程式は p 個の根をもつ」より成り立つ.

(2) と (3) を2次の正方行列の場合に確認する. 行列 A を

$$A = \begin{pmatrix} a_{11} & a_{12} \\ a_{21} & a_{22} \end{pmatrix} \quad (22.8)$$

とおく. 固有方程式は

$$|A - \lambda I_2| = \begin{vmatrix} a_{11} - \lambda & a_{12} \\ a_{21} & a_{22} - \lambda \end{vmatrix} = \lambda^2 - (a_{11} + a_{22})\lambda + a_{11}a_{22} - a_{12}a_{21} \quad (22.9)$$

となる. 一方, この固有方程式は λ_1 と λ_2 を根としてもつから

$$(\lambda - \lambda_1)(\lambda - \lambda_2) = \lambda^2 - (\lambda_1 + \lambda_2)\lambda + \lambda_1 \lambda_2 \quad (22.10)$$

と表現できる. これらの2つの式の係数を見比べることにより, 次式を得る.

$$\lambda_1 + \lambda_2 = a_{11} + a_{22} = \mathrm{tr}(A) \tag{22.11}$$

$$\lambda_1 \lambda_2 = a_{11}a_{22} - a_{12}a_{21} = |A| \tag{22.12}$$

(4) は (3) より成り立つ.

(5) は,逆行列が存在するための必要十分条件は $|A| \neq 0$ だから,(3) より成り立つ.

(6) を示す.(22.1) 式の両辺に左から A^{-1} を掛けて,両辺を λ で割ると

$$\frac{1}{\lambda} \boldsymbol{x} = A^{-1} \boldsymbol{x} \tag{22.13}$$

となる.これは,題意を示している.

(7) は,$|A^T - \lambda I_p| = |(A - \lambda I_p)^T| = |A - \lambda I_p|$ より成り立つ.□

22.2 対　角　化

p 次の正方行列 A に対して,ある正則行列 P と対角行列 Λ が存在して

$$P^{-1}AP = \Lambda \tag{22.14}$$

となるとき,A を**対角化可能**と呼ぶ.すべての正方行列が対角化可能というわけではない.対角化可能なための条件をあげておく.

対角化可能なための条件

A を p 次の正方行列とする.
(1) p 個の 1 次独立な固有ベクトルが存在する $\Leftrightarrow$ A が対角化可能
(2) p 個の固有値がすべて異なるなら対角化可能である.

---

(1) を示す.p 個の 1 次独立な固有ベクトルの存在を仮定する.固有ベクトル $\boldsymbol{x}_i$ に対応する固有値を λ_i $(i = 1, 2, \cdots, p)$ とする.

$$A\boldsymbol{x}_1 = \lambda_1 \boldsymbol{x}_1, A\boldsymbol{x}_2 = \lambda_2 \boldsymbol{x}_2, \cdots, A\boldsymbol{x}_p = \lambda_p \boldsymbol{x}_p \tag{22.15}$$

$\lambda_1, \lambda_2, \cdots, \lambda_p$ の中に同じものがあってもよい.このとき,$P = (\boldsymbol{x}_1, \boldsymbol{x}_2, \cdots, \boldsymbol{x}_p)$ とおくと,(22.15) 式は

$$AP = P \begin{pmatrix} \lambda_1 & 0 & \cdots & 0 \\ 0 & \lambda_2 & \cdots & 0 \\ \vdots & \vdots & \cdots & \vdots \\ 0 & 0 & \cdots & \lambda_p \end{pmatrix} = P\Lambda \tag{22.16}$$

と表すことができる ((16.17) 式を参照). rank$(P) = p$ より P は正則なので,上式に左から P^{-1} を掛けると $P^{-1}AP = \Lambda$ を得る.

逆に, 対角化可能とする. (22.14) 式が成り立つから, $P = (\boldsymbol{x}_1, \boldsymbol{x}_2, \cdots, \boldsymbol{x}_p)$ と表したとき, P は正則なので各列ベクトルは 1 次独立である. また, (22.16) 式が成り立つから, $A\boldsymbol{x}_i = \lambda_i \boldsymbol{x}_i$ ($i = 1, 2, \cdots, p$) である. すなわち, $\boldsymbol{x}_1, \boldsymbol{x}_2, \cdots, \boldsymbol{x}_p$ は p 個の 1 次独立な固有ベクトルである.

(2) を示す. A の p 個の固有値 λ_i ($i = 1, 2, \cdots, p$) はすべて異なるとする. λ_i に対応する固有ベクトルを $\boldsymbol{x}_i$ とする. $\boldsymbol{x}_1, \boldsymbol{x}_2, \cdots, \boldsymbol{x}_p$ が 1 次独立でないとすると, ある $\boldsymbol{x}_i$ は残りの固有ベクトルの 1 次結合で表すことができる. いま, 順番を適当に入れ替えることにより, $\boldsymbol{x}_1$ が残りの固有ベクトルのうち 1 次独立なベクトル $\boldsymbol{x}_{i_1}, \boldsymbol{x}_{i_2}, \cdots, \boldsymbol{x}_{i_k}$ の 1 次結合で

$$\boldsymbol{x}_1 = c_{i_1} \boldsymbol{x}_{i_1} + c_{i_2} \boldsymbol{x}_{i_2} + \cdots + c_{i_k} \boldsymbol{x}_{i_k} \tag{22.17}$$

と表せたとする. 両辺に A を左から掛けると, $A\boldsymbol{x}_i = \lambda_i \boldsymbol{x}_i$ だから,

$$\lambda_1 \boldsymbol{x}_1 = c_{i_1} \lambda_{i_1} \boldsymbol{x}_{i_1} + c_{i_2} \lambda_{i_2} \boldsymbol{x}_{i_2} + \cdots + c_{i_k} \lambda_{i_k} \boldsymbol{x}_{i_k} \tag{22.18}$$

となる. (22.17) 式の両辺に λ_1 を掛けて (22.18) 式から辺々引けば次式を得る.

$$\boldsymbol{0} = c_{i_1}(\lambda_{i_1} - \lambda_1)\boldsymbol{x}_{i_1} + c_{i_2}(\lambda_{i_2} - \lambda_1)\boldsymbol{x}_{i_2} + \cdots + c_{i_k}(\lambda_{ik} - \lambda_1)\boldsymbol{x}_{i_k} \tag{22.19}$$

これより, $\boldsymbol{x}_{i_1}, \boldsymbol{x}_{i_2}, \cdots, \boldsymbol{x}_{i_k}$ は 1 次独立で, 固有値はすべて異なることより, $c_{i_1} = c_{i_2} = \cdots = c_{i_k} = 0$ でなければならない. (22.17) 式より $\boldsymbol{x}_1 = \boldsymbol{0}$ となるから矛盾である (固有ベクトルはゼロベクトルではない). したがって, $\boldsymbol{x}_1, \boldsymbol{x}_2, \cdots, \boldsymbol{x}_p$ は 1 次独立である. そして (1) の性質より, (2) が成り立つ. □

上の性質 (2) より, 固有方程式に重根がないなら対角化可能である. 一方, 重根がある場合には, 対角化できる場合とできない場合がある.

(**例 22.2**) 次の行列 A を考える.

$$A = \begin{pmatrix} 2 & 0 \\ 0 & 2 \end{pmatrix} \tag{22.20}$$

固有方程式は $(2 - \lambda)^2 = 0$ となるから, 固有値は $\lambda = 2$ (重根) である. $\lambda = 2$ に対する固有ベクトルを $\boldsymbol{x} = (x_1, x_2)^T$ とおくと, $A\boldsymbol{x} = 2\boldsymbol{x}$ より, $x_1 = x_1$, $x_2 = x_2$ を得るから, $(1, 0)^T$ と $(0, 1)^T$ の 2 つの 1 次独立な固有ベクトルが存在する. したがって, A は $P = I_2$ (単位行列) により対角化可能である. □

(**例 22.3**) 次の行列 A を考える.

$$A = \begin{pmatrix} 2 & 1 \\ 0 & 2 \end{pmatrix} \tag{22.21}$$

固有方程式は $(2-\lambda)^2 = 0$ だから，固有値は $\lambda = 2$ (重根) である．$\lambda = 2$ に対する固有ベクトルを求める．$\boldsymbol{x} = (x_1, x_2)^T$ とおいて $A\boldsymbol{x} = 2\boldsymbol{x}$ より $2x_1 + x_2 = 2x_1$, $x_2 = x_2$ を得るから，1次独立な固有ベクトルは $(1, 0)^T$ しかない．したがって，A は対角化できない．□

対角化可能なら，

$$\Lambda^n = (P^{-1}AP)^n = P^{-1}APP^{-1}AP \cdots P^{-1}AP = P^{-1}A^n P \tag{22.22}$$

であり，Λ^n はやはり対角行列 (対角成分が λ_i^n $(i = 1, 2, \cdots, p)$) となるから，$A^n = P\Lambda^n P^{-1}$ を容易に求めることができる．

22.3 べき等行列の固有値の性質

べき等行列の固有値には次の性質がある．

べき等行列の固有値の性質

べき等行列の固有値は 0 か 1 である．

行列 A がべき等とする．$A\boldsymbol{x} = \lambda\boldsymbol{x}$ の左から A を掛けると $A^2\boldsymbol{x} = \lambda A\boldsymbol{x} = \lambda^2\boldsymbol{x}$ となる．一方，$A^2 = A$ だから，$A^2\boldsymbol{x} = A\boldsymbol{x} = \lambda\boldsymbol{x}$ である．これらより，$\lambda^2\boldsymbol{x} = \lambda\boldsymbol{x}$, すなわち，$\lambda^2 = \lambda$ となって，題意を得る．□

◇ 問 題 ◇

問題 22.1 次の行列 A および逆行列 A^{-1} の固有値と長さ 1 の固有ベクトルとを求め，固有値・固有ベクトルの性質 (1)〜(3) および (5), (6) を確認せよ．また，A^n を求めよ．

$$A = \begin{pmatrix} 1 & 1 \\ 0 & 2 \end{pmatrix}$$

問題 22.2 次の行列 B は対角化可能であり，C は対角化できないことを示せ．

$$B = \begin{pmatrix} 0 & 0 & 2 \\ 0 & 2 & 0 \\ 2 & 0 & 0 \end{pmatrix}, \quad C = \begin{pmatrix} 1 & 1 & 0 \\ 0 & 1 & 0 \\ 0 & 0 & 1 \end{pmatrix}$$

第 23 講

対称行列の固有値と固有ベクトル

23.1 対称行列の固有値・固有ベクトルの性質

対称行列の固有値・固有ベクトルには次の性質がある．

> **対称行列の固有値・固有ベクトルの性質**
> (1) 対称行列の固有値はすべて実数である．
> (2) 対称行列の相異なる固有値に対応する固有ベクトルは直交する．

(1) を示す．本書では行列 A の成分として実数しか考えていないが，固有値は固有方程式の解だから複素数になる可能性がある．A の固有値を λ，その固有ベクトルを $\boldsymbol{x}$ とし，λ の共役複素数を $\bar{\lambda}$，$\boldsymbol{x}$ の成分の共役複素数を成分とするベクトルを $\bar{\boldsymbol{x}}$ と表す．$A\boldsymbol{x} = \lambda \boldsymbol{x}$ の両辺の共役複素数をとると，1.3 節で述べた共役複素数の性質より，$A\bar{\boldsymbol{x}} = \bar{\lambda}\bar{\boldsymbol{x}}$ となる．これらより，$A^T = A$ だから，

$$A\boldsymbol{x} = \lambda\boldsymbol{x} \Longrightarrow \bar{\boldsymbol{x}}^T A\boldsymbol{x} = \lambda \bar{\boldsymbol{x}}^T \boldsymbol{x} \Longrightarrow \boldsymbol{x}^T A\bar{\boldsymbol{x}} = \lambda \boldsymbol{x}^T \bar{\boldsymbol{x}} \text{ (転置した)} \quad (23.1)$$

$$A\bar{\boldsymbol{x}} = \bar{\lambda}\bar{\boldsymbol{x}} \Longrightarrow \boldsymbol{x}^T A\bar{\boldsymbol{x}} = \bar{\lambda} \boldsymbol{x}^T \bar{\boldsymbol{x}} \quad (23.2)$$

となる．(23.1) と (23.2) の一番右の式を引き算すれば，$(\lambda - \bar{\lambda})\boldsymbol{x}^T \bar{\boldsymbol{x}} = 0$ となる．$\boldsymbol{x}^T \bar{\boldsymbol{x}} = \sum |x_i|^2 \neq 0$ だから $\lambda = \bar{\lambda}$ となるので，λ は実数である．

(2) を示す．2 つの異なる固有値を λ_1, λ_2，対応する固有ベクトルを $\boldsymbol{x}_1$, $\boldsymbol{x}_2$ とする．$A\boldsymbol{x}_1 = \lambda_1 \boldsymbol{x}_1$ に左から $\boldsymbol{x}_2^T$ を掛けて，転置をとる．$A^T = A$ だから

$$\boldsymbol{x}_2^T A \boldsymbol{x}_1 = \lambda_1 \boldsymbol{x}_2^T \boldsymbol{x}_1 \Longrightarrow \boldsymbol{x}_1^T A^T \boldsymbol{x}_2 = \boldsymbol{x}_1^T A \boldsymbol{x}_2 = \lambda_1 \boldsymbol{x}_1^T \boldsymbol{x}_2 \quad (23.3)$$

となる．次に，$A\boldsymbol{x}_2 = \lambda_2 \boldsymbol{x}_2$ に左から $\boldsymbol{x}_1^T$ を掛ける．

$$\boldsymbol{x}_1^T A \boldsymbol{x}_2 = \lambda_2 \boldsymbol{x}_1^T \boldsymbol{x}_2 \quad (23.4)$$

23.1 対称行列の固有値・固有ベクトルの性質

以上より $(\lambda_1 - \lambda_2)\boldsymbol{x}_1^T \boldsymbol{x}_2 = 0$ となり，$\lambda_1 \neq \lambda_2$ なので $\boldsymbol{x}_1^T \boldsymbol{x}_2 = 0$ を得る．□

(例 23.1) 2 変数の相関係数行列 (2 次の正方行列)

$$R = \begin{pmatrix} 1 & r \\ r & 1 \end{pmatrix} \tag{23.5}$$

の固有値と固有ベクトルを求める．固有方程式

$$|R - \lambda I_2| = \begin{vmatrix} 1-\lambda & r \\ r & 1-\lambda \end{vmatrix} = (1-\lambda)^2 - r^2 = 0 \tag{23.6}$$

を解くと $\lambda = 1 \pm r \ (= \lambda_1, \lambda_2 \text{ とおく})$ が求まる．

ここでは，$r \neq 0$ とする．

$\lambda_1 = 1 + r$ に対する長さ 1 の固有ベクトルを $\boldsymbol{x} = (x_1, x_2)^T$ とおくと

$$R\boldsymbol{x} = \lambda_1 \boldsymbol{x} \iff \begin{matrix} x_1 + rx_2 = (1+r)x_1 \\ rx_1 + x_2 = (1+r)x_2 \end{matrix} \implies \boldsymbol{x} = \begin{pmatrix} 1/\sqrt{2} \\ 1/\sqrt{2} \end{pmatrix} \tag{23.7}$$

となる．$\lambda_2 = 1 - r$ に対する長さ 1 の固有ベクトルを $\boldsymbol{y} = (y_1, y_2)^T$ とおくと

$$R\boldsymbol{y} = \lambda_2 \boldsymbol{y} \iff \begin{matrix} y_1 + ry_2 = (1-r)y_1 \\ ry_1 + y_2 = (1-r)y_2 \end{matrix} \implies \boldsymbol{y} = \begin{pmatrix} 1/\sqrt{2} \\ -1/\sqrt{2} \end{pmatrix} \tag{23.8}$$

となる．上に述べた性質 (1) と (2) を確認することができる．□

対称行列の対角化とスペクトル分解について述べる．

対称行列の対角化とスペクトル分解

(1) p 次の対称行列 A は直交行列 W を用いて対角化可能である．

$$W^T A W = \Lambda = \begin{pmatrix} \lambda_1 & 0 & \cdots & 0 \\ 0 & \lambda_2 & \cdots & 0 \\ \vdots & \vdots & \cdots & \vdots \\ 0 & 0 & \cdots & \lambda_p \end{pmatrix} \tag{23.9}$$

(2) p 次の対称行列 A は固有値と長さ 1 の固有ベクトルを用いて次のように表現できる (**スペクトル分解**と呼ぶ)．

$$A = W \Lambda W^T = \lambda_1 \boldsymbol{w}_1 \boldsymbol{w}_1^T + \lambda_2 \boldsymbol{w}_2 \boldsymbol{w}_2^T + \cdots + \lambda_p \boldsymbol{w}_p \boldsymbol{w}_p^T \tag{23.10}$$

対称行列なら (1) と (2) が成り立つが，ここでは A の固有値がすべて異なる場合について示す．固有値 λ_i に対する長さ 1 の固有ベクトルを $\boldsymbol{w}_i$ と表す $(i = 1, 2, \cdots, p)$．

$$A\boldsymbol{w}_1 = \lambda_1 \boldsymbol{w}_1, \ A\boldsymbol{w}_2 = \lambda_2 \boldsymbol{w}_2, \ \cdots, \ A\boldsymbol{w}_p = \lambda_p \boldsymbol{w}_p \tag{23.11}$$

$W = (\boldsymbol{w}_1, \boldsymbol{w}_2, \cdots, \boldsymbol{w}_p)$ とおくと，対称行列の固有値・固有ベクトルの性質 (2)

より行列 W は直交行列である．また，$\lambda_1, \lambda_2, \cdots, \lambda_p$ を対角成分に並べた対角行列を Λ とおく．(23.11) 式は $AW = W\Lambda$ とまとめることができる．この両辺に左から W^T を掛ければ対角化，右から W^T を掛ければスペクトル分解の表現を得る．□

A が正則とする．このとき，すべての固有値はゼロではないから，(23.9) 式と (23.10) 式より次のように表すことができる．

$$A^{-1} = W\Lambda^{-1}W^T = \frac{1}{\lambda_1}\boldsymbol{w}_1\boldsymbol{w}_1^T + \frac{1}{\lambda_2}\boldsymbol{w}_2\boldsymbol{w}_2^T + \cdots + \frac{1}{\lambda_p}\boldsymbol{w}_p\boldsymbol{w}_p^T \quad (23.12)$$

(23.9) 式とランクの性質より「$\mathrm{rank}(A) = k \Leftrightarrow$ 固有値のうち k 個はゼロでなく，$p - k$ 個はゼロ」が成り立つことにも注意する．

(**例 23.2**) 例 23.1 の結果に基づいて，対角化とスペクトル分解を行うため，

$$W = (\boldsymbol{x}, \boldsymbol{y}) = \begin{pmatrix} 1/\sqrt{2} & 1/\sqrt{2} \\ 1/\sqrt{2} & -1/\sqrt{2} \end{pmatrix} \quad (23.13)$$

と定義する．W は直交行列である．これより，

$$\begin{aligned} W^T R W &= \begin{pmatrix} 1/\sqrt{2} & 1/\sqrt{2} \\ 1/\sqrt{2} & -1/\sqrt{2} \end{pmatrix} \begin{pmatrix} 1 & r \\ r & 1 \end{pmatrix} \begin{pmatrix} 1/\sqrt{2} & 1/\sqrt{2} \\ 1/\sqrt{2} & -1/\sqrt{2} \end{pmatrix} \\ &= \begin{pmatrix} 1+r & 0 \\ 0 & 1-r \end{pmatrix} (= \Lambda) \end{aligned} \quad (23.14)$$

と対角化できる．また，

$$\begin{aligned} R = \begin{pmatrix} 1 & r \\ r & 1 \end{pmatrix} &= (1+r)\begin{pmatrix} 1/\sqrt{2} \\ 1/\sqrt{2} \end{pmatrix}(1/\sqrt{2}, 1/\sqrt{2}) \\ &\quad + (1-r)\begin{pmatrix} 1/\sqrt{2} \\ -1/\sqrt{2} \end{pmatrix}(1/\sqrt{2}, -1/\sqrt{2}) \end{aligned} \quad (23.15)$$

とスペクトル分解することができる．□

23.2 正定値行列・非負定値行列・負定値行列の性質

16.8 節ですでに述べたように，任意のベクトル $\boldsymbol{x}\ (\neq \boldsymbol{0})$ に対して $\boldsymbol{x}^T A \boldsymbol{x} > 0$ となる対称行列 A を正定値行列，$\boldsymbol{x}^T A \boldsymbol{x} \geq 0$ となる対称行列 A を非負定値行列と呼ぶ．$-A$ が正定値行列なら A を負定値行列と呼ぶ．また，非負定値行列 A と B に対して，$A - B$ が非負定値行列なら $A \geq B$，$A - B$ が正定値行列なら $A > B$ と表す．さらに，A が非負定値行列なら $A \geq O$，正定値行列なら $A > O$ と表す．

23.2 正定値行列・非負定値行列・負定値行列の性質

正定値行列・非負定値行列の性質

(1) 正定値行列 ⇔ 固有値はすべて正
(2) 非負定値行列 ⇔ 固有値はすべてゼロ以上
(3) 負定値行列 ⇔ 固有値はすべて負
(4) $A > O$ なら $|A| > 0$ である．
(5) $A \geq O$ なら $|A| \geq 0$ である．
(6) $A > O$ なら逆行列 A^{-1} が存在し，$A^{-1} > O$ である．
(7) $A \geq B > O$ なら $|A| \geq |B|$ である．
(8) $A \geq B > O$ なら $B^{-1} \geq A^{-1}$ である
(9) B を $p \times q$ 行列とするとき，$B^T B$ と BB^T の正の固有値の個数と固有値の値は一致する．

---

(1) を示す ((2) と (3) も同様である)．$A > O$ とする．$\boldsymbol{x}$ を A の固有値 λ に対応する長さ 1 の固有ベクトルとする．$A\boldsymbol{x} = \lambda\boldsymbol{x}$ の両辺に左から $\boldsymbol{x}^T$ を掛けると，$\boldsymbol{x}^T A \boldsymbol{x} = \lambda \boldsymbol{x}^T \boldsymbol{x} = \lambda$ を得る．正定値行列の定義より $\lambda > 0$ である．逆に，A の固有値がすべて正とする．(23.10) 式より，任意の $\boldsymbol{x}\, (\neq \mathbf{0})$ に対して

$$\boldsymbol{x}^T A \boldsymbol{x} = \lambda_1 (\boldsymbol{x}^T \boldsymbol{w}_1)^2 + \lambda_2 (\boldsymbol{x}^T \boldsymbol{w}_2)^2 + \cdots + \lambda_p (\boldsymbol{x}^T \boldsymbol{w}_p)^2 > 0 \quad (23.16)$$

となる ($\boldsymbol{w}_1, \boldsymbol{w}_2, \cdots, \boldsymbol{w}_p$ は 1 次独立な p 次元ベクトルだから，$\boldsymbol{x}$ がこれらすべてと直交することはない) から，$A > O$ である．

(4) と (5) は，行列式が固有値の積であることに注意すればよい．

(6) を示す．正定値行列なら固有値がすべて正だから行列式がゼロでないので逆行列が存在する．また，逆行列の固有値はもとの行列の固有値の逆数であり，すべて正なので，逆行列は正定値行列である．

(7) を示す．そのために，まず，A と B を p 次として，$C^T A C = D$ (対角行列)，$C^T B C = I_p$ となる正則行列 C が存在することを示す．(23.9) 式より $W^T B W = \Lambda$ (Λ は B の固有値を対角要素とする対角行列) となる直交行列 W が存在する．$B > O$ なので，固有値はすべて正であり，Λ の平方根 $\Lambda^{1/2}$ (16.5 節を参照) は正則である．$\Lambda^{1/2}$ の逆行列を $\Lambda^{-1/2}$ と表し，$G = W \Lambda^{-1/2}$ とおくと，$G^T B G = I_p$ となる．$G^T A G$ は対称行列なので，(23.9) 式より，$Z^T G^T A G Z = D$ (D は $G^T A G$ の固有値を対角要素とする対角行列) となる

直交行列 Z が存在する．$C = GZ$ とおくと，これは $C^T AC = D$ (対角行列)，$C^T BC = I_p$ を満たす正則行列である．

以上より，$C^T(A - B)C = D - I_p$ である．仮定より $A - B \geq O$ だから，$D - I_p \geq O$ となる．したがって，D の対角要素を λ_i とすれば，$\lambda_i \geq 1$ ($i = 1, 2, \cdots, p$) が成り立つ．これより，

$$|C^T AC| = |D| = \lambda_1 \lambda_2 \cdots \lambda_p \geq 1 \tag{23.17}$$

である．一方，$|Z^T| = |Z| = 1$ および行列式の性質より

$$|C^T AC| = |Z^T||G^T||A||G||Z||B|/|B|$$
$$= |A||G^T BG|/|B| = |A|/|B| \tag{23.18}$$

となるから，(23.17) 式を用いて，$|A| \geq |B|$ が成り立つ．

(8) を示す．(7) の証明で用いた行列 C を用いると，$A^{-1} = CD^{-1}C^T$，$B^{-1} = CC^T$ となる．これより，$B^{-1} - A^{-1} = C(I_p - D^{-1})C^T$ である．$I_p - D^{-1}$ は対角行列でその対角要素は $1 - 1/\lambda_i \geq 0$ なので，$I_p - D^{-1}$ は非負定値行列である．したがって，$B^{-1} - A^{-1}$ は非負定値行列である．

(9) を示す．$B^T B$ は対称行列であり，非負定値行列である (問題 16.2)．$\lambda (> 0)$ を $B^T B$ の固有値，$\boldsymbol{x}$ を対応する固有ベクトルとする．このとき，$B^T B \boldsymbol{x} = \lambda \boldsymbol{x}$ の両辺に B を左から掛けると $BB^T(B\boldsymbol{x}) = \lambda(B\boldsymbol{x})$ だから，λ は BB^T の固有値，対応する固有ベクトルは $B\boldsymbol{x}$ である．逆に，BB^T の正の固有値は $B^T B$ の固有値であることも同様に示すことができる．□

(**例 23.3**) 例 23.1 の相関係数行列 R を考える．$r \neq \pm 1$ のとき R は正定値行列になる (例 16.3 を参照)．例 23.1 で求めた 2 つの固有値 $1 \pm r$ はともに正である．□

B を $p \times q$ 行列とする．上の性質 (9) より $B^T B$ と BB^T の共通の正の固有値を $\lambda_1, \lambda_2, \cdots, \lambda_m$ とおく．これらの固有値に対応する $B^T B$ と BB^T の長さ 1 の固有ベクトルをそれぞれ $\boldsymbol{u}_1, \boldsymbol{u}_2, \cdots, \boldsymbol{u}_m$ (これらは q 次元ベクトル)，$\boldsymbol{v}_1, \boldsymbol{v}_2, \cdots, \boldsymbol{v}_m$ (これらは p 次元ベクトル) とするとき，次式が成り立つ．

$$B = \sqrt{\lambda_1} \boldsymbol{v}_1 \boldsymbol{u}_1^T + \sqrt{\lambda_2} \boldsymbol{v}_2 \boldsymbol{u}_2^T + \cdots + \sqrt{\lambda_m} \boldsymbol{v}_m \boldsymbol{u}_m^T \tag{23.19}$$

これを**特異値分解**と呼び，$\sqrt{\lambda_i}$ ($i = 1, 2, \cdots, m$) を**特異値**と呼ぶ．

◇ 問　　題 ◇

問題 23.1 次の 3 次の対称行列の固有値と長さ 1 の固有ベクトルとを求め, 対称行列の固有値・固有ベクトルの性質 (1) と (2) を確認せよ.
$$A = \begin{pmatrix} 1 & 0 & 2 \\ 0 & 1 & 0 \\ 2 & 0 & 1 \end{pmatrix}$$

問題 23.2 問題 23.1 の行列 A を対角化せよ. また, スペクトル分解を求めよ. さらに, それらに基づいて逆行列 A^{-1} を求めよ.

◆ ═══════ **統計学ではこう使う 30 (主成分分析)** ═══════ ◆

p 個の変数 $x_1, x_2, \cdots, x_p$ の観測値が n 組あり, その標本分散共分散行列 V を考える. V は非負定値行列であり, 固有値はすべてゼロ以上である. スペクトル分解すると

$$V = \lambda_1 \boldsymbol{w}_1 \boldsymbol{w}_1^T + \lambda_2 \boldsymbol{w}_2 \boldsymbol{w}_2^T + \cdots + \lambda_p \boldsymbol{w}_p \boldsymbol{w}_p^T \tag{23.20}$$

となる. $\boldsymbol{w}_i$ と $\boldsymbol{w}_j$ はそれぞれ長さ 1 で直交する ($\boldsymbol{w}_i^T \boldsymbol{w}_i = 1$, $\boldsymbol{w}_i^T \boldsymbol{w}_j = 0$ $(i \neq j)$) ので, 上式の両辺に左から $\boldsymbol{w}_i^T$ を掛け, 右から $\boldsymbol{w}_i$ を掛けて 2 次形式を求めると

$$\boldsymbol{w}_i^T V \boldsymbol{w}_i = \lambda_i \tag{23.21}$$

となる. 左辺は, (16.33) 式の後に述べたことと同様で, 合成変数

$$z_i = \boldsymbol{w}_i^T \boldsymbol{x} = w_{1i} x_1 + w_{2i} x_2 + \cdots + w_{pi} x_p \tag{23.22}$$

の標本分散になる.

いま, 仮に λ_1, λ_2 の値は大きく ($\lambda_1 > \lambda_2$), $\lambda_3, \cdots, \lambda_p$ はゼロに近いとしよう. このとき, (23.20) 式は

$$V \approx \lambda_1 \boldsymbol{w}_1 \boldsymbol{w}_1^T + \lambda_2 \boldsymbol{w}_2 \boldsymbol{w}_2^T \tag{23.23}$$

と考えることができる. すなわち, p 変数に基づく標本分散共分散行列 V を 2 つの合成変数 z_1 と z_2 に基づいて近似的に表現できる. z_1 を**第 1 主成分**, z_2 を**第 2 主成分**と呼ぶ. 標本分散の合計は $\mathrm{tr}(V) = \lambda_1 + \lambda_2 + \cdots + \lambda_p$ である. そこで, 例えば, $\lambda_1 / \mathrm{tr}(V)$ を第 1 主成分の**寄与率**と呼ぶ.

これらが**主成分分析**の理論的基礎となっている.

◆ ═══════ **統計学ではこう使う 31 (変数間の線形関係)** ═══════ ◆

「統計学ではこう使う 30」と同じ設定で標本分散共分散 V のスペクトル分解 (23.20) 式に基づいて考えよう. いま, $\lambda_p = 0$ とする. このとき,

$$\boldsymbol{w}_p^T V \boldsymbol{w}_p = \lambda_p = 0 \tag{23.24}$$

となる．(23.24) 式の左辺は，合成変数

$$z_p = \boldsymbol{w}_p^T \boldsymbol{x} = w_{1p} x_1 + w_{2p} x_2 + \cdots + w_{pp} x_p \tag{23.25}$$

の標本分散である．これがゼロということは，z_p がばらついていない，すなわち

$$z_p = \boldsymbol{w}_p^T \boldsymbol{x} = w_{1p} x_1 + w_{2p} x_2 + \cdots + w_{pp} x_p \equiv 一定値 \tag{23.26}$$

を意味する．

すなわち，固有値がゼロなら，それに対応する固有ベクトルは「変数間に成り立つ線形関係式の係数」を与える．

第 24 講

分割行列による計算

24.1 分割行列の加減と積

$p \times n$ 行列 A と B を次のように分割する. $p_1 + p_2 = p$, $n_1 + n_2 = n$ とする.

$$\underset{p\times n}{A} = \begin{pmatrix} \underset{p_1\times n_1}{A_{11}} & \underset{p_1\times n_2}{A_{12}} \\ \underset{p_2\times n_1}{A_{21}} & \underset{p_2\times n_2}{A_{22}} \end{pmatrix}, \quad \underset{p\times n}{B} = \begin{pmatrix} \underset{p_1\times n_1}{B_{11}} & \underset{p_1\times n_2}{B_{12}} \\ \underset{p_2\times n_1}{B_{21}} & \underset{p_2\times n_2}{B_{22}} \end{pmatrix} \tag{24.1}$$

対応する分割行列の型は同じだから分割行列ごとに加減ができる.

$$A \pm B = \begin{pmatrix} A_{11} \pm B_{11} & A_{12} \pm B_{12} \\ A_{21} \pm B_{21} & A_{22} \pm B_{22} \end{pmatrix} \quad \text{(複号同順)} \tag{24.2}$$

次に, $p \times n$ 行列 A と $n \times q$ 行列 B の積を考えるため,次のように分割する.
$p_1 + p_2 = p$, $n_1 + n_2 = n$, $q_1 + q_2 = q$ とする.

$$\underset{p\times n}{A} = \begin{pmatrix} \underset{p_1\times n_1}{A_{11}} & \underset{p_1\times n_2}{A_{12}} \\ \underset{p_2\times n_1}{A_{21}} & \underset{p_2\times n_2}{A_{22}} \end{pmatrix}, \quad \underset{n\times q}{B} = \begin{pmatrix} \underset{n_1\times q_1}{B_{11}} & \underset{n_1\times q_2}{B_{12}} \\ \underset{n_2\times q_1}{B_{21}} & \underset{n_2\times q_2}{B_{22}} \end{pmatrix} \tag{24.3}$$

このとき, AB を次のように計算できる.

$$\underset{p\times n}{A}\underset{n\times q}{B} = \begin{pmatrix} \underset{p_1\times n_1\,n_1\times q_1}{A_{11}\,B_{11}} + \underset{p_1\times n_2\,n_2\times q_1}{A_{12}\,B_{21}} & \underset{p_1\times n_1\,n_1\times q_2}{A_{11}\,B_{12}} + \underset{p_1\times n_2\,n_2\times q_2}{A_{12}\,B_{22}} \\ \underset{p_2\times n_1\,n_1\times q_1}{A_{21}\,B_{11}} + \underset{p_2\times n_2\,n_2\times q_1}{A_{22}\,B_{21}} & \underset{p_2\times n_1\,n_1\times q_2}{A_{21}\,B_{12}} + \underset{p_2\times n_2\,n_2\times q_2}{A_{22}\,B_{22}} \end{pmatrix} \tag{24.4}$$

積が可能なように分割したなら,分割行列をあたかも成分のように掛け算することができる.

今後は分割行列の型を明示しないが,加減を行うときおよび掛け算を行うときに応じて計算が可能な分割になっていることを前提とする.

(**例 24.1**) 行列 A と B を次のように分割して (24.4) 式を適用する.

$$A = \left(\begin{array}{cc|c} 1 & 2 & 3 \\ 4 & 5 & 6 \\ \hline 7 & 8 & 9 \end{array}\right) = \begin{pmatrix} A_{11} & A_{12} \\ A_{21} & A_{22} \end{pmatrix} \tag{24.5}$$

$$B = \begin{pmatrix} 1 & 3 & | & 5 & 7 \\ 2 & 4 & | & 6 & 8 \\ \hline 3 & 5 & | & 7 & 9 \end{pmatrix} = \begin{pmatrix} B_{11} & B_{12} \\ B_{21} & B_{22} \end{pmatrix} \tag{24.6}$$

分割しないで通常の掛け算を行うと次のようになる．

$$AB = \begin{pmatrix} 14 & 26 & | & 38 & 50 \\ 32 & 62 & | & 92 & 122 \\ \hline 50 & 98 & | & 146 & 194 \end{pmatrix} \tag{24.7}$$

一方，分割行列に基づいて (24.4) 式を適用すると

$$A_{11}B_{11} + A_{12}B_{21} = \begin{pmatrix} 1 & 2 \\ 4 & 5 \end{pmatrix}\begin{pmatrix} 1 & 3 \\ 2 & 4 \end{pmatrix} + \begin{pmatrix} 3 \\ 6 \end{pmatrix}(3,5)$$

$$= \begin{pmatrix} 5 & 11 \\ 14 & 32 \end{pmatrix} + \begin{pmatrix} 9 & 15 \\ 18 & 30 \end{pmatrix} = \begin{pmatrix} 14 & 26 \\ 32 & 62 \end{pmatrix} \tag{24.8}$$

$$A_{11}B_{12} + A_{12}B_{22} = \begin{pmatrix} 38 & 50 \\ 92 & 122 \end{pmatrix} \tag{24.9}$$

$$A_{21}B_{11} + A_{22}B_{21} = (7,8)\begin{pmatrix} 1 & 3 \\ 2 & 4 \end{pmatrix} + 9(3,5) = (50, 98) \tag{24.10}$$

$$A_{21}B_{12} + A_{22}B_{22} = (146, 194) \tag{24.11}$$

となって，それぞれ，(24.7) 式の対応する部分と一致する．□

24.2 逆行列の公式

逆行列を求めるとき，行列を分割すると便利なことがある．分割行列ではない場合も含めて，いくつかの公式を示す．

逆行列の公式

A を p 次の正則行列，D を q 次の正則行列とし，B を $p \times q$ 行列，C を $q \times p$ 行列とする．以下では表示される逆行列が存在するとする．

(1) $F = (D - CA^{-1}B)^{-1}$，$E = (A - BD^{-1}C)^{-1}$ とおくと，次式が成り立つ．

$$\begin{pmatrix} A & B \\ C & D \end{pmatrix}^{-1} = \begin{pmatrix} A^{-1} + A^{-1}BFCA^{-1} & -A^{-1}BF \\ -FCA^{-1} & F \end{pmatrix} \tag{24.12}$$

$$\begin{pmatrix} A & B \\ C & D \end{pmatrix}^{-1} = \begin{pmatrix} E & -EBD^{-1} \\ -D^{-1}CE & D^{-1} + D^{-1}CEBD^{-1} \end{pmatrix} \tag{24.13}$$

(2) (1) で $B = O$ または $C = O$ とすると次式が成り立つ．

24.2 逆行列の公式

$$\begin{pmatrix} A & O \\ C & D \end{pmatrix}^{-1} = \begin{pmatrix} A^{-1} & O \\ -D^{-1}CA^{-1} & D^{-1} \end{pmatrix} \quad (24.14)$$

$$\begin{pmatrix} A & B \\ O & D \end{pmatrix}^{-1} = \begin{pmatrix} A^{-1} & -A^{-1}BD^{-1} \\ O & D^{-1} \end{pmatrix} \quad (24.15)$$

$$\begin{pmatrix} A & O \\ O & D \end{pmatrix}^{-1} = \begin{pmatrix} A^{-1} & O \\ O & D^{-1} \end{pmatrix} \quad (24.16)$$

(3) (1) のそれぞれの右辺の左上の分割行列どうし，または，右下の分割行列どうしを等しくおくと次式を得る．

$$(A - BD^{-1}C)^{-1} = A^{-1} + A^{-1}B(D - CA^{-1}B)^{-1}CA^{-1} \quad (24.17)$$

$$(D - CA^{-1}B)^{-1} = D^{-1} + D^{-1}C(A - BD^{-1}C)^{-1}BD^{-1}$$
$$\quad (24.18)$$

(4) $\boldsymbol{x}_1$ を p 次元ベクトル，$\boldsymbol{x}_2$ を q 次元ベクトルとする．A と D を p 次と q 次の正則な対称行列，B を $p \times q$ 行列とする．次式が成り立つ．

$$(\boldsymbol{x}_1^T, \boldsymbol{x}_2^T) \begin{pmatrix} A & B \\ B^T & D \end{pmatrix}^{-1} \begin{pmatrix} \boldsymbol{x}_1 \\ \boldsymbol{x}_2 \end{pmatrix} = \boldsymbol{x}_1^T A^{-1} \boldsymbol{x}_1$$
$$+ (\boldsymbol{x}_2 - B^T A^{-1} \boldsymbol{x}_1)^T (D - B^T A^{-1} B)^{-1} (\boldsymbol{x}_2 - B^T A^{-1} \boldsymbol{x}_1)$$
$$\quad (24.19)$$

$$(\boldsymbol{x}_1^T, \boldsymbol{x}_2^T) \begin{pmatrix} A & B \\ B^T & D \end{pmatrix}^{-1} \begin{pmatrix} \boldsymbol{x}_1 \\ \boldsymbol{x}_2 \end{pmatrix} = \boldsymbol{x}_2^T D^{-1} \boldsymbol{x}_2$$
$$+ (\boldsymbol{x}_1 - BD^{-1} \boldsymbol{x}_2)^T (A - BD^{-1} B^T)^{-1} (\boldsymbol{x}_1 - BD^{-1} \boldsymbol{x}_2)$$
$$\quad (24.20)$$

(1) は，もとの行列に (24.12) 式の右辺を掛けて単位行列になることを確かめればよい．(24.13) 式についても同様である．

$$\begin{pmatrix} A & B \\ C & D \end{pmatrix} \begin{pmatrix} A^{-1} + A^{-1}BFCA^{-1} & -A^{-1}BF \\ -FCA^{-1} & F \end{pmatrix}$$
$$= \begin{pmatrix} AA^{-1} + AA^{-1}BFCA^{-1} - BFCA^{-1} & -AA^{-1}BF + BF \\ CA^{-1} + CA^{-1}BFCA^{-1} - DFCA^{-1} & -CA^{-1}BF + DF \end{pmatrix}$$
$$= \begin{pmatrix} I_p + BFCA^{-1} - BFCA^{-1} & -BF + BF \\ CA^{-1} - (D - CA^{-1}B)FCA^{-1} & (D - CA^{-1}B)F \end{pmatrix}$$
$$= \begin{pmatrix} I_p & O \\ CA^{-1} - F^{-1}FCA^{-1} & F^{-1}F \end{pmatrix} = \begin{pmatrix} I_p & O \\ O & I_q \end{pmatrix} \quad (24.21)$$

これより，逆行列の一意性から (24.12) 式が成り立つ．

(4) は，(24.12) 式と (24.13) 式で $C - B^T$ とおいて，それぞれの右辺を代入

して整理すればよい．(24.19) は

$$
\begin{aligned}
(x_1^T, x_2^T) &\begin{pmatrix} A & B \\ B^T & D \end{pmatrix}^{-1} \begin{pmatrix} x_1 \\ x_2 \end{pmatrix} \\
&= x_1^T A^{-1} x_1 + x_1^T A^{-1} B F B^T A^{-1} x_1 \\
&\quad - x_1^T A^{-1} B F x_2 - x_2^T F B^T A^{-1} x_1 + x_2^T F x_2 \\
&= x_1^T A^{-1} x_1 \\
&\quad + (x_2 - B^T A^{-1} x_1)^T (D - B^T A^{-1} B)^{-1} (x_2 - B^T A^{-1} x_1)
\end{aligned}
\tag{24.22}
$$

のように成り立つことがわかる．□

24.3 行列式の公式

行列式を求めるときにも，行列を分割すると便利なことがある．

行列式の公式

A を p 次の正方行列，D を q 次の正方行列とし，B を $p \times q$ 行列，C を $q \times p$ 行列とする．また，b を p 次元ベクトルとする．

(1) 次式が成り立つ．

$$|X| = \begin{vmatrix} A & B \\ O & D \end{vmatrix} = |A||D| \tag{24.23}$$

$$|Y| = \begin{vmatrix} A & O \\ C & D \end{vmatrix} = |A||D| \tag{24.24}$$

(2) $|A| \neq 0$ のとき，次式が成り立つ．

$$|Z| = \begin{vmatrix} A & B \\ C & D \end{vmatrix} = |A||D - CA^{-1}B| \tag{24.25}$$

(3) $|D| \neq 0$ のとき，次式が成り立つ．

$$|Z| = \begin{vmatrix} A & B \\ C & D \end{vmatrix} = |D||A - BD^{-1}C| \tag{24.26}$$

(4) $|A| \neq 0$ のとき，次式が成り立つ．

$$|A + bb^T| = |A|(1 + b^T A^{-1} b) \tag{24.27}$$

---

(1) の (24.23) 式を示す ((24.24) 式も同様である)．$|A| = 0$ なら $\mathrm{rank}(A) <$

p であり，X の最初の p 列は 1 次従属になるので，$|X| = 0 = |A||D|$ が成り立つ．$|D| = 0$ のときも同様に $|X| = 0 = |A||D|$ が成り立つ．

$|A| \neq 0$, $|D| \neq 0$ とする．列による基本変形より $AG = I_p$, $DH = I_q$ とできる．G と H は基本行列をいくつか掛けたものである．$|A| = 1/|G|$, $|D| = 1/|H|$ となる．さらに，$AG = I_p$, $DH = I_q$ に注意すれば次式が成り立つ．

$$X\tilde{G}\tilde{H} = \begin{pmatrix} A & B \\ O & D \end{pmatrix} \begin{pmatrix} G & O \\ O & I_q \end{pmatrix} \begin{pmatrix} I_p & O \\ O & H \end{pmatrix} = \begin{pmatrix} I_p & BH \\ O & I_q \end{pmatrix} \quad (24.28)$$

$\tilde{G}$ と $\tilde{H}$ はそれぞれ上式の中央の 2 つ目の行列と 3 つ目の行列を表す．行列の余因子による展開を行えば，$|\tilde{G}| = |G|$, $|\tilde{H}| = |H|$ となり，(24.28) 式の右辺は三角行列なので，その行列式は 1 である．以上より，(24.28) 式の両辺の行列式を計算すると $|X||G||H| = 1$ となるから，$|X| = 1/(|G||H|) = |A||D|$ が成り立つ．

(2) を示す．次式が成り立つ．

$$\begin{pmatrix} A & B \\ C & D \end{pmatrix} = \begin{pmatrix} A & O \\ C & I_q \end{pmatrix} \begin{pmatrix} I_p & A^{-1}B \\ O & D - CA^{-1}B \end{pmatrix} \quad (24.29)$$

両辺の行列式を考えると，(1) よりすぐに (2) を得る．

(3) は (2) と同様に成り立つ (問題 24.2)．

(4) は $Z = \begin{pmatrix} A & \boldsymbol{b} \\ -\boldsymbol{b}^T & 1 \end{pmatrix}$ と考えて，(24.25) 式と (24.26) 式のそれぞれの右辺を計算して等しくおけば成り立つことがわかる．□

◇ 問 題 ◇

問題 24.1 A, B, C, D をすべて p 次の正方行列とするとき次式を示せ．
(1) $\begin{vmatrix} AB & AD \\ CB & CD \end{vmatrix} = 0$, (2) $\begin{vmatrix} A & B \\ B & A \end{vmatrix} = |A+B||A-B|$

問題 24.2 (1) (24.26) 式を示せ．
(2) A を p 次の正方行列，D を q 次の正方行列とし，

$$X = \begin{pmatrix} A & B \\ O & D \end{pmatrix}$$

とする．X の固有値は A と D の固有値をあわせたものであることを示せ．

◆━━ 統計学ではこう使う 32 (多変量正規分布の条件付き確率密度関数) ━━◆

$f(x_1, x_2)$ を 2 つの確率変数 x_1 と x_2 の同時確率密度関数, $f(x_1)$ を x_1 の周辺確率密度関数とするとき,

$$f(x_2|x_1) = \frac{f(x_1, x_2)}{f(x_1)} \quad (f(x_1) \neq 0 \text{ のとき}) \tag{24.30}$$

を x_1 が与えられたもとでの x_2 ($x_2|x_1$ と表す) の**条件付き確率密度関数**と呼ぶ. (24.30) 式は次のように表すこともできる.

$$f(x_1, x_2) = f(x_2|x_1) f(x_1) \tag{24.31}$$

(24.30) 式や (24.31) 式は確率変数ベクトルについても同様に定義できる. $\boldsymbol{x}_1$ を p 次元確率変数ベクトル, $\boldsymbol{x}_2$ を q 次元確率変数ベクトルとするとき, $\boldsymbol{x}_1$ が与えられたもとでの $\boldsymbol{x}_2$ の条件付き確率密度関数については次式の関係がある.

$$f(\boldsymbol{x}_2|\boldsymbol{x}_1) = \frac{f(\boldsymbol{x}_1, \boldsymbol{x}_2)}{f(\boldsymbol{x}_1)} \; (f(\boldsymbol{x}_1) \neq 0 \text{ のとき}), \; f(\boldsymbol{x}_1, \boldsymbol{x}_2) = f(\boldsymbol{x}_2|\boldsymbol{x}_1) f(\boldsymbol{x}_1) \tag{24.32}$$

ここで, n 次元正規分布 $N(\boldsymbol{\mu}, \Sigma)$ の (同時) 確率密度関数

$$f(\boldsymbol{x}) = \frac{1}{(2\pi)^{n/2} |\Sigma|^{1/2}} \exp\left\{-\frac{1}{2} (\boldsymbol{x} - \boldsymbol{\mu})^T \Sigma^{-1} (\boldsymbol{x} - \boldsymbol{\mu})\right\} \tag{24.33}$$

について考えよう. $n = p+q$ として, n 次元確率変数ベクトルを $\boldsymbol{x} = (\boldsymbol{x}_1^T, \boldsymbol{x}_2^T)^T$ と分割する. $\boldsymbol{x}_1$ は p 次元確率変数ベクトル, $\boldsymbol{x}_2$ は q 次元確率変数ベクトルである. この分割に対応して, 母平均ベクトル $\boldsymbol{\mu}$ と母分散共分散行列 Σ を次のように分割する.

$$\underset{n\times 1}{\boldsymbol{\mu}} = \begin{pmatrix} \underset{p\times 1}{\boldsymbol{\mu}_1} \\ \underset{q\times 1}{\boldsymbol{\mu}_2} \end{pmatrix}, \quad \underset{n\times n}{\Sigma} = \begin{pmatrix} \underset{p\times p}{\Sigma_{11}} & \underset{p\times q}{\Sigma_{12}} \\ \underset{q\times p}{\Sigma_{21}} & \underset{q\times q}{\Sigma_{22}} \end{pmatrix} \tag{24.34}$$

以下では, 必要な逆行列が存在するものとする. また, $\Sigma_{22 \cdot 1} = \Sigma_{22} - \Sigma_{21} \Sigma_{11}^{-1} \Sigma_{12}$ とおく. なお, $\Sigma_{21} = \Sigma_{12}^T$ である. (24.25) 式より

$$|\Sigma| = |\Sigma_{11}| |\Sigma_{22} - \Sigma_{21} \Sigma_{11}^{-1} \Sigma_{12}| = |\Sigma_{11}| |\Sigma_{22 \cdot 1}| \tag{24.35}$$

となる. また, (24.19) 式より

$$\begin{aligned}(\boldsymbol{x} - \boldsymbol{\mu})^T \Sigma^{-1} (\boldsymbol{x} - \boldsymbol{\mu}) &= ((\boldsymbol{x}_1 - \boldsymbol{\mu}_1)^T, (\boldsymbol{x}_2 - \boldsymbol{\mu}_2)^T) \Sigma^{-1} \begin{pmatrix} \boldsymbol{x}_1 - \boldsymbol{\mu}_1 \\ \boldsymbol{x}_2 - \boldsymbol{\mu}_2 \end{pmatrix} \\ &= (\boldsymbol{x}_1 - \boldsymbol{\mu}_1)^T \Sigma_{11}^{-1} (\boldsymbol{x}_1 - \boldsymbol{\mu}_1) + \{(\boldsymbol{x}_2 - \boldsymbol{\mu}_2) - \Sigma_{21} \Sigma_{11}^{-1} (\boldsymbol{x}_1 - \boldsymbol{\mu}_1)\}^T \\ &\quad \times \Sigma_{22 \cdot 1}^{-1} \{(\boldsymbol{x}_2 - \boldsymbol{\mu}_2) - \Sigma_{21} \Sigma_{11}^{-1} (\boldsymbol{x}_1 - \boldsymbol{\mu}_1)\}\end{aligned} \tag{24.36}$$

となる. これらを (24.33) 式に代入すると次のように表すことができる.

$$f(\boldsymbol{x}) = f(\boldsymbol{x}_1, \boldsymbol{x}_2) = f(\boldsymbol{x}_2|\boldsymbol{x}_1) f(\boldsymbol{x}_1) \tag{24.37}$$

$$f(\boldsymbol{x}_1) = \frac{1}{(2\pi)^{p/2} |\Sigma_{11}|^{1/2}} \exp\left\{-\frac{1}{2} (\boldsymbol{x}_1 - \boldsymbol{\mu}_1)^T \Sigma_{11}^{-1} (\boldsymbol{x}_1 - \boldsymbol{\mu}_1)\right\} \tag{24.38}$$

$$\begin{aligned}f(\boldsymbol{x}_2|\boldsymbol{x}_1) = \frac{1}{(2\pi)^{q/2} |\Sigma_{22 \cdot 1}|^{1/2}} &\exp\Big[-\frac{1}{2} \{(\boldsymbol{x}_2 - \boldsymbol{\mu}_2) - \Sigma_{21} \Sigma_{11}^{-1} (\boldsymbol{x}_1 - \boldsymbol{\mu}_1)\}^T \\ &\times \Sigma_{22 \cdot 1}^{-1} \{(\boldsymbol{x}_2 - \boldsymbol{\mu}_2) - \Sigma_{21} \Sigma_{11}^{-1} (\boldsymbol{x}_1 - \boldsymbol{\mu}_1)\}\Big]\end{aligned} \tag{24.39}$$

ここで, $f(\boldsymbol{x}_1)$ は p 次元正規分布 $N(\boldsymbol{\mu}_1, \Sigma_{11})$ の (同時) 確率密度関数であり, $f(\boldsymbol{x}_2|\boldsymbol{x}_1)$

は q 次元正規分布 $N(\boldsymbol{\mu}_2 + \Sigma_{21}\Sigma_{11}^{-1}(\boldsymbol{x}_1 - \boldsymbol{\mu}_1), \Sigma_{22\cdot 1})$ の (同時) 確率密度関数である.後者において,母平均の部分に $\boldsymbol{x}_1$ が含まれているのは,$\boldsymbol{x}_1$ について条件を付けている (固定している) ことを意味する.

第3部
多変数関数の微積分

　第3部では，多変数関数の微積分を取り扱う．多変数といっても，主に2変数の場合を扱う．2変数の場合を理解すれば，3変数以上の場合の理解は容易である．

　第1部では1変数関数 $y = f(x)$ を考えた．1変数の場合には，変数 x の動く範囲は1つの数直線上である．したがって，x がある値 a に近づく場合，x が a に左から近づくときと右から近づくときを考えればよい．それに対して，2変数関数 $z = f(x, y)$ になると，点 (x, y) がある点 (a, b) に近づく場合，いろいろな方向から近づくことを考える必要がある．しかし，それは面倒なので，x 軸にそった方向から近づくときと y 軸にそった方向から近づくときだけを考えれば十分であるなら便利である．偏微分はそのような考え方に基づくものであり，偏微分を考えれば十分であるという条件が偏導関数の連続性である．このあたりが勉強のポイントの1つである．

　また，1変数関数での"長さ"と"面積"が，2変数関数での"面積"と"体積"に拡張されることを念頭に入れ，重積分を勉強するとよい．

　第3部の内容は，数理統計学の中で，多変数の確率分布において用いられる．多変数になると，共分散，独立性，条件付き分布などの重要な概念が登場する．

　最尤法や多変量解析法における最大値問題や条件付き最大値問題でも第3部の内容が用いられる．ほとんどの統計学の教科書では，偏微分してゼロとおいた式を解けば目的とする最大値ないしは最小値を与える解を得ることができると書かれている．しかし，本来は，ここで述べるように，ヘッセ行列を用いた判定が必要である．

第25講
偏微分と微分

25.1 偏微分の定義

2変数の関数 $z = f(x, y)$ を考える．これは，図25.1に示すように，3次元空間の中の曲面を表す．

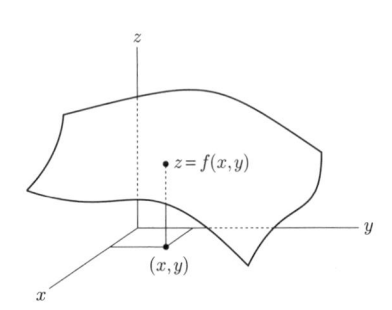

図 25.1 $z = f(x, y)$ の表す曲面

ある点で，$f(x, y)$ を x だけの関数と考えて (y を定数だと考えて) x について微分できるなら，その点で x について**偏微分可能**と呼び，
$$\frac{\partial z}{\partial x}, \quad \frac{\partial f}{\partial x}(x, y), \quad f_x(x, y), \quad f_x \tag{25.1}$$
などと表す．同様に，y について偏微分可能なら，それを
$$\frac{\partial z}{\partial y}, \quad \frac{\partial f}{\partial y}(x, y), \quad f_y(x, y), \quad f_y \tag{25.2}$$
などと表す．ある領域 D のすべての点 (x, y) で偏微分可能のとき，D で偏微分可能と呼び，偏微分したものも関数と考えることができるので，**偏導関数**と呼ぶ．

25.1 偏微分の定義

偏微分は，他方の変数を固定するから，1変数の微分の定義と同じである．

$$\frac{\partial z}{\partial x} = \frac{\partial f}{\partial x}(x,y) = \lim_{\Delta x \to 0} \frac{f(x+\Delta x, y) - f(x,y)}{\Delta x} \tag{25.3}$$

$$\frac{\partial z}{\partial y} = \frac{\partial f}{\partial y}(x,y) = \lim_{\Delta y \to 0} \frac{f(x, y+\Delta y) - f(x,y)}{\Delta y} \tag{25.4}$$

偏導関数をさらに偏微分できるとき，

$$\frac{\partial^2 z}{\partial x^2}, \quad \frac{\partial^2 f}{\partial x^2}(x,y), \quad f_{xx}(x,y), \quad f_{xx} \tag{25.5}$$

$$\frac{\partial^2 z}{\partial y^2}, \quad \frac{\partial^2 f}{\partial y^2}(x,y), \quad f_{yy}(x,y), \quad f_{yy} \tag{25.6}$$

$$\frac{\partial^2 z}{\partial y \partial x}, \quad \frac{\partial^2 f}{\partial y \partial x}(x,y), \quad f_{xy}(x,y), \quad f_{xy} \tag{25.7}$$

$$\frac{\partial^2 z}{\partial x \partial y}, \quad \frac{\partial^2 f}{\partial x \partial y}(x,y), \quad f_{yx}(x,y), \quad f_{yx} \tag{25.8}$$

などと表す．上式の1つ目や2つ目の記号の意味は次のとおりである．

$$\frac{\partial^2 z}{\partial x^2} = \frac{\partial}{\partial x}\left(\frac{\partial z}{\partial x}\right), \quad \frac{\partial^2 f}{\partial x^2}(x,y) = \frac{\partial}{\partial x}\left(\frac{\partial f}{\partial x}(x,y)\right) \tag{25.9}$$

$$\frac{\partial^2 z}{\partial y \partial x} = \frac{\partial}{\partial y}\left(\frac{\partial z}{\partial x}\right), \quad \frac{\partial^2 f}{\partial y \partial x}(x,y) = \frac{\partial}{\partial y}\left(\frac{\partial f}{\partial x}(x,y)\right) \tag{25.10}$$

これらを **2次 (2階) の偏導関数**と呼ぶ．3次以上の偏導関数も同様である．

(例 25.1) 次の関数を偏微分し，さらに2次導関数を求める．

$$f(x,y) = 2x^3 y^4 + 3x - 4y^2 + 1 \tag{25.11}$$

$$\frac{\partial f}{\partial x}(x,y) = f_x(x,y) = 6x^2 y^4 + 3 \tag{25.12}$$

$$\frac{\partial^2 f}{\partial x^2}(x,y) = f_{xx}(x,y) = 12xy^4 \tag{25.13}$$

$$\frac{\partial^2 f}{\partial y \partial x}(x,y) = f_{xy}(x,y) = 24x^2 y^3 \tag{25.14}$$

$$\frac{\partial f}{\partial y}(x,y) = f_y(x,y) = 8x^3 y^3 - 8y \tag{25.15}$$

$$\frac{\partial^2 f}{\partial x \partial y}(x,y) = f_{yx}(x,y) = 24x^2 y^3 \tag{25.16}$$

$$\frac{\partial^2 f}{\partial y^2}(x,y) = f_{yy}(x,y) = 24x^3 y^2 - 8 \tag{25.17}$$

$$f(x,y) = e^{2x}\sqrt{y} - \frac{1}{x}\log y \tag{25.18}$$

$$\frac{\partial f}{\partial x}(x,y) = f_x(x,y) = 2e^{2x}\sqrt{y} + \frac{1}{x^2}\log y \tag{25.19}$$

$$\frac{\partial^2 f}{\partial x^2}(x,y) = f_{xx}(x,y) = 4e^{2x}\sqrt{y} - \frac{2}{x^3}\log y \qquad (25.20)$$

$$\frac{\partial^2 f}{\partial y \partial x}(x,y) = f_{xy}(x,y) = \frac{e^{2x}}{\sqrt{y}} + \frac{1}{x^2 y} \qquad (25.21)$$

$$\frac{\partial f}{\partial y}(x,y) = f_y(x,y) = \frac{e^{2x}}{2\sqrt{y}} - \frac{1}{xy} \qquad (25.22)$$

$$\frac{\partial f}{\partial x \partial y}(x,y) = f_{yx}(x,y) = \frac{e^{2x}}{\sqrt{y}} + \frac{1}{x^2 y} \qquad (25.23)$$

$$\frac{\partial^2 f}{\partial y^2}(x,y) = f_{yy}(x,y) = -\frac{e^{2x}}{4\sqrt{y^3}} + \frac{1}{xy^2} \qquad (25.24)$$

□

例 25.1 で，どちらの場合も $f_{xy} = f_{yx}$ が成り立っている．この関係は，x と y でそれぞれ 1 回ずつ偏微分を行うときどちらを先に偏微分してもよいことを意味している．一般に，**2 次の偏導関数が連続であるとき** $\boldsymbol{f_{xy} = f_{yx}}$ **が成り立つ**．ただし，ここでいう「連続」とは 2 変数関数としての連続性であり，片方の変数を固定したときの連続性ではない．この点については次節で述べる．

25.2　2 変数関数の連続性

4.2 節で 1 変数関数 $f(x)$ の連続性について述べた．$\lim_{x \to a} f(x) = f(a)$ が成り立つとき，$f(x)$ は $x = a$ で連続というのだった．このとき，x が正の方向から a に近づく場合も負の方向から a に近づく場合も $f(a)$ になる必要があった．

この定義の 2 変数関数 $f(x,y)$ への拡張として，$\lim_{x \to a, y \to b} f(x,y) = f(a,b)$ が成り立つとき $f(x,y)$ は $(x,y) = (a,b)$ で**連続**という．ここで，(x,y) は 2 次元平面の点だから，(a,b) への近づけ方はいろいろある．連続であるためには，どのような近づけ方をしても $f(x,y)$ が $f(a,b)$ に近づく必要がある．

(**例 25.2**)　次の関数は $(0,0)$ では連続にならない関数である．

$$f(x,y) = \begin{cases} \dfrac{xy}{x^2 + y^2} & (x,y) \neq (0,0) \text{ のとき} \\ 0 & (x,y) = (0,0) \text{ のとき} \end{cases} \qquad (25.25)$$

(x,y) $(x \neq 0, y \neq 0)$ から $(0,0)$ への近づけ方を次のように考える．(x,y) からいったん (x, mx) $(m \neq 0)$ へ動かし，次に直線 $y = mx$ にそって $(0,0)$ に近づける．この直線上では，

$$f(x, mx) = \frac{mx^2}{x^2 + m^2 x^2} = \frac{m}{1 + m^2} \neq 0 = f(0,0) \quad (25.26)$$

の一定値をとるので，近づけ方 (m の値の違い) によっても異なるし，$m \neq 0$ なら，その極限は $f(0,0)$ にも一致しない．したがって，$f(x,y)$ は $(0,0)$ で連続ではない．

しかし，(25.25) 式の関数は，片方の変数を 0 と固定して残りの変数の関数と考えると $(0,0)$ で連続になる．例えば，(25.25) 式で $y = 0$ と固定すると $f(x, 0) = 0$ だから，$\lim_{x \to 0} f(x, 0) = 0 = f(0, 0)$ となり，$(x, y) = (0, 0)$ で連続である．□

4.2 節で，「**有界閉集合で定義された連続関数は最大値と最小値をとる**」ことを述べた．2 変数以上の関数でも同じことが成り立つ．

25.3　2 変数関数の微分の定義と偏微分との関係

第 5 講で 1 変数関数の微分を定義した．ここでは，その拡張として 2 変数関数の微分を定義する．(5.2) 式を次のように書き換えることができる．

$$f(x + \Delta x) - f(x) = f'(x) \Delta x + o(\Delta x) \quad (25.27)$$

ここで，$o(\Delta x)$ は Δx よりも速くゼロに近づく量である (4.5 節)．微分可能であるためには，Δx は正と負のどちらの方向からゼロに近づいても上式の $f'(x)$ が同じ値になる必要があった．

(25.27) 式の拡張として次式を考える．

$$f(x + \Delta x, y + \Delta y) - f(x, y) = A \Delta x + B \Delta y + o\left(\sqrt{(\Delta x)^2 + (\Delta y)^2}\right) \quad (25.28)$$

(x, y) に対して，ある定数 A と B が存在して，$\Delta x \to 0$，$\Delta y \to 0$ のとき (25.28) 式が成り立つなら，$f(x, y)$ は点 (x, y) で**微分可能**という．ここで，Δx と Δy をどのようにゼロに近づけても定数 A と B は同じ値でなければいけない．

微分可能であれば連続である．それは，(25.28) 式より，$\Delta x \to 0$，$\Delta y \to 0$ のとき，$f(x + \Delta x, y + \Delta y) \to f(x, y)$ となるからである．

微分可能性と偏微分可能性について次の関係がある．

微分と偏微分の関係
(1)　$f(x, y)$ が点 (x, y) で微分可能なら，偏微分可能で次式が成り立つ．

$$A = \frac{\partial f}{\partial x}(x,y), \quad B = \frac{\partial f}{\partial y}(x,y) \qquad (25.29)$$

(2) $f(x,y)$ がある領域 D で偏微分可能であり，それぞれの偏導関数が D で連続なら，$f(x,y)$ は D で微分可能である．

(1) を示す．(25.28) 式において $\Delta y = 0$ とおくと次式を得る．

$$f(x+\Delta x, y) - f(x,y) = A\Delta x + o(\Delta x) \qquad (25.30)$$

(25.3) 式や (25.27) 式と比べると，A は x について偏微分したものであることがわかる．B についても同様である．

(2) が成り立つことの概要を述べる．x のみの関数，y のみの関数と考えて，1 変数関数の平均値の定理 (5.4 節) を用いると

$$\begin{aligned}
&f(x+\Delta x, y+\Delta y) - f(x,y) \\
&= \{f(x+\Delta x, y+\Delta y) - f(x, y+\Delta y)\} + \{f(x, y+\Delta y) - f(x,y)\} \\
&= \frac{\partial f}{\partial x}(c_1(x), y+\Delta y)\Delta x + \frac{\partial f}{\partial y}(x, c_2(y))\Delta y \qquad (25.31)
\end{aligned}$$

となる．ここで，$c_1(x)$ は x と $x+\Delta x$ の間の値，$c_2(y)$ は y と $y+\Delta y$ の間の値である．それぞれの偏導関数が連続なら，(25.31) 式の右辺と $\frac{\partial f}{\partial x}(x,y)\Delta x + \frac{\partial f}{\partial y}(x,y)\Delta y$ の差は $o\left(\sqrt{(\Delta x)^2+(\Delta y)^2}\right)$ 以下であることがいえる．□

1 変数関数 $y = f(x)$ の場合，$x = a$ で微分可能なら

$$y - f(a) = f'(a)(x-a) \qquad (25.32)$$

は $(a, f(a))$ を通る $y = f(x)$ の接線の方程式だった．2 変数関数 $z = f(x,y)$ の場合には，$(x,y) = (a,b)$ で微分可能なら，

$$z - f(a,b) = \frac{\partial f}{\partial x}(a,b)(x-a) + \frac{\partial f}{\partial y}(a,b)(y-b) \qquad (25.33)$$

は $(a, b, f(a,b))$ を通る $z = f(x,y)$ の**接平面**の方程式になる．

◇ 問　　題 ◇

問題 25.1 関数 $f(x,y) = e^{-x}y^2 + xy^3$ について f_x, f_{xx}, f_{xy}, f_y, f_{yx}, f_{yy} を求めよ．

問題 25.2 問題 25.1 の関数に対して，点 $(1, 2, f(1,2))$ を通る接平面の方程式を求めよ．

25.3 2変数関数の微分の定義と偏微分との関係

◆════════ **統計学ではこう使う 33 (2 次元の累積分布関数と確率密度関数)** ════════◆

2つの確率変数 x と y に対して, $F(v,w) = Pr(x \leq v, y \leq w)$ を**同時累積分布関数**と呼ぶ. x と y が連続型確率変数の場合は, 偏微分可能ならば, $f(v,w) = \dfrac{\partial^2 F}{\partial v \partial w}(v,w)$ を**同時確率密度関数**と呼ぶ.

══

◆════════ **統計学ではこう使う 34 (最尤推定量の導出)** ════════◆

確率変数 $x_1, x_2, \cdots, x_n$ がたがいに独立に正規分布 $N(\mu, \sigma^2)$ に従っているとする. これらの同時確率密度関数は次のようになる.

$$f(x_1, x_2, \cdots, x_n; \mu, \sigma^2) = \prod_{i=1}^{n} \frac{1}{\sqrt{2\pi}\sigma} \exp\left\{-\frac{(x_i - \mu)^2}{2\sigma^2}\right\}$$

$$= \left(\frac{1}{\sqrt{2\pi}\sigma}\right)^n \exp\left\{-\sum_{i=1}^{n} \frac{(x_i - \bar{x} + \bar{x} - \mu)^2}{2\sigma^2}\right\}$$

$$= \left(\frac{1}{\sqrt{2\pi}\sigma}\right)^n \exp\left\{-\frac{S_{xx} + n(\bar{x} - \mu)^2}{2\sigma^2}\right\} \quad (25.34)$$

ここで, $S_{xx} = \sum_{i=1}^{n}(x_i - \bar{x})^2$ (平方和) である. (25.34) 式を母数 μ, σ^2 の関数と考えて**尤度関数**と呼ぶ. 対数尤度関数は次のようになる.

$$L(\mu, \sigma^2) = \log f(x_1, x_2, \cdots, x_n; \mu, \sigma^2)$$

$$= -\frac{n}{2}\log 2\pi - \frac{n}{2}\log \sigma^2 - \frac{S_{xx}}{2\sigma^2} - \frac{n(\bar{x}-\mu)^2}{2\sigma^2} \quad (25.35)$$

対数尤度関数を μ と σ^2 で偏微分してゼロとおく.

$$\frac{\partial L}{\partial \mu}(\mu, \sigma^2) = \frac{n(\bar{x}-\mu)}{\sigma^2} = 0 \quad (25.36)$$

$$\frac{\partial L}{\partial \sigma^2}(\mu, \sigma^2) = -\frac{n}{2\sigma^2} + \frac{S_{xx}}{2\sigma^4} + \frac{n(\bar{x}-\mu)^2}{2\sigma^4} = 0 \quad (25.37)$$

これを**対数尤度方程式**または**尤度方程式**と呼ぶ. 尤度方程式の解として $\mu = \bar{x}$, $\sigma^2 = S_{xx}/n$ を得るので, $\hat{\mu} = \bar{x}$, $\hat{\sigma}^2 = S_{xx}/n$ を最尤推定量と呼ぶ.

次講で極値を調べる一般的な方法を説明するが, ここでは次のようにして $\mu = \bar{x}$, $\sigma^2 = S_{xx}/n$ が実際に $L(\mu, \sigma^2)$ を最大にすることを示しておこう. (25.35) 式は

$$L(\mu, \sigma^2) \leq -\frac{n}{2}\log 2\pi - \frac{n}{2}\log \sigma^2 - \frac{S_{xx}}{2\sigma^2} \quad (25.38)$$

を満たす. (25.38) 式の右辺を σ^2 の 1 変数関数と考えると, 微分して増減を調べることより, $\sigma^2 = S_{xx}/n$ のときに最大値 $= -(n/2)(\log 2\pi + \log(S_{xx}/n) + 1)$ をとることがわかる. 一方, $\mu = \bar{x}$, $\sigma^2 = S_{xx}/n$ のとき $L(\mu, \sigma^2)$ の値は $-(n/2)(\log 2\pi + \log(S_{xx}/n) + 1)$ である. したがって, $\mu = \bar{x}$, $\sigma^2 = S_{xx}/n$ のとき $L(\mu, \sigma^2)$ は最大になる.

第 26 講
テイラーの公式と極値問題

26.1 合成関数の微分法

5.2 節で 1 変数関数の合成関数の微分法について述べた.ここでは,2 変数関数の合成関数の微分を考える.以下では,「偏導関数が連続とする」という仮定が必要でない場合もある.しかし,実際にはそのように仮定できる関数を考えることがほとんどなので,この仮定を前提とする.

> **合成関数の微分法**
> $z = f(x, y)$ は微分可能で偏導関数が連続とする.
> (1) $x = \phi(s, t)$, $y = \psi(s, t)$ は微分可能で偏導関数が連続とする.このとき,合成関数 $z = f(\phi(s,t), \psi(s,t))$ は微分可能であり,次式が成り立つ.
> $$\frac{\partial f}{\partial s}(\phi(s,t), \psi(s,t)) = \frac{\partial f}{\partial x}(x,y)\frac{\partial \phi}{\partial s}(s,t) + \frac{\partial f}{\partial y}(x,y)\frac{\partial \psi}{\partial s}(s,t) \tag{26.1}$$
> $$\frac{\partial f}{\partial t}(\phi(s,t), \psi(s,t)) = \frac{\partial f}{\partial x}(x,y)\frac{\partial \phi}{\partial t}(s,t) + \frac{\partial f}{\partial y}(x,y)\frac{\partial \psi}{\partial t}(s,t) \tag{26.2}$$
> (2) $x = \phi(t)$, $y = \psi(t)$ は微分可能で導関数が連続とする.このとき,合成関数 $z = f(\phi(t), \psi(t))$ は微分可能であり,次式が成り立つ.
> $$\frac{df}{dt}(\phi(t), \psi(t)) = \frac{\partial f}{\partial x}(x,y)\frac{d\phi}{dt}(t) + \frac{\partial f}{\partial y}(x,y)\frac{d\psi}{dt}(t) \tag{26.3}$$

(26.1)〜(26.3) 式を次のように簡便に表すこともある.これらを **連鎖律 (チェインルール)** と呼ぶ.

$$\frac{\partial f}{\partial s} = \frac{\partial f}{\partial x}\frac{\partial \phi}{\partial s} + \frac{\partial f}{\partial y}\frac{\partial \psi}{\partial s} = \frac{\partial f}{\partial x}\frac{\partial x}{\partial s} + \frac{\partial f}{\partial y}\frac{\partial y}{\partial s} \qquad (26.4)$$

$$\frac{\partial f}{\partial t} = \frac{\partial f}{\partial x}\frac{\partial \phi}{\partial t} + \frac{\partial f}{\partial y}\frac{\partial \psi}{\partial t} = \frac{\partial f}{\partial x}\frac{\partial x}{\partial t} + \frac{\partial f}{\partial y}\frac{\partial y}{\partial t} \qquad (26.5)$$

$$\frac{df}{dt} = \frac{\partial f}{\partial x}\frac{d\phi}{dt} + \frac{\partial f}{\partial y}\frac{d\psi}{dt} = \frac{\partial f}{\partial x}\frac{dx}{dt} + \frac{\partial f}{\partial y}\frac{dy}{dt} \qquad (26.6)$$

(26.1) 式の証明の概要を示す．(25.28) 式より，

$$\begin{aligned}
&f(\phi(s+\Delta s,t),\psi(s+\Delta s,t)) - f(\phi(s,t),\psi(s,t)) \\
&\approx \frac{\partial f}{\partial x}(\phi(s,t),\psi(s,t))\{\phi(s+\Delta s,t) - \phi(s,t)\} \\
&\quad + \frac{\partial f}{\partial y}(\phi(s,t),\psi(s,t))\{\psi(s+\Delta s,t) - \psi(s,t)\} \\
&\approx \frac{\partial f}{\partial x}(\phi(s,t),\psi(s,t))\frac{\partial \phi}{\partial s}(s,t)\Delta s + \frac{\partial f}{\partial y}(\phi(s,t),\psi(s,t))\frac{\partial \psi}{\partial s}(s,t)\Delta s
\end{aligned}$$
$$(26.7)$$

上式の両辺を Δs で割って，$\Delta s \to 0$ とすれば，(26.1) 式を得る．

(26.2) 式も同様に示すことができる．また，(26.3) 式は，(26.2) 式で $\phi(s,t) = \phi(t)$, $\psi(s,t) = \psi(t)$ とした特別な場合である． □

26.2 テイラーの公式

7.1 節で，1 変数関数 $y = f(x)$ についてテイラーの公式を述べた．ここでは，2 変数関数 $z = f(x,y)$ について 2 次までのテイラーの公式を紹介する．

テイラーの公式 (2 次まで)

$z = f(x,y)$ は 3 次まで微分可能で，その偏導関数は連続とする．
$$\begin{aligned}
f(x,y) = {} & f(a,b) + \frac{\partial f}{\partial x}(a,b)(x-a) + \frac{\partial f}{\partial y}(a,b)(y-b) \\
& + \frac{1}{2}\frac{\partial^2 f}{\partial x^2}(a,b)(x-a)^2 + \frac{1}{2}\frac{\partial^2 f}{\partial y^2}(a,b)(y-b)^2 \\
& + \frac{\partial^2 f}{\partial x \partial y}(a,b)(x-a)(y-b) + R_3(x,y) \qquad (26.8)
\end{aligned}$$
ここで，$R_3(x,y)$ は**剰余項**である．

(26.8) 式を導く．

$$F(t) = f(a+th, b+tk) \tag{26.9}$$

とおく. $F(t)$ を t の関数 (1変数関数) と考えて 0 のまわりでテイラーの公式 ((7.1) 式) を $n=3$ まで適用すると次のようになる.

$$F(t) = F(0) + \frac{F'(0)}{1!}t + \frac{F''(0)}{2!}t^2 + \frac{F^{(3)}(\theta t)}{3!}t^3 \tag{26.10}$$

ここで, $0 < \theta < 1$ である. これより, 次式が成り立つ.

$$F(1) = F(0) + \frac{F'(0)}{1!} + \frac{F''(0)}{2!} + \frac{F^{(3)}(\theta)}{3!} \tag{26.11}$$

(26.3) 式で $x = \phi(t) = a + th$, $y = \psi(t) = b + tk$ とおくと,

$$F'(t) = \frac{\partial f}{\partial x}(x,y)h + \frac{\partial f}{\partial y}(x,y)k \tag{26.12}$$

$$F''(t) = \frac{\partial^2 f}{\partial x^2}(x,y)h^2 + \frac{\partial^2 f}{\partial y^2}(x,y)k^2 + 2\frac{\partial^2 f}{\partial x \partial y}(x,y)hk \tag{26.13}$$

を得る. $t=0$ とおくと $x = \phi(0) = a$, $y = \psi(0) = b$ であり, これらを (26.12) 式と (26.13) 式に代入する. さらに, (26.12) 式と (26.13) 式において $h = x - a$, $k = y - b$ と書き直して (26.11) 式に代入すると (26.8) 式を得る. □

(25.5)～(25.8) 式の記号を用いて (26.8) 式を次のように表現する.

$$f(x,y) = f(a,b) + (f_x(a,b), f_y(a,b))\begin{pmatrix} x-a \\ y-b \end{pmatrix}$$
$$+ \frac{1}{2}(x-a, y-b)\begin{pmatrix} f_{xx}(a,b) & f_{xy}(a,b) \\ f_{xy}(a,b) & f_{yy}(a,b) \end{pmatrix}\begin{pmatrix} x-a \\ y-b \end{pmatrix} + R_3(x,y) \tag{26.14}$$

上式に現れた 2×2 行列を $f(x,y)$ の (a,b) における**ヘッセ行列**と呼ぶ.

テイラーの公式の特別の場合として 2 変数関数の平均値の定理を得る.

---

2 変数関数の平均値の定理

$z = f(x,y)$ は微分可能で, 偏導関数は連続とする.

$$f(x,y) = f(a,b) + \frac{\partial f}{\partial x}(c(x), d(y))(x-a) + \frac{\partial f}{\partial y}(c(x), d(y))(y-b) \tag{26.15}$$

$c(x)$ は a と x の間の数であり, $d(y)$ は b と y の間の数である.

(26.15) 式の右辺の第 2 項と第 3 項はテイラーの公式を 0 次で表したときの剰余項である. また, $f(x,y)$ が 2 次まで微分可能で, その偏導関数は連続とすると

$$f(x,y) = f(a,b) + \frac{\partial f}{\partial x}(a,b)(x-a) + \frac{\partial f}{\partial y}(a,b)(y-b)$$
$$+ \frac{1}{2}\frac{\partial^2 f}{\partial x^2}(c(x),d(y))(x-a)^2 + \frac{1}{2}\frac{\partial^2 f}{\partial y^2}(c(x),d(y))(y-b)^2$$
$$+ \frac{\partial^2 f}{\partial x \partial y}(c(x),d(y))(x-a)(y-b) \qquad (26.16)$$

と表すこともできる．$c(x)$ は a と x の間の数であり，$d(y)$ は b と y の間の数である．(26.16) 式の右辺の第 4 項～第 6 項はテイラーの公式を 1 次で表したときの剰余項である．

26.3 極値の判定方法

6.1 節で，1 変数関数 $y = f(x)$ の極値の判定方法を述べた．$f'(x) = 0$ の実数解を $x = a$ とするとき，$f''(a)$ の符号より極大・極小を判定することができた．

本節では，2 変数関数 $z = f(x,y)$ の極値の判定方法を述べる．$f(x,y)$ を偏微分してゼロとおいたときの実数解を $(x,y) = (a,b)$ とする．すなわち，

$$\frac{\partial f}{\partial x}(a,b) = f_x(a,b) = 0, \quad \frac{\partial f}{\partial y}(a,b) = f_y(a,b) = 0 \qquad (26.17)$$

である．このとき，点 $(x,y) = (a,b)$ が極値の候補となる．

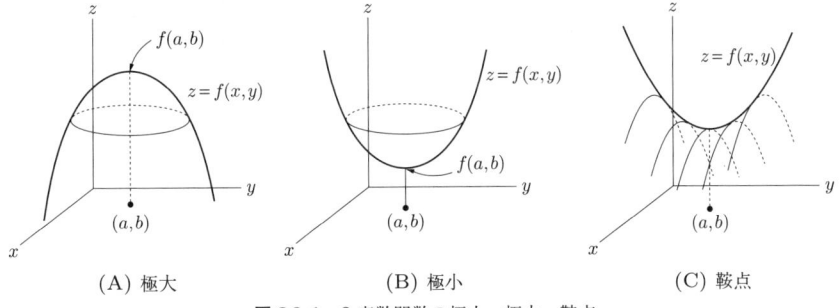

(A) 極大　　　　(B) 極小　　　　(C) 鞍点

図 26.1 2 変数関数の極小・極大・鞍点

いくつかの可能性を図 26.1 に示す．図 26.1(A) では (a,b) の近くで $f(x,y) \leq f(a,b)$ なので (a,b) で極大値をとる．図 26.1(B) では (a,b) の近くで $f(x,y) \geq f(a,b)$ なので (a,b) で極小値をとる．図 26.1(C) では，(a,b) で x 軸方向では極大値をとり，y 軸方向では極小値をとるので，$f(a,b)$ は極小にも極大にもならな

い．馬の鞍のような形なので (a,b) は**鞍点**と呼ばれる．このほかにも，$f(x,y) = x^3 + y^3$ のように $(0,0)$ におけるそれぞれの偏微分はゼロになるが，極小にも極大にもならない場合もある．

極値の判定方法を述べる．

極値の判定方法 1

$z = f(x,y)$ は 2 次まで微分可能で，2 次の偏導関数は連続とする．(26.17) 式が成り立つとする．このとき，次が成り立つ．

(1) (a,b) でのヘッセ行列の固有値がすべて負なら (a,b) で極大になる．

(2) (a,b) でのヘッセ行列の固有値がすべて正なら (a,b) で極小になる．

(3) (a,b) でのヘッセ行列の固有値が正と負なら (a,b) は鞍点になる．

---

(1)～(3) 以外のときは判定できない．

3 変数以上の関数についても同様の性質が成り立つ．

この判定方法 (1) が成り立つ概要は次のとおりである．(26.17) 式より (26.16) 式の第 2 項と第 3 項がゼロになる．(a,b) に十分近い (x,y) に対しては，(26.14) 式の右辺のヘッセ行列を含む 2 次形式の符号と，(26.16) 式の右辺の第 4 項～第 6 項をあわせたものの符号は同じと考えることができる．ヘッセ行列を (対称行列の) 対角化 (23.1 節) すると (26.14) 式の 2 次形式の部分は次のように表すことができる．

$$(x-a, y-b)W \begin{pmatrix} \lambda_1 & 0 \\ 0 & \lambda_2 \end{pmatrix} W^T \begin{pmatrix} x-a \\ y-b \end{pmatrix}$$

$$= (h', k') \begin{pmatrix} \lambda_1 & 0 \\ 0 & \lambda_2 \end{pmatrix} \begin{pmatrix} h' \\ k' \end{pmatrix} = \lambda_1 h'^2 + \lambda_2 k'^2 \qquad (26.18)$$

$\lambda_1 < 0, \lambda_2 < 0$ (ヘッセ行列が負定値行列) なら (26.18) 式の 2 次形式は負になり，(a,b) に十分近い (x,y) に対して

$$f(x,y) \leq f(a,b) \qquad (26.19)$$

となる．したがって，(a,b) で極大になる．判定方法 (2) についても同様である．

判定方法 (3) の場合は次のように考える．$\lambda_1 > 0, \lambda_2 < 0$ とする．$h' = 0$ なら (26.18) 式は負になるので，$k' \to 0$ の方向では極大となる．一方，$k' = 0$ なら (26.18) 式は正になるので，$h' \to 0$ の方向では極小となる．(a,b) に近づける方向により極大・極小が変わるので鞍点になる．□

26.3 極値の判定方法

2変数の場合には，(26.14) 式の右辺のヘッセ行列が負定値行列か正定値行列かいずれでもないかについて，より次の直接的な判定方法がある（証明は問題 26.1).

極値の判定方法 2

$z = f(x, y)$ は 2 次まで微分可能で，2 次の偏導関数は連続とする．(26.17) 式が成り立つとする．(26.14) 式において，$A = f_{xx}(a, b)$, $B = f_{xy}(a, b)$, $C = f_{yy}(a, b)$ とおくとき，次が成り立つ．
(1) $A < 0$, $AC > B^2$ なら (a, b) で極大になる．
(2) $A > 0$, $AC > B^2$ なら (a, b) は極小になる．
(3) $AC < B^2$ なら (a, b) で鞍点になる．

(**例 26.1**) $f(x, y) = x^3 + y^3 - 3xy$ の極値を求める．

$f_x = 3x^2 - 3y = 0$, $f_y = 3y^2 - 3x = 0$ の実数解を求めると $(x, y) = (0, 0)$, $(1, 1)$ となる．$f_{xx} = 6x$, $f_{xy} = -3$, $f_{yy} = 6y$ である．

$(0, 0)$ は，$A = 0$, $B = -3$, $C = 0$ より $AC < B^2$ となるから鞍点である．

$(1, 1)$ は，$A = 6 > 0$, $B = -3$, $C = 6$ より $AC > B^2$ となるから，この点で極小になる．□

(**例 26.2**) $f(x, y) = x^2 + xy + y^2 - 7x - 2y$ の極値を求める．

$f_x = 2x + y - 7 = 0$, $f_y = x + 2y - 2 = 0$ を解くと $(x, y) = (4, -1)$ となる．$f_{xx} = 2$, $f_{xy} = 1$, $f_{yy} = 2$ である．$A = 2 > 0$, $B = 1$, $C = 2$ より $AC > B^2$ となるから $(4, -1)$ で極小になる．□

例 26.2 からわかるように，$f(x, y)$ が x と y についての 2 次関数なら，$f_x = 0$, $f_y = 0$ は 1 次の連立方程式となる．また，2 次の偏導関数は定数になり，テイラーの公式 (26.8) 式の剰余項は $R_3(x, y) = 0$ となる．したがって，ヘッセ行列が例えば負定値行列なら (x, y) のすべての領域で $f(x, y) \leq f(a, b)$ が成り立つので，点 (a, b) は最大値を与える．すなわち，$f(x, y)$ が x と y についての 2 次関数のときは判定方法 1 または 2 により，(a, b) で極大値と判定されるならその点で最大値を，極小値と判定されるのならその点で最小値をとる．

◇ 問　　　題 ◇

問題 26.1　極値の判定方法 2 を示せ.

問題 26.2　次の関数の極値を求めよ.
(1)　$f(x,y) = x^3 + xy^2 + 2x^2 + y^2$
(2)　$f(x,y) = 2x^2 - 2xy + y^2 - 2x - 2y$

◆━━━━━ **統計学ではこう使う 35 (単回帰分析の最小 2 乗法)** ━━━━━◆

n 組の $(x_1, y_1), (x_2, y_2), \cdots, (x_n, y_n)$ に対して次の**単回帰モデル**を仮定する.

$$y_i = \beta_0 + \beta_1 x_i + \varepsilon_i, \quad \varepsilon_i \sim N(0, \sigma^2) \quad (i = 1, 2, \cdots, n) \tag{26.20}$$

最小 2 乗法により β_0 と β_1 を推定する. 残差平方和 S_e を

$$S_e = \sum_{i=1}^{n} \left\{ y_i - \left(\hat{\beta}_0 + \hat{\beta}_1 x_i \right) \right\}^2 \tag{26.21}$$

と定義し, これを最小にする $\hat{\beta}_0$ と $\hat{\beta}_1$ を求める. S_e を $\hat{\beta}_0$ と $\hat{\beta}_1$ のそれぞれで偏微分してゼロとおく.

$$\frac{\partial S_e}{\partial \hat{\beta}_0} = -2 \sum_{i=1}^{n} \left\{ y_i - \left(\hat{\beta}_0 + \hat{\beta}_1 x_i \right) \right\} = 0 \tag{26.22}$$

$$\frac{\partial S_e}{\partial \hat{\beta}_1} = -2 \sum_{i=1}^{n} x_i \left\{ y_i - \left(\hat{\beta}_0 + \hat{\beta}_1 x_i \right) \right\} = 0 \tag{26.23}$$

この連立方程式を解くと, $\hat{\beta}_1 = S_{xy}/S_{xx}$, $\hat{\beta}_0 = \bar{y} - \hat{\beta}_1 \bar{x}$ を得る. ただし, $S_{xx} = \sum_{i=1}^{n}(x_i - \bar{x})^2$, $S_{xy} = \sum_{i=1}^{n}(x_i - \bar{x})(y_i - \bar{y})$ である.

次に, S_e の 2 次の偏導関数を求めると次のようになる.

$$\frac{\partial^2 S_e}{\partial \hat{\beta}_0^2} = 2n, \quad \frac{\partial^2 S_e}{\partial \hat{\beta}_0 \partial \hat{\beta}_1} = 2 \sum_{i=1}^{n} x_i, \quad \frac{\partial^2 S_e}{\partial \hat{\beta}_1^2} = 2 \sum_{i=1}^{n} x_i^2 \tag{26.24}$$

$A = 2n > 0$, $B = 2 \sum x_i$, $C = 2 \sum x_i^2$ であり, $AC - B^2 = 4n\{\sum x_i^2 - (\sum x_i)^2/n\} = 4nS_{xx} > 0$ となるので, 極小値を与える. S_e は $\hat{\beta}_0$ と $\hat{\beta}_1$ についての 2 次関数なので, 例 26.2 の後に述べたことより, 最小値を与える.

第 27 講

ベクトル微分と条件付き極値問題

27.1 ベクトルによる偏微分

2変数関数 $z = f(x_1, x_2)$ をベクトル $\boldsymbol{x} = (x_1, x_2)^T$ の関数 $z = f(\boldsymbol{x})$ と考える.このとき,関数 $z = f(\boldsymbol{x})$ の $\boldsymbol{x}$ (縦ベクトル) および $\boldsymbol{x}^T$ (横ベクトル) による偏微分を次のように定義する.

$$\frac{\partial f}{\partial \boldsymbol{x}}(\boldsymbol{x}) = \begin{pmatrix} \dfrac{\partial f}{\partial x_1}(\boldsymbol{x}) \\ \dfrac{\partial f}{\partial x_2}(\boldsymbol{x}) \end{pmatrix}, \quad \frac{\partial f}{\partial \boldsymbol{x}^T}(\boldsymbol{x}) = \left(\frac{\partial f}{\partial x_1}(\boldsymbol{x}), \frac{\partial f}{\partial x_2}(\boldsymbol{x}) \right) \quad (27.1)$$

さらに,2次の偏微分を次のように定義する.これは,(26.14) 式で現れたヘッセ行列に対応する.

$$\frac{\partial^2 f}{\partial \boldsymbol{x} \partial \boldsymbol{x}^T}(\boldsymbol{x}) = \frac{\partial}{\partial \boldsymbol{x}} \left(\frac{\partial f}{\partial \boldsymbol{x}^T}(\boldsymbol{x}) \right) = \begin{pmatrix} \dfrac{\partial}{\partial x_1} \\ \dfrac{\partial}{\partial x_2} \end{pmatrix} \left(\frac{\partial f}{\partial x_1}(\boldsymbol{x}), \frac{\partial f}{\partial x_2}(\boldsymbol{x}) \right)$$

$$= \begin{pmatrix} \dfrac{\partial^2 f}{\partial x_1^2}(\boldsymbol{x}) & \dfrac{\partial^2 f}{\partial x_1 \partial x_2}(\boldsymbol{x}) \\ \dfrac{\partial^2 f}{\partial x_2 \partial x_1}(\boldsymbol{x}) & \dfrac{\partial^2 f}{\partial x_2^2}(\boldsymbol{x}) \end{pmatrix} \quad (27.2)$$

p 変数になった場合も同様に定義できる.

関数 $f(\boldsymbol{x})$ として内積と2次形式を考えて,それらの偏微分の公式を示す.

内積と2次形式の偏微分公式

$\boldsymbol{x}$ を2次元ベクトル,$\boldsymbol{a}$ を2次元の定数ベクトル,A を2次の対称行列とする.次式が成り立つ.

$$\frac{\partial \boldsymbol{x}^T \boldsymbol{a}}{\partial \boldsymbol{x}} = \frac{\partial \boldsymbol{a}^T \boldsymbol{x}}{\partial \boldsymbol{x}} = \boldsymbol{a}, \quad \frac{\partial^2 \boldsymbol{x}^T \boldsymbol{a}}{\partial \boldsymbol{x} \partial \boldsymbol{x}^T} = \frac{\partial^2 \boldsymbol{a}^T \boldsymbol{x}}{\partial \boldsymbol{x} \partial \boldsymbol{x}^T} = O \quad (27.3)$$

$$\frac{\partial \boldsymbol{x}^T A \boldsymbol{x}}{\partial \boldsymbol{x}} = 2A\boldsymbol{x}, \qquad \frac{\partial^2 \boldsymbol{x}^T A \boldsymbol{x}}{\partial \boldsymbol{x} \partial \boldsymbol{x}^T} = 2A \qquad (27.4)$$

p 次元の場合についても (27.3) 式, (27.4) 式がそのまま成り立つ.

(27.3) 式, (27.4) 式を示す. 2 次元のベクトルと行列を次のように定義する.

$$\boldsymbol{x} = \begin{pmatrix} x_1 \\ x_2 \end{pmatrix}, \quad \boldsymbol{a} = \begin{pmatrix} a_1 \\ a_2 \end{pmatrix}, \quad A = \begin{pmatrix} a & b \\ b & c \end{pmatrix} \qquad (27.5)$$

$\boldsymbol{x}^T \boldsymbol{a} = \boldsymbol{a}^T \boldsymbol{x} = a_1 x_1 + a_2 x_2$ だから,

$$\frac{\partial \boldsymbol{x}^T \boldsymbol{a}}{\partial \boldsymbol{x}} = \frac{\partial \boldsymbol{a}^T \boldsymbol{x}}{\partial \boldsymbol{x}} = \begin{pmatrix} \dfrac{\partial \boldsymbol{x}^T \boldsymbol{a}}{\partial x_1} \\ \dfrac{\partial \boldsymbol{x}^T \boldsymbol{a}}{\partial x_2} \end{pmatrix} = \begin{pmatrix} a_1 \\ a_2 \end{pmatrix} = \boldsymbol{a} \qquad (27.6)$$

となる. これらは定数ベクトルだから, さらに偏微分するとゼロ行列になる.

次に, $\boldsymbol{x}^T A \boldsymbol{x} = a x_1^2 + 2b x_1 x_2 + c x_2^2$ だから,

$$\frac{\partial \boldsymbol{x}^T A \boldsymbol{x}}{\partial \boldsymbol{x}} = \begin{pmatrix} \dfrac{\partial \boldsymbol{x}^T A \boldsymbol{x}}{\partial x_1} \\ \dfrac{\partial \boldsymbol{x}^T A \boldsymbol{x}}{\partial x_2} \end{pmatrix} = \begin{pmatrix} 2a x_1 + 2b x_2 \\ 2b x_1 + 2c x_2 \end{pmatrix}$$

$$= 2 \begin{pmatrix} a & b \\ b & c \end{pmatrix} \begin{pmatrix} x_1 \\ x_2 \end{pmatrix} = 2A\boldsymbol{x} \qquad (27.7)$$

$$\frac{\partial^2 \boldsymbol{x}^T A \boldsymbol{x}}{\partial \boldsymbol{x} \partial \boldsymbol{x}^T} = \begin{pmatrix} \dfrac{\partial^2 \boldsymbol{x}^T A \boldsymbol{x}}{\partial x_1^2} & \dfrac{\partial^2 \boldsymbol{x}^T A \boldsymbol{x}}{\partial x_1 \partial x_2} \\ \dfrac{\partial^2 \boldsymbol{x}^T A \boldsymbol{x}}{\partial x_2 \partial x_1} & \dfrac{\partial^2 \boldsymbol{x}^T A \boldsymbol{x}}{\partial x_2^2} \end{pmatrix} = \begin{pmatrix} 2a & 2b \\ 2b & 2c \end{pmatrix} = 2A \qquad (27.8)$$

が成り立つ. □

27.2 条件付き極値問題

条件 $g(x, y) = 0$ のもとで $z = f(x, y)$ の極値を求めることを**条件付き極値問題**という. このときの有力な方法が**ラグランジュ乗数法**である.

ラグランジュ乗数法

$f(x, y)$ と $g(x, y)$ は微分可能で, 偏導関数は連続とする. $g(x, y) = 0$ 上で $(g_x, g_y)^T \neq \boldsymbol{0}$ とする. $g(x, y) = 0$ の条件のもとで (a, b) が $z = f(x, y)$ の極値であるとき, ある数 λ が存在して次式が成り立つ.

27.2 条件付き極値問題

$$\frac{\partial f}{\partial x}(a,b) - \lambda \frac{\partial g}{\partial x}(a,b) = 0, \quad \frac{\partial f}{\partial y}(a,b) - \lambda \frac{\partial g}{\partial y}(a,b) = 0 \qquad (27.9)$$

λ を**ラグランジュ乗数**と呼ぶ．解法の手順は次のように行う．

$$F(x,y;\lambda) = f(x,y) - \lambda g(x,y) \qquad (27.10)$$

とおく．これを x と y で偏微分してゼロとおくと (27.9) 式の連立方程式を得る．そして，その解を求めればよい．ただし，(27.9) 式は (a,b) が極値であることの必要条件であり，(27.9) 式の解が極値を与えるとは限らない．

条件式が複数あるときは，それぞれにラグランジュ乗数を掛けて (27.10) 式と同様の関数を作ればよい．例えば 3 変数ある場合に，$g_1(x,y,z) = 0$, $g_2(x,y,z) = 0$ の 2 つの条件のもとで $f(x,y,z)$ の極値を求めたいときは，

$$F(x,y,z;\lambda_1,\lambda_2) = f(x,y,z) - \lambda_1 g_1(x,y,z) - \lambda_2 g_2(x,y,z) \qquad (27.11)$$

として，これを x, y, z のそれぞれで偏微分してゼロとおく．

ラグランジュ乗数法が成立する概要を示す．条件 $g(x,y) = 0$ より $y = \phi(x)$ と表す ($g_y \neq 0$ となる点では**陰関数の定理**(本書では詳細を述べない) よりこう表すことができる)．これより，$g(x,\phi(x)) = 0$ だから，(26.3) 式を用いると

$$\frac{\partial g}{\partial x}(x,\phi(x)) + \frac{\partial g}{\partial y}(x,\phi(x))\phi'(x) = 0 \qquad (27.12)$$

となる．一方，$f(x,\phi(x))$ の極値を求めるため x で微分してゼロとおく．やはり (26.3) 式を用いて次式を得る．

$$\frac{\partial f}{\partial x}(x,\phi(x)) + \frac{\partial f}{\partial y}(x,\phi(x))\phi'(x) = 0 \qquad (27.13)$$

(27.12) 式と (27.13) 式より $\phi'(x)$ を消去すれば

$$\frac{\dfrac{\partial f}{\partial x}(x,y)}{\dfrac{\partial g}{\partial x}(x,y)} = \dfrac{\dfrac{\partial f}{\partial y}(x,y)}{\dfrac{\partial g}{\partial y}(x,y)} \qquad (27.14)$$

となるから，(27.14) 式の両辺を λ とおき，極値をとる点を $(x,y) = (a,b)$ とおくと，(27.9) 式を得る．□

(**例 27.1**) $x^2 + y^2 = 1$ の条件のもとで $f(x,y) = 2x^2 - 2\sqrt{2}xy + 3y^2$ の極値を求める．次のようにおく．

$$F(x,y;\lambda) = 2x^2 - 2\sqrt{2}xy + 3y^2 - \lambda(x^2 + y^2 - 1) \qquad (27.15)$$

偏微分してゼロとおく．

$$F_x = 4x - 2\sqrt{2}y - 2\lambda x = 0, \quad F_y = -2\sqrt{2}x + 6y - 2\lambda y = 0 \quad (27.16)$$

(27.16) 式は次のように表現することができる．

$$\begin{pmatrix} 2 & -\sqrt{2} \\ -\sqrt{2} & 3 \end{pmatrix} \begin{pmatrix} x \\ y \end{pmatrix} = \lambda \begin{pmatrix} x \\ y \end{pmatrix} \quad (27.17)$$

すなわち，行列の固有値・固有ベクトルを求める問題になる．

(27.17) 式の両辺に 2 次元の横ベクトル (x, y) を左から掛けると

$$2x^2 - 2\sqrt{2}xy + 3y^2 = \lambda(x^2 + y^2) = \lambda \quad (27.18)$$

となるから，$f(x, y) = 2x^2 - 2\sqrt{2}xy + 3y^2$ の極値（いまの場合は最大値と最小値）は最大固有値および最小固有値に対応する．そして，それらを与える点 (x, y) は $x^2 + y^2 = 1$ の条件より長さ 1 の固有ベクトルに対応する．

固有値は $\lambda = 4, 1$ であり，対応する長さ 1 の固有ベクトルは $(\sqrt{3}/3, -\sqrt{6}/3)^T$, $(\sqrt{6}/3, \sqrt{3}/3)^T$ である．したがって，$(x, y) = (\sqrt{3}/3, -\sqrt{6}/3)$ のときに最大値 4 をとり，$(x, y) = (\sqrt{6}/3, \sqrt{3}/3)$ のときに最小値 1 をとる．□

(**例 27.2**)　(27.5) 式の $\boldsymbol{x}$ と A に対して，条件 $\boldsymbol{x}^T\boldsymbol{x} = 1$ のもとで $f(x, y) = \boldsymbol{x}^T A \boldsymbol{x}$ の極値を求める．次のようにおく．

$$F(\boldsymbol{x}; \lambda) = \boldsymbol{x}^T A \boldsymbol{x} - \lambda(\boldsymbol{x}^T \boldsymbol{x} - 1) \quad (27.19)$$

$\boldsymbol{x}$ で偏微分してゼロベクトルに等しいとおくと

$$\frac{\partial F}{\partial \boldsymbol{x}}(\boldsymbol{x}; \lambda) = 2A\boldsymbol{x} - 2\lambda \boldsymbol{x} = \boldsymbol{0} \quad (27.20)$$

となる．これより，$A\boldsymbol{x} = \lambda \boldsymbol{x}$ であり，行列の固有値・固有ベクトルを求める問題になる．この両辺に $\boldsymbol{x}^T$ を左から掛けると，$\boldsymbol{x}^T A \boldsymbol{x} = \lambda \boldsymbol{x}^T \boldsymbol{x} = \lambda$ となるから，$\boldsymbol{x}^T A \boldsymbol{x}$ の極値（いまの場合は最大値と最小値）は最大固有値および最小固有値に対応する．また，それらを与える点 $\boldsymbol{x}$ は長さ 1 の固有ベクトルに対応する．

以上の内容は，例 27.1 と同じである．ベクトルによる偏微分を用いることにより，表現が簡単になる．□

◇　問　　題　◇

問題 27.1　次の 3 次の行列 A と 3 次元ベクトル $\boldsymbol{x}$ に対して，条件 $\boldsymbol{x}^T\boldsymbol{x} = 1$ のもとで $\boldsymbol{x}^T A \boldsymbol{x}$ の極値を求めよ．

27.2 条件付き極値問題

$$A = \begin{pmatrix} 1 & 0 & 1 \\ 0 & 1 & 0 \\ 1 & 0 & 1 \end{pmatrix}$$

問題 27.2 p 次の対称行列 A と B (B は正則) と p 次元ベクトル $\boldsymbol{x}$ に対して,条件 $\boldsymbol{x}^T B \boldsymbol{x} = 1$ のもとで $\boldsymbol{x}^T A \boldsymbol{x}$ の極値を求めよ.

◆════════ **統計学ではこう使う 36 (重回帰分析の最小 2 乗法)** ════════◆

「統計学ではこう使う 29」で重回帰モデルを行列とベクトルで表示し,射影に基づいて推定量を導いた.(21.28) 式に示した残差平方和を再び下記に示す.

$$S_e = (\boldsymbol{y} - X\hat{\boldsymbol{\beta}})^T(\boldsymbol{y} - X\hat{\boldsymbol{\beta}}) = \boldsymbol{y}^T\boldsymbol{y} - \boldsymbol{y}^T X\hat{\boldsymbol{\beta}} - \hat{\boldsymbol{\beta}}^T X^T \boldsymbol{y} + \hat{\boldsymbol{\beta}}^T X^T X\hat{\boldsymbol{\beta}} \quad (27.21)$$

ここで,$\boldsymbol{y}$ は n 次元ベクトル,X は $n \times (p+1)$ 行列,$\boldsymbol{\beta}$ は $(p+1)$ 次元ベクトルである (詳細は (21.26) 式を参照).

ここでは,(27.21) 式を $\hat{\boldsymbol{\beta}}$ で偏微分して最小 2 乗推定量を導こう.(この例はベクトル微分の例であり,条件付き極値問題ではない.)

$$\frac{\partial S_e}{\partial \hat{\boldsymbol{\beta}}} = -X^T\boldsymbol{y} - X^T\boldsymbol{y} + 2X^T X\hat{\boldsymbol{\beta}} = -2X^T\boldsymbol{y} + 2X^T X\hat{\boldsymbol{\beta}} = \boldsymbol{0} \quad (27.22)$$

これより,$X^T X$ の逆行列が存在するなら最小 2 乗推定量

$$\hat{\boldsymbol{\beta}} = (X^T X)^{-1} X^T \boldsymbol{y} \quad (27.23)$$

を得る.これは,射影により求めた推定量 (21.30) 式と同じである.

さらに,ヘッセ行列を求めると次のようになる.

$$\frac{\partial S_e}{\partial \hat{\boldsymbol{\beta}} \partial \hat{\boldsymbol{\beta}}^T} = 2X^T X \quad (27.24)$$

$X^T X$ は逆行列が存在するなら正定値行列なので固有値はすべて正である.第 26 講で述べた極値の判定方法 1 より (27.23) 式は極小値を与える.S_e は 2 次形式なので,(27.23) 式は最小値を与える.

◆════════ **統計学ではこう使う 37 (主成分の導出)** ════════◆

「統計学ではこう使う 30」ではスペクトル分解に基づいて主成分分析の数学的な意味を述べた.ここでは,主成分の導出の基本的部分について説明する.

「統計学ではこう使う 30」と同様に,p 個の変数 $x_1, x_2, \cdots, x_p$ の観測値が n 組あり,その標本分散共分散行列を V とする.第 1 主成分として次の合成関数

$$z_1 = \boldsymbol{w}_1^T \boldsymbol{x} = w_{11} x_1 + w_{21} x_2 + \cdots + w_{p1} x_p \quad (27.25)$$

を考える.z_1 の標本分散は $\boldsymbol{w}_1^T V \boldsymbol{w}_1$ である.いま,第 1 主成分の分散をできるだけ大きくしたいという観点から $\boldsymbol{w}_1^T V \boldsymbol{w}_1$ を最大化する問題を考える.制約がないとこ

の値をいくらでも大きくすることができるから，$\boldsymbol{w}_1^T \boldsymbol{w}_1 = 1$ の条件を設ける．ラグランジュ乗数法を用いる．

$$F(\boldsymbol{w}_1; \lambda_1) = \boldsymbol{w}_1^T V \boldsymbol{w}_1 - \lambda_1(\boldsymbol{w}_1^T \boldsymbol{w}_1 - 1) \tag{27.26}$$

とおき，$\boldsymbol{w}_1$ で偏微分してゼロベクトルに等しいとおく．

$$\frac{\partial F}{\partial \boldsymbol{w}_1}(\boldsymbol{w}_1; \lambda_1) = 2V\boldsymbol{w}_1 - 2\lambda_1 \boldsymbol{w}_1 = \boldsymbol{0} \tag{27.27}$$

これより，$V\boldsymbol{w}_1 = \lambda_1 \boldsymbol{w}_1$ となる．両辺に $\boldsymbol{w}_1^T$ を左から掛けると，$\boldsymbol{w}_1^T V \boldsymbol{w}_1 = \lambda_1 \boldsymbol{w}_1^T \boldsymbol{w}_1 = \lambda_1$ となる．したがって，$\boldsymbol{w}_1^T V \boldsymbol{w}_1$ の最大値は V の最大固有値となり，求める主成分の係数は最大固有値に対応する長さ 1 の固有ベクトルである．

次に，第 2 主成分

$$z_2 = \boldsymbol{w}_2^T \boldsymbol{x} = w_{12} x_1 + w_{22} x_2 + \cdots + w_{p2} x_p \tag{27.28}$$

を導出しよう．z_2 の標本分散は $\boldsymbol{w}_2^T V \boldsymbol{w}_2$ である．今度も $\boldsymbol{w}_2^T \boldsymbol{w}_2 = 1$ の条件を課す．さらに，z_1 と z_2 が無相関になるという条件を設ける．z_1 と z_2 の $x_1, x_2, \cdots, x_p$ に n 組の観測値を代入して平均を引いたものを下記のように n 次元ベクトルとして表す．

$$\boldsymbol{z}_1 = \begin{pmatrix} z_{11} - \bar{z}_1 \\ z_{21} - \bar{z}_1 \\ \vdots \\ z_{n1} - \bar{z}_1 \end{pmatrix} = \begin{pmatrix} x_{11} - \bar{x}_1 & x_{12} - \bar{x}_2 & \cdots & x_{1p} - \bar{x}_p \\ x_{21} - \bar{x}_1 & x_{22} - \bar{x}_2 & \cdots & x_{2p} - \bar{x}_p \\ \vdots & \vdots & \cdots & \vdots \\ x_{n1} - \bar{x}_1 & x_{n2} - \bar{x}_2 & \cdots & x_{np} - \bar{x}_p \end{pmatrix} \begin{pmatrix} w_{11} \\ w_{21} \\ \vdots \\ w_{p1} \end{pmatrix} = X\boldsymbol{w}_1 \tag{27.29}$$

$$\boldsymbol{z}_2 = \begin{pmatrix} z_{12} - \bar{z}_2 \\ z_{22} - \bar{z}_2 \\ \vdots \\ z_{n2} - \bar{z}_2 \end{pmatrix} = \begin{pmatrix} x_{11} - \bar{x}_1 & x_{12} - \bar{x}_2 & \cdots & x_{1p} - \bar{x}_p \\ x_{21} - \bar{x}_1 & x_{22} - \bar{x}_2 & \cdots & x_{2p} - \bar{x}_p \\ \vdots & \vdots & \cdots & \vdots \\ x_{n1} - \bar{x}_1 & x_{n2} - \bar{x}_2 & \cdots & x_{np} - \bar{x}_p \end{pmatrix} \begin{pmatrix} w_{12} \\ w_{22} \\ \vdots \\ w_{p2} \end{pmatrix} = X\boldsymbol{w}_2 \tag{27.30}$$

これより，相関係数の分子 $S_{z_1 z_2}$ は，(15.35) 式に注意して，次のようになる．

$$S_{z_1 z_2} = \boldsymbol{z}_2^T \boldsymbol{z}_1 = \boldsymbol{w}_2^T X^T X \boldsymbol{w}_1 = (n-1) \boldsymbol{w}_2^T V \boldsymbol{w}_1 \tag{27.31}$$

第 1 主成分の導出において，$V\boldsymbol{w}_1 = \lambda_1 \boldsymbol{w}_1$ だったので，$\boldsymbol{w}_2^T V \boldsymbol{w}_1 = \lambda_1 \boldsymbol{w}_2^T \boldsymbol{w}_1$ となる．V は非負定値行列なので，V がゼロ行列でない限りは最大固有値 $\lambda_1 > 0$ である．したがって，第 1 主成分と第 2 主成分が無相関という条件は，$\boldsymbol{w}_2^T V \boldsymbol{w}_1 = 0$ または $\boldsymbol{w}_2^T \boldsymbol{w}_1 = 0$（$\boldsymbol{w}_2$ と $\boldsymbol{w}_1$ が直交する）と表すことができる．

ラグランジュ乗数法を用いる．2 つの条件があるので，

$$F(\boldsymbol{w}_2; \eta_1, \eta_2) = \boldsymbol{w}_2^T V \boldsymbol{w}_2 - \eta_1(\boldsymbol{w}_2^T \boldsymbol{w}_2 - 1) - \eta_2 \boldsymbol{w}_2^T \boldsymbol{w}_1 \tag{27.32}$$

とおき，$\boldsymbol{w}_2$ で偏微分してゼロベクトルに等しいとおく．

$$\frac{\partial F}{\partial \boldsymbol{w}_2}(\boldsymbol{w}_2; \eta_1, \eta_2) = 2V\boldsymbol{w}_2 - 2\eta_1 \boldsymbol{w}_2 - \eta_2 \boldsymbol{w}_1 = \boldsymbol{0} \tag{27.33}$$

両辺に $\boldsymbol{w}_1^T$ を左から掛けると，$2\boldsymbol{w}_1^T V \boldsymbol{w}_2 - 2\eta_1 \boldsymbol{w}_1^T \boldsymbol{w}_2 - \eta_2 \boldsymbol{w}_1^T \boldsymbol{w}_1 = \boldsymbol{0}$ となる．無相

関の条件より $\eta_2 = 0$ を得る.これより $V\bm{w}_2 = \eta_1 \bm{w}_2$ となり,$\bm{w}_2^T V \bm{w}_2 = \eta_1 \bm{w}_2^T \bm{w}_2 = \eta_1$ の最大値は V の第 2 固有値 (第 1 固有値だと固有ベクトルは無相関の条件を満たさない) になる.求める主成分の係数は第 2 固有値に対応する長さ 1 の固有ベクトルである.

第28講

重 積 分

28.1 重積分の定義

第9講で1変数関数の定積分を定義した．1変数の場合は積分区間 $[a,b]$ を n 等分して，「その区間の端点での関数値」と「区間幅」の積和の極限 ($n \to \infty$ のときの極限) を定積分と定義した．

ここでは，1変数関数の定積分を2変数関数に拡張する．xy 平面の有界閉集合を D と表す．D において連続な関数 $z = f(x, y)$ の重積分を定義する．D を**積分領域**と呼ぶ．

まず，**矩形領域** $D = [a,b] \times [c,d] = \{(x,y) : x \in [a,b], y \in [c,d]\}$ において重積分を定義する．区間 $[a,b]$ を (9.1) 式のように n 等分し，i 番目の区間を $[x_i, x_{i+1}]$ $(i = 1, 2, \cdots, n)$ とする．同様に，区間 $[c,d]$ を m 等分し，j 番目の区間を $[y_j, y_{j+1}]$ $(j = 1, 2, \cdots, m)$ とする．このとき，矩形領域 $I_{ij} = [x_i, x_{i+1}] \times [y_j, y_{j+1}]$ を底面，高さを $f(x_{i+1}, y_{j+1})$ とした直方体の体積を考えて，i, j を動かして体積の和をとる．$n \to \infty$, $m \to \infty$ のとき，この体積の和の極限が存在するならば，それを $f(x,y)$ の D における**重積分**と呼ぶ．すなわち，次式の左辺を右辺で定義する．

$$\iint_D f(x,y) dx dy = \lim_{\substack{n \to \infty \\ m \to \infty}} \sum_{i=1}^{n} \sum_{j=1}^{m} f(x_{i+1}, y_{j+1}) \frac{(b-a)(d-c)}{nm} \quad (28.1)$$

次に，D が矩形でなく一般の有界閉集合とし，$D \subseteq [a,b] \times [c,d]$ とする．矩形領域 I_{ij} で D を覆い，それぞれの矩形領域ごとに上と同様に体積を求めて，それらの和を考える．矩形領域を細かくしていき D を過不足なく覆うことができて (28.1) 式の右辺と同様の量を考えたとき，その極限が存在するなら，それを $f(x,y)$ の D における重積分と呼び，(28.1) 式の左辺のように表現する．こ

のときの (28.1) 式の右辺では，I_{ij} が D と共通点がある場合のみ和をとる．

特に，$f(x,y) = 1$ とすれば，次のように考えることができる．

$$\iint_D f(x,y)dxdy = (領域 D の面積) \tag{28.2}$$

D が有界でない場合には，第 13 講の広義積分で述べた要領で，有界な領域で定義した重積分の領域を広げていった極限として考える．

重積分の基本的な性質として次の 2 つをあげておく．

重積分の基本的性質

(1) a と b を定数とする．
$$\iint_D \{af(x,y) + bg(x,y)\}dxdy$$
$$= a\iint_D f(x,y)dxdy + b\iint_D g(x,y)dxdy \tag{28.3}$$

(2) D (有界閉集合) で $f(x,y)$ の最小値を m，最大値を M とすると次式が成り立つ．
$$m \times (D の面積) \leq \iint_D f(x,y)dxdy \leq M \times (D の面積) \tag{28.4}$$

28.2 重積分の計算方法

重積分は積分しやすい変数から順に 1 変数関数の定積分を繰り返せばよい．特に，矩形領域の場合には次のような性質がある．

矩形領域での重積分の性質

$D = [a,b] \times [c,d]$ とする．

(1) 次式が成り立つ．
$$\iint_D f(x,y)dxdy = \int_a^b \left\{\int_c^d f(x,y)dy\right\}dx$$
$$= \int_c^d \left\{\int_a^b f(x,y)dx\right\}dy \tag{28.5}$$

(2) $f(x,y) = g(x)h(y)$ と表すことができるとき，次式が成り立つ．

$$\iint_D f(x,y)dxdy = \left(\int_a^b g(x)dx\right)\left(\int_c^d h(y)dy\right) \tag{28.6}$$

上の性質をいくつかの例により確認する．

(**例 28.1**)　領域 $D=[0,2]\times[1,3]$ において $f(x,y)=x+y$ の重積分を求める．

$$\begin{aligned}\iint_D f(x,y)dxdy &= \int_0^2\left\{\int_1^3 (x+y)dy\right\}dx = \int_0^2\left[xy+\frac{y^2}{2}\right]_1^3 dx \\ &= \int_0^2\left\{\left(3x+\frac{9}{2}\right)-\left(x+\frac{1}{2}\right)\right\}dx = \int_0^2 (2x+4)dx \\ &= \left[x^2+4x\right]_0^2 = 4+8 = 12 \end{aligned} \tag{28.7}$$

$$\begin{aligned}\iint_D f(x,y)dxdy &= \int_1^3\left\{\int_0^2 (x+y)dx\right\}dy = \int_1^3\left[\frac{x^2}{2}+xy\right]_0^2 dy \\ &= \int_1^3 (2+2y)dy = \left[2y+y^2\right]_1^3 = (6+9)-(2+1) = 12 \end{aligned} \tag{28.8}$$

x と y のどちらを先に積分しても同じ結果になる．□

(**例 28.2**)　領域 $D=[0,2]\times[1,3]$ において $f(x,y)=xy$ の重積分を求める．

$$\begin{aligned}\iint_D f(x,y)dxdy &= \int_0^2\left\{\int_1^3 xydy\right\}dx = \int_0^2\left[\frac{xy^2}{2}\right]_1^3 dx \\ &= \int_0^2 \left(\frac{9x}{2}-\frac{x}{2}\right)dx = \int_0^2 4xdx = \left[2x^2\right]_0^2 = 8 \end{aligned} \tag{28.9}$$

$$\begin{aligned}\iint_D f(x,y)dxdy &= \int_1^3\left\{\int_0^2 xydx\right\}dy = \int_1^3\left[\frac{x^2 y}{2}\right]_0^2 dy \\ &= \int_1^3 2ydy = \left[y^2\right]_1^3 = 9-1 = 8 \end{aligned} \tag{28.10}$$

この場合も，x と y のどちらを先に積分しても同じ結果になる．
さらに，この例では次のように計算することもできる．

$$\begin{aligned}\iint_D f(x,y)dxdy &= \left(\int_0^2 xdx\right)\left(\int_1^3 ydy\right) = \left(\left[\frac{x^2}{2}\right]_0^2\right)\left(\left[\frac{y^2}{2}\right]_1^3\right) \\ &= 2\left(\frac{9}{2}-\frac{1}{2}\right) = 8 \end{aligned} \tag{28.11}$$

□

次に，積分領域 D が x や y に依存する場合の重積分を考える．図 28.1(1) は積分領域を $D_1=\{(x,y):a\leq x\leq b, c(x)\leq y\leq d(x)\}$，図 28.1(2) は積分領域を $D_2=\{(x,y):a(y)\leq x\leq b(y), c\leq y\leq d\}$ と表すことができる．この場合

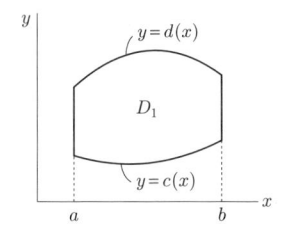

28.2 重積分の計算方法

図 28.1 (1)　x に依存する積分領域 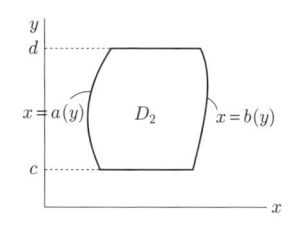　　**図 28.1** (2)　y に依存する積分領域

には，次のように重積分を計算する．

変数に依存する積分領域での重積分

$D_1 = \{(x,y) : a \leq x \leq b, c(x) \leq y \leq d(x)\}$ とする．

$$\iint_{D_1} f(x,y)dxdy = \int_a^b \left\{ \int_{c(x)}^{d(x)} f(x,y)dy \right\} dx \qquad (28.12)$$

$D_2 = \{(x,y) : a(y) \leq x \leq b(y), c \leq y \leq d\}$ とする．

$$\iint_{D_2} f(x,y)dxdy = \int_c^d \left\{ \int_{a(y)}^{b(y)} f(x,y)dx \right\} dy \qquad (28.13)$$

図 28.1(1) の場合について補足する．x を固定したとき y 方向の積分区間は $[c(x), d(x)]$ であり，この積分を最初に行う．次に，x の動く範囲 $[a,b]$ で積分すれば，これで領域 D_1 を覆いつくして重積分したことになる．

(例 28.3)　$D = \{(x,y) : 0 \leq x \leq 1, 0 \leq y \leq x\}$（図 28.2）において $f(x,y) = x^2 y$ の重積分を求める．

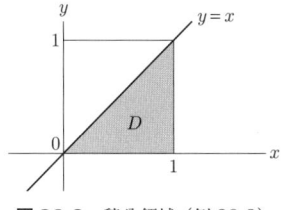

図 28.2　積分領域（例 28.3）

y を先に積分する場合と x を先に積分する場合の 2 通りの計算を示す．

$$\iint_D f(x,y)dxdy = \int_0^1 \left\{ \int_0^x x^2 y\,dy \right\} dx = \int_0^1 \left[\frac{x^2 y^2}{2} \right]_0^x dx$$
$$= \int_0^1 \frac{x^4}{2} dx = \left[\frac{x^5}{10} \right]_0^1 = \frac{1}{10} \tag{28.14}$$

$$\iint_D f(x,y)dxdy = \int_0^1 \left\{ \int_y^1 x^2 y\,dx \right\} dy = \int_0^1 \left[\frac{x^3 y}{3} \right]_y^1 dy$$
$$= \int_0^1 \left\{ \frac{y}{3} - \frac{y^4}{3} \right\} dy = \left[\frac{y^2}{6} - \frac{y^5}{15} \right]_0^1 = \frac{1}{6} - \frac{1}{15} = \frac{1}{10} \tag{28.15}$$

どちらの変数を先に計算しても同じ結果になる．y を先に積分する場合には y の積分区間を $[0,x]$ とし，x を先に積分する場合には x の積分区間を $[y,1]$ としていることについて図 28.2 をみながら確認してほしい．□

積分順序を変更することで，積分計算が多少楽になることがある．

◇ 問　題 ◇

問題 28.1　$D = [0,1] \times [2,3]$ において次の重積分を求めよ．
(1)　$f(x,y) = x^2 + y^2$　　(2)　$f(x,y) = xe^{-y}$

問題 28.2　$D = \{(x,y) : x \geq 0, y \geq 0, x+y \leq 1\}$ において $f(x,y) = xy$ の重積分を求めよ．

◆━━━━━━━━ 統計学ではこう使う 38 (2 次元分布) ━━━━━━━━◆

「統計学ではこう使う 12」では 1 次元の連続型確率変数の確率密度関数などについて述べた．ここでは，2 次元の連続型確率変数の確率密度関数について述べる．

2 つの連続型確率変数 x と y に対して次の条件を満たす関数 $f(x,y)$ を x と y の**同時確率密度関数**と呼ぶ．

$$f(x,y) \geq 0, \quad \int_{-\infty}^{\infty} \int_{-\infty}^{\infty} f(x,y)dxdy = 1 \tag{28.16}$$

積分区間を便宜的に $(-\infty, \infty) \times (-\infty, \infty)$ と表示しているが，x と y のとりうる範囲全体という意味である．

(x,y) が領域 D に入る確率を

$$Pr\{(x,y) \in D\} = \iint_D f(x,y)dxdy \tag{28.17}$$

と求める．特に，$D = [a,b] \times [c,d]$ なら次のようになる．

$$Pr\{(x,y) \in D\} = Pr\{a \leq x \leq b, c \leq y \leq d\} = \int_a^b \left\{ \int_c^d f(x,y)dy \right\} dx \tag{28.18}$$

「統計学ではこう使う 33」ですでに述べたように $F(v,w) = Pr(x \leq v, y \leq w)$ を同時累積分布関数と呼び，$F(v,w)$ を v と w で偏微分したものが同時確率密度関数になる．

次のように，$f(x,y)$ を y のとりうる範囲で積分した $f_x(x)$ を x の**周辺確率密度関数**と呼び，x のとりうる範囲で積分した $f_y(y)$ を y の周辺確率密度関数と呼ぶ．

$$f_x(x) = \int_{-\infty}^{\infty} f(x,y)dy, \quad f_y(y) = \int_{-\infty}^{\infty} f(x,y)dx \tag{28.19}$$

$f_x(x) > 0$ のとき，次式を x を与えたときの y の**条件付き確率密度関数**と呼ぶ．

$$f(y|x) = \frac{f(x,y)}{f_x(x)} \tag{28.20}$$

すべての x と y に対して，同時確率密度関数と周辺確率密度関数の間に

$$f(x,y) = f_x(x)f_y(y) \tag{28.21}$$

が成り立つとき，確率変数 x と y は**独立**であるという．x と y が独立なら (28.20) 式は

$$f(y|x) = \frac{f(x,y)}{f_x(x)} = \frac{f_x(x)f_y(y)}{f_x(x)} = f_y(y) \tag{28.22}$$

となる．これは，x の条件があってもなくても y の確率密度関数は変化しないことを意味している．つまり，x と y は文字どおり独立である．

以上の内容は，x と y をそれぞれ p 次元ベクトルと q 次元ベクトルに置き換えても成り立つ．「統計学ではこう使う 32」で求めた (24.37) 式は p 次元ベクトル $\boldsymbol{x}_1$ と q 次元ベクトル $\boldsymbol{x}_2$ の同時確率密度関数であり，(24.38) 式は $\boldsymbol{x}_1$ の周辺確率密度関数であり，(24.39) 式は $\boldsymbol{x}_1$ を与えたときの $\boldsymbol{x}_2$ の条件付き確率密度関数である．

◆ ──── 統計学ではこう使う 39 (2 次元分布の期待値) ──── ◆

2 つの連続型確率変数 x と y について $f(x,y)$ を同時確率密度関数，$f_x(x)$ を x の周辺確率密度関数，$f_y(y)$ を y の周辺確率密度関数とする．$g(x,y)$ を x と y の関数とするとき $g(x,y)$ の**期待値**を次のように定義する．

$$E\{g(x,y)\} = \int_{-\infty}^{\infty}\int_{-\infty}^{\infty} g(x,y)f(x,y)dxdy \tag{28.23}$$

$g(x,y) = r(x)$ (y に無関係) のとき，および，$g(x,y) = s(y)$ (x に無関係) のとき

$$E\{r(x)\} = \int_{-\infty}^{\infty}\int_{-\infty}^{\infty} r(x)f(x,y)dxdy = \int_{-\infty}^{\infty} r(x)\left\{\int_{-\infty}^{\infty} f(x,y)dy\right\}dx$$

$$= \int_{-\infty}^{\infty} r(x)f_x(x)dx \tag{28.24}$$

$$E\{s(y)\} = \int_{-\infty}^{\infty}\int_{-\infty}^{\infty} s(y)f(x,y)dxdy = \int_{-\infty}^{\infty} s(y)\left\{\int_{-\infty}^{\infty} f(x,y)dx\right\}dy$$

$$= \int_{-\infty}^{\infty} s(y)f_y(y)dy \tag{28.25}$$

となる．x と y が独立なら，$f(x,y) = f_x(x)f_y(y)$ が成り立つので次式が成り立つ．

$$E\{r(x)s(y)\} = \int_{-\infty}^{\infty}\int_{-\infty}^{\infty} r(x)s(y)f_x(x)f_y(y)dxdy = E\{r(x)\}E\{s(y)\} \tag{28.26}$$

x と y の関連を測る量として**共分散**を次のように定義する．

$$C(x,y) = E[\{x - E(x)\}\{y - E(y)\}] \tag{28.27}$$

右辺を展開すると

$$C(x,y) = E(xy) - E(x)E(y) - E(x)E(y) + E(x)E(y) = E(xy) - E(x)E(y) \tag{28.28}$$

となる．x と y が独立なら (28.26) 式より $E(xy) = E(x)E(y)$ となるから，$C(x,y) = 0$ である．

次式が成り立つことにも注意しておく．

$$V(ax + by) = a^2 V(x) + b^2 V(y) + 2ab C(x,y) \tag{28.29}$$

$$C(ax + by, cx + dy) = acV(x) + bdV(y) + (ad + bc)C(x,y) \tag{28.30}$$

第29講

重積分での変数変換

29.1 重積分での変数変換の公式

10.2 節で 1 変数関数 $y = f(x)$ の定積分での変数変換の方法を述べた．それは，単調関数により $x = g(t)$ と変数変換するとき

$$\int_a^b f(x)dx = \int_\alpha^\beta f(g(t))\frac{dx}{dt}dt = \int_\alpha^\beta f(g(t))g'(t)dt \qquad (29.1)$$

となるものだった．ここで，$a = g(\alpha)$, $b = g(\beta)$ である．

本講では，2 変数関数 $z = f(x, y)$ で $x = \phi(s, t)$, $y = \psi(s, t)$ と変数変換するときの重積分の計算方法を述べる．

重積分での変数変換の公式

$x = \phi(s, t)$, $y = \psi(s, t)$ と変数変換する．ただし，変換は 1 対 1 であり，ϕ と ψ は微分可能で，偏導関数は連続とする．次式が成り立つ．

$$\iint_D f(x, y)dxdy = \iint_{D'} f(\phi(s, t), \psi(s, t))|J|dsdt \qquad (29.2)$$

$$D' = \{(s, t) : x = \phi(s, t), y = \psi(s, t), (x, y) \in D\} \qquad (29.3)$$

ここで，J は 2×2 行列の行列式

$$J = \begin{vmatrix} \dfrac{\partial x}{\partial s} & \dfrac{\partial x}{\partial t} \\ \dfrac{\partial y}{\partial s} & \dfrac{\partial y}{\partial t} \end{vmatrix} = \begin{vmatrix} \dfrac{\partial \phi}{\partial s} & \dfrac{\partial \phi}{\partial t} \\ \dfrac{\partial \psi}{\partial s} & \dfrac{\partial \psi}{\partial t} \end{vmatrix} = \dfrac{\partial \phi}{\partial s}\dfrac{\partial \psi}{\partial t} - \dfrac{\partial \phi}{\partial t}\dfrac{\partial \psi}{\partial s} \qquad (29.4)$$

であり，J を**ヤコビアン** (Jacobian) と呼ぶ．$|J|$ は J の絶対値である．変換が 1 対 1 なので $J \neq 0$ である．

まず，(29.1) 式と (29.2) 式を比較する．両者の積分領域について「$a \to b \Rightarrow$

$\alpha \to \beta$」が「$D \Rightarrow D'$」となっている.また,「dx/dt」が「$|J|$」となっている. dx/dt に絶対値が付かないのは,もし $dx/dt<0$ なら $\alpha>\beta$ となり,積分区間を (α,β) から (β,α) に変えると符号が相殺するからである.

次に,ヤコビアンの意味について触れておく.(29.1) 式の dx/dt の意味は,t が微小区間を動くときの x の微小な変化量の比である.(29.1) 式では,被積分関数にこの倍率を掛けることにより調整していると考えることができる.

2 変数になれば,「微小区間」を「微小領域」とすればよいであろう.a,b,c,d を定数として,次の変換を考える.

$$\begin{pmatrix} x \\ y \end{pmatrix} = \begin{pmatrix} a & b \\ c & d \end{pmatrix} \begin{pmatrix} s \\ t \end{pmatrix} \tag{29.5}$$

この変換において,(s,t) が図 29.1(2) の正方形の領域を動くとき,(x,y) は図 29.1(1) の平行四辺形の領域を動く.図 29.1(1) の平行四辺形の面積は簡単な計算より

$$\begin{vmatrix} a & b \\ c & d \end{vmatrix} = ad - bc \tag{29.6}$$

であることがわかる(これは行列式が正になる場合である)(問題 29.1).したがって,正方形と平行四辺形の面積の比は,(29.6) 式のままでは負になることがあるので,絶対値を付けて $|ad-bc|$ である.原点を中心に考えたが,(29.5) 式の定数による変数変換の場合には原点をどこにずらしても面積の比は一定である.これが,(29.5) 式の定数による変数変換の場合の倍率調整,すなわちヤコビアンに対応する.

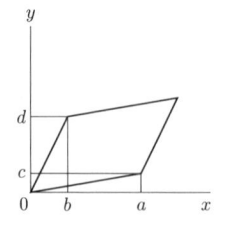

図 29.1 (1) (x,y) の動く範囲   **図 29.1** (2) (s,t) の動く範囲

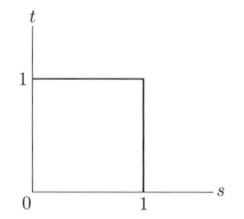

次に,変数変換 $x = \phi(s,t)$,$y = \psi(s,t)$ を考える.$x_0 = \phi(s_0, t_0)$,$y_0 = \psi(s_0, t_0)$ となる点 (x_0, y_0),(s_0, t_0) で考える.点 (s_0, t_0) で,1 次の項までのテイラー展開を考えると

$$x - x_0 \approx \frac{\partial \phi}{\partial s}(s_0, t_0)(s - s_0) + \frac{\partial \phi}{\partial t}(s_0, t_0)(t - t_0) \tag{29.7}$$

$$y - y_0 \approx \frac{\partial \psi}{\partial s}(s_0, t_0)(s - s_0) + \frac{\partial \psi}{\partial t}(s_0, t_0)(t - t_0) \tag{29.8}$$

となる．これをベクトルと行列を用いて表現すると次のようになる．

$$\begin{pmatrix} x - x_0 \\ y - y_0 \end{pmatrix} \approx \begin{pmatrix} \dfrac{\partial \phi}{\partial s}(s_0, t_0) & \dfrac{\partial \phi}{\partial t}(s_0, t_0) \\ \dfrac{\partial \psi}{\partial s}(s_0, t_0) & \dfrac{\partial \psi}{\partial t}(s_0, t_0) \end{pmatrix} \begin{pmatrix} s - s_0 \\ t - t_0 \end{pmatrix} \tag{29.9}$$

(29.9) 式を (29.5) 式と見比べると，点 $(s,t) = (s_0, t_0)$ では，倍率調整として

$$\begin{vmatrix} \dfrac{\partial \phi}{\partial s}(s_0, t_0) & \dfrac{\partial \phi}{\partial t}(s_0, t_0) \\ \dfrac{\partial \psi}{\partial s}(s_0, t_0) & \dfrac{\partial \psi}{\partial t}(s_0, t_0) \end{vmatrix} = \frac{\partial \phi}{\partial s}(s_0, t_0)\frac{\partial \psi}{\partial t}(s_0, t_0) - \frac{\partial \phi}{\partial t}(s_0, t_0)\frac{\partial \psi}{\partial s}(s_0, t_0) \tag{29.10}$$

に絶対値を付けたもの，すなわち，$|J|$ を用いればよいことがわかる．□

29.2 変数変換を用いた重積分の計算

これまですでに登場してきた重要な公式を変数変換を用いて導く．

(**例 29.1**)　$f(x) = \dfrac{1}{\sqrt{2\pi}} \exp\left(-\dfrac{x^2}{2}\right)$ は標準正規分布 $N(0, 1^2)$ の確率密度関数である．$f(x)$ の $(-\infty, \infty)$ での積分が 1 になることを確認する．

$$I = \int_{-\infty}^{\infty} \exp\left(-\frac{x^2}{2}\right) dx \tag{29.11}$$

とおく．これより，

$$I^2 = \left\{\int_{-\infty}^{\infty} \exp\left(-\frac{x^2}{2}\right) dx\right\}\left\{\int_{-\infty}^{\infty} \exp\left(-\frac{y^2}{2}\right) dy\right\}$$

$$= \int_{-\infty}^{\infty}\int_{-\infty}^{\infty} \exp\left(-\frac{x^2 + y^2}{2}\right) dxdy \tag{29.12}$$

の重積分を考える．$x = r\cos\theta$, $y = r\sin\theta$ と変換（これを**極座標変換**と呼ぶ）すると，$x: -\infty \to \infty$, $y: -\infty \to \infty$ のとき $r: 0 \to \infty$, $\theta: 0 \to 2\pi$ となる．また，ヤコビアンは

$$J = \begin{vmatrix} \dfrac{\partial x}{\partial r} & \dfrac{\partial x}{\partial \theta} \\ \dfrac{\partial y}{\partial r} & \dfrac{\partial y}{\partial \theta} \end{vmatrix} = \begin{vmatrix} \cos\theta & -r\sin\theta \\ \sin\theta & r\cos\theta \end{vmatrix} = r\cos^2\theta + r\sin^2\theta = r \tag{29.13}$$

である．これらより，

$$I^2 = \int_0^{2\pi} \int_0^\infty \exp\left(-\frac{r^2\cos^2\theta + r^2\sin^2\theta}{2}\right) |J| dr d\theta$$
$$= \int_0^{2\pi} \left\{ \int_0^\infty \exp\left(-\frac{r^2}{2}\right) r dr \right\} d\theta$$
$$= \int_0^{2\pi} \left[-\exp\left(-\frac{r^2}{2}\right)\right]_0^\infty d\theta$$
$$= \int_0^{2\pi} 1 d\theta = 2\pi \qquad (29.14)$$

を得る．これより，$I = \sqrt{2\pi}$ であり，$\int_{-\infty}^\infty f(x) = 1$ が成り立つ． □

(例 29.2) 第 11 講で述べたベータ関数とガンマ関数を結びつける (11.15) 式の $B(x,y) = \dfrac{\Gamma(x)\Gamma(y)}{\Gamma(x+y)}$ を示す．

$$\Gamma(x)\Gamma(y) = \left\{\int_0^\infty t^{x-1} e^{-t} dt\right\} \left\{\int_0^\infty s^{y-1} e^{-s} ds\right\}$$
$$= \int_0^\infty \int_0^\infty t^{x-1} s^{y-1} e^{-(t+s)} dt ds \qquad (29.15)$$

ここで，$w = t/(t+s)$，$z = t+s$ と変数変換する．$t: 0 \to \infty$，$s: 0 \to \infty$ のとき，$w: 0 \to 1$，$z: 0 \to \infty$ である．変換式を t と s について解くと $t = wz$，$s = (1-w)z$ となる．これより，ヤコビアンは

$$J = \begin{vmatrix} \dfrac{\partial t}{\partial w} & \dfrac{\partial t}{\partial z} \\ \dfrac{\partial s}{\partial w} & \dfrac{\partial s}{\partial z} \end{vmatrix} = \begin{vmatrix} z & w \\ -z & 1-w \end{vmatrix} = z(1-w) + wz = z \qquad (29.16)$$

である．したがって，

$$\Gamma(x)\Gamma(y) = \int_0^1 \int_0^\infty (wz)^{x-1} \{(1-w)z\}^{y-1} e^{-z} z dw dz$$
$$= \left\{\int_0^\infty z^{x+y-1} e^{-z} dz\right\} \left\{\int_0^1 w^{x-1}(1-w)^{y-1} dw\right\}$$
$$= \Gamma(x+y) B(x,y) \qquad (29.17)$$

を得る． □

◇ 問 題 ◇

問題 29.1 図 29.1(1) の平行四辺形の面積が (29.6) 式になることを示せ．
問題 29.2 次の重積分を極座標変換により求めよ．

$$\iint_D \frac{1}{\sqrt{a^2-x^2-y^2}}dxdy, \quad D=\{(x,y): x^2+y^2 \le a^2\}, \quad a>0$$

◆ ═══════ **統計学ではこう使う 40 (確率密度関数の変数変換)** ═══════ ◆

2つの連続型確率変数 x と y の同時確率密度関数を $f(x,y)$ とする. 変数変換 $x=\phi(w,z)$, $y=\psi(w,z)$ を考える. この変数変換は1対1とする. このとき, 変換後の w と z の同時確率密度関数 $f_{wz}(w,z)$ は次式である.

$$f_{wz}(w,z) = f(\phi(w,z),\psi(w,z))|J| \tag{29.18}$$

ただし, J はヤコビアン

$$J = \begin{vmatrix} \frac{\partial x}{\partial w} & \frac{\partial x}{\partial z} \\ \frac{\partial y}{\partial w} & \frac{\partial y}{\partial z} \end{vmatrix} = \begin{vmatrix} \frac{\partial \phi}{\partial w} & \frac{\partial \phi}{\partial z} \\ \frac{\partial \psi}{\partial w} & \frac{\partial \psi}{\partial z} \end{vmatrix} \tag{29.19}$$

であり, $|J|$ は J の絶対値である. (29.18) 式は, (29.2) 式の右辺の被積分関数である.

═══════════════════════════════════════

◆ ═══════ **統計学ではこう使う 41 (2つのガンマ分布からの変換)** ═══════ ◆

「統計学ではこう使う 15」ではガンマ分布 $G(\alpha,\lambda)$ を紹介した. ここでは, 2つのガンマ分布に従う確率変数の変換についてよく知られた例を紹介する.

x はガンマ分布 $G(\alpha,\lambda)$ に従い, y はガンマ分布 $G(\beta,\lambda)$ に従い (λ は共通), x と y は独立とする. このとき, $w=x/(x+y)$, $z=x+y$ と変数変換するとき, w と z がどのような確率分布に従うのかを考える. この変数変換は例 29.2 でも用いた. 例 29.2 と関連した結果を得る.

x と y は独立だから, それらの同時確率密度関数は x と y の周辺確率密度関数 ((11.18) 式を参照) の積になる.

$$f(x,y) = \frac{\lambda^{\alpha+\beta}}{\Gamma(\alpha)\Gamma(\beta)} x^{\alpha-1} y^{\beta-1} e^{-\lambda(x+y)} \tag{29.20}$$

変換式を x と y について解くと $x=wz, y=(1-w)z$ となる. これより, ヤコビアンは例 29.2 と同じ計算より $J=z$ となる. また, $x:0\to\infty$, $y:0\to\infty$ のとき $w:0\to 1$, $z:0\to\infty$ である. したがって, 変換後の w と z の同時確率密度関数は, $\Gamma(\alpha)\Gamma(\beta)=\Gamma(\alpha+\beta)B(\alpha,\beta)$ を用いて, 次のようになる.

$$\begin{aligned}f_{wz}(w,z) &= \frac{\lambda^{\alpha+\beta}}{\Gamma(\alpha)\Gamma(\beta)}(wz)^{\alpha-1}\{(1-w)z\}^{\beta-1}e^{-\lambda z}z \\ &= \left\{\frac{\lambda^{\alpha+\beta}}{\Gamma(\alpha+\beta)}z^{\alpha+\beta-1}e^{-\lambda z}\right\}\left\{\frac{1}{B(\alpha,\beta)}w^{\alpha-1}(1-w)^{\beta-1}\right\}\end{aligned} \tag{29.21}$$

上式はガンマ分布 $G(\alpha+\beta,\lambda)$ の確率密度関数とベータ分布 $Be(\alpha,\beta)$ の確率密度関数 ((11.26) 式を参照) の積になっている. $f_{wz}(w,z)$ を w のとりうる範囲で積分する

ことにより z の周辺分布はガンマ分布 $G(\alpha+\beta, \lambda)$ となり, z のとりうる範囲で積分すれば w の周辺分布はベータ分布 $Be(\alpha, \beta)$ となる. また, w と z は, 同時確率密度関数が周辺確率密度関数の積になるので独立である.

◆─────── **統計学ではこう使う 42 (2 変量正規分布)** ───────◆

u_1 と u_2 が独立に標準正規分布 $N(0, 1^2)$ に従うとする. u_1 と u_2 の同時確率密度関数は

$$f(u_1, u_2) = \left\{\frac{1}{\sqrt{2\pi}} \exp\left(-\frac{u_1^2}{2}\right)\right\}\left\{\frac{1}{\sqrt{2\pi}} \exp\left(-\frac{u_2^2}{2}\right)\right\} \qquad (29.22)$$

である.

次のような変数変換を考える.

$$\begin{aligned} x_1 &= \mu_1 + a_{11}u_1 + a_{12}u_2 \\ x_2 &= \mu_2 + a_{21}u_1 + a_{22}u_2 \end{aligned} \qquad (29.23)$$

$V(x_1) = a_{11}^2 + a_{12}^2 (= \sigma_{11}$ とおく$)$, $V(x_2) = a_{21}^2 + a_{22}^2 (= \sigma_{22}$ とおく$)$, $C(x_1, x_2) = a_{11}a_{21} + a_{12}a_{22} (= \sigma_{12}$ とおく$)$ が成り立つ. ここで,

$$\boldsymbol{x} = \begin{pmatrix} x_1 \\ x_2 \end{pmatrix}, \boldsymbol{\mu} = \begin{pmatrix} \mu_1 \\ \mu_2 \end{pmatrix}, A = \begin{pmatrix} a_{11} & a_{12} \\ a_{21} & a_{22} \end{pmatrix}, \boldsymbol{u} = \begin{pmatrix} u_1 \\ u_2 \end{pmatrix} \qquad (29.24)$$

と定義すると, (29.23) 式は

$$\boldsymbol{x} = \boldsymbol{\mu} + A\boldsymbol{u} \qquad (29.25)$$

と表すことができる.

A の逆行列が存在すると仮定し,

$$A^{-1} = \begin{pmatrix} a^{11} & a^{12} \\ a^{21} & a^{22} \end{pmatrix} \qquad (29.26)$$

と表す (逆行列の添え字を上付きとしている). (29.25) 式を u_1 と u_2 について解くと

$$\begin{pmatrix} u_1 \\ u_2 \end{pmatrix} = \boldsymbol{u} = A^{-1}(\boldsymbol{x} - \boldsymbol{\mu}) = \begin{pmatrix} a^{11} & a^{12} \\ a^{21} & a^{22} \end{pmatrix}\begin{pmatrix} x_1 - \mu_1 \\ x_2 - \mu_2 \end{pmatrix}$$

$$= \begin{pmatrix} a^{11}(x_1 - \mu_1) + a^{12}(x_2 - \mu_2) \\ a^{21}(x_1 - \mu_1) + a^{22}(x_2 - \mu_2) \end{pmatrix} \qquad (29.27)$$

となる. ヤコビアンは次のようになる.

$$J = \begin{vmatrix} \dfrac{\partial u_1}{\partial x_1} & \dfrac{\partial u_1}{\partial x_2} \\ \dfrac{\partial u_2}{\partial x_1} & \dfrac{\partial u_2}{\partial x_2} \end{vmatrix} = \begin{vmatrix} a^{11} & a^{12} \\ a^{21} & a^{22} \end{vmatrix} = |A^{-1}| = 1/|A| \qquad (29.28)$$

$AA^T (= \Sigma$ とおく$)$ を求めよう.

$$\Sigma = AA^T = \begin{pmatrix} a_{11}^2 + a_{12}^2 & a_{11}a_{21} + a_{12}a_{22} \\ a_{21}a_{11} + a_{22}a_{12} & a_{21}^2 + a_{22}^2 \end{pmatrix} = \begin{pmatrix} \sigma_{11} & \sigma_{12} \\ \sigma_{12} & \sigma_{22} \end{pmatrix} \qquad (29.29)$$

Σ は $\boldsymbol{x}$ の (母) 分散共分散行列である. Σ は, A が逆行列をもつから, 正定値行列で

ある．$\Sigma^{-1} = (A^{-1})^T A^{-1}$, $|\Sigma| = |A|^2$ となる．

(29.22) 式に以上の結果を代入すれば，$\boldsymbol{x} = (x_1, x_2)^T$ の同時確率密度関数として次式を得る．

$$f_{12}(x_1, x_2) = f_{\boldsymbol{x}}(\boldsymbol{x}) = \frac{1}{2\pi\sqrt{|\Sigma|}} \exp\left\{-\frac{1}{2}(\boldsymbol{x} - \boldsymbol{\mu})^T \Sigma^{-1} (\boldsymbol{x} - \boldsymbol{\mu})\right\} \quad (29.30)$$

これは，(母) 平均ベクトル $\boldsymbol{\mu}$, (母) 分散共分散行列が Σ の 2 変量正規分布 $N(\boldsymbol{\mu}, \Sigma)$ の同時確率密度関数である．3 変量以上の場合も同様に導くことができる．

第30講

平均ベクトルと分散共分散行列

30.1 平均ベクトル

これまでは，本文で一般的な数学の内容を述べた後，それらの適用場面をコラム「統計学ではこう使う」で解説したので，本文の数学の内容はコラムの内容を参照しなくても読むことができた．しかし，本講に限り，統計学で用いられる場面を本文の中で設定する．本節では平均ベクトルに関連した内容を述べ，次節では分散共分散行列に関連した内容を述べる．したがって，本講では，これまでの本文の内容と本講に関連するコラム（「統計学ではこう使う 4, 12, 13, 22, 38, 39, 42」）の内容を前提とする．

2つの連続型確率変数 x_1 と x_2 をまとめて2次元ベクトルとして $\boldsymbol{x}=(x_1,x_2)^T$ と表す．x_1 と x_2 の同時確率密度関数を $f(x_1,x_2)$，x_1 と x_2 の周辺確率密度関数をそれぞれ $f_1(x_1)$，$f_2(x_2)$ と表す．このとき，ベクトル $\boldsymbol{x}$ の期待値 $E(\boldsymbol{x})$（$=\boldsymbol{\mu}=(\mu_1,\mu_2)^T$ とおく）を次のように定義し，**平均ベクトル**と呼ぶ．

$$\boldsymbol{\mu}=E(\boldsymbol{x})=\begin{pmatrix} E(x_1) \\ E(x_2) \end{pmatrix}=\begin{pmatrix} \int_{-\infty}^{\infty}\int_{-\infty}^{\infty} x_1 f(x_1,x_2)dx_1 dx_2 \\ \int_{-\infty}^{\infty}\int_{-\infty}^{\infty} x_2 f(x_1,x_2)dx_1 dx_2 \end{pmatrix} \quad (30.1)$$

$$\boldsymbol{\mu}^T=E(\boldsymbol{x}^T)=(E(x_1),E(x_2)) \quad (30.2)$$

ここで，

$$E(x_1)=\int_{-\infty}^{\infty} x_1\left\{\int_{-\infty}^{\infty} f(x_1,x_2)dx_2\right\}dx_1=\int_{-\infty}^{\infty} x_1 f_1(x_1)dx_1 \quad (30.3)$$

$$E(x_2)=\int_{-\infty}^{\infty} x_2\left\{\int_{-\infty}^{\infty} f(x_1,x_2)dx_1\right\}dx_2=\int_{-\infty}^{\infty} x_2 f_2(x_2)dx_2 \quad (30.4)$$

だった（「統計学ではこう使う 39」）．

2次元の定数ベクトル $\boldsymbol{a} = (a_1, a_2)^T$ に対して次式が成り立つ．

$$E(x_1\boldsymbol{a}) = \begin{pmatrix} E(a_1 x_1) \\ E(a_2 x_1) \end{pmatrix} = \begin{pmatrix} a_1 E(x_1) \\ a_2 E(x_1) \end{pmatrix} = E(x_1)\boldsymbol{a} \tag{30.5}$$

$$\begin{aligned}
E(\boldsymbol{a}^T \boldsymbol{x}) &= E(a_1 x_1 + a_2 x_2) \\
&= \int_{-\infty}^{\infty} \int_{-\infty}^{\infty} (a_1 x_1 + a_2 x_2) f(x_1, x_2) dx_1 dx_2 \\
&= a_1 \int_{-\infty}^{\infty} \int_{-\infty}^{\infty} x_1 f(x_1, x_2) dx_1 dx_2 + a_2 \int_{-\infty}^{\infty} \int_{-\infty}^{\infty} x_2 f(x_1, x_2) dx_1 dx_2 \\
&= a_1 E(x_1) + a_2 E(x_2) \\
&= \boldsymbol{a}^T E(\boldsymbol{x}) \tag{30.6}
\end{aligned}$$

同様に次式が成り立つ (問題 30.1)．

$$E(\boldsymbol{a}^T \boldsymbol{x}) = E(\boldsymbol{x}^T \boldsymbol{a}) = E(\boldsymbol{x}^T)\boldsymbol{a} = a_1 E(x_1) + a_2 E(x_2) \tag{30.7}$$

次に，2次の定数の正方行列 A と2次元ベクトル $\boldsymbol{b}$

$$A = \begin{pmatrix} a_{11} & a_{12} \\ a_{21} & a_{22} \end{pmatrix}, \quad \boldsymbol{b} = \begin{pmatrix} b_1 \\ b_2 \end{pmatrix} \tag{30.8}$$

に対して次式が成り立つ．

$$\begin{aligned}
E(A\boldsymbol{x} + \boldsymbol{b}) &= \begin{pmatrix} E(a_{11} x_1 + a_{12} x_2 + b_1) \\ E(a_{21} x_1 + a_{22} x_2 + b_2) \end{pmatrix} = \begin{pmatrix} a_{11} E(x_1) + a_{12} E(x_2) + b_1 \\ a_{21} E(x_1) + a_{22} E(x_2) + b_2 \end{pmatrix} \\
&= AE(\boldsymbol{x}) + \boldsymbol{b} = A\boldsymbol{\mu} + \boldsymbol{b} \tag{30.9}
\end{aligned}$$

$$E(\boldsymbol{x}^T A + \boldsymbol{b}^T) = E(\boldsymbol{x}^T)A + \boldsymbol{b}^T = \boldsymbol{\mu}^T A + \boldsymbol{b}^T \tag{30.10}$$

30.2 分散共分散行列

4つの確率変数を次のように2次の正方行列に配置する．

$$X = \begin{pmatrix} x_{11} & x_{12} \\ x_{21} & x_{22} \end{pmatrix} \tag{30.11}$$

このとき，X の期待値を

$$E(X) = \begin{pmatrix} E(x_{11}) & E(x_{12}) \\ E(x_{21}) & E(x_{22}) \end{pmatrix} \tag{30.12}$$

と定義する．確率変数が4つあるから，それらの同時確率密度関数を用いて期待値をとることになるが，(30.3) 式や (30.4) 式と同様に，該当する確率変数の周辺確率密度関数だけを用いた期待値の計算に帰着する．

2次元の定数ベクトルを $\boldsymbol{a} = (a_1, a_2)^T$, $\boldsymbol{b} = (b_1, b_2)^T$ とするとき，次式が成

り立つ.

$$E(X\bm{a}) = \begin{pmatrix} E(x_{11}a_1 + x_{12}a_2) \\ E(x_{21}a_1 + x_{22}a_2) \end{pmatrix} = \begin{pmatrix} E(x_{11})a_1 + E(x_{12})a_2 \\ E(x_{21})a_1 + E(x_{22})a_2 \end{pmatrix}$$
$$= E(X)\bm{a} \tag{30.13}$$
$$E(\bm{a}^T X) = \bm{a}^T E(X) \tag{30.14}$$
$$E(\bm{a}^T X \bm{b}) = \bm{a}^T E(X) \bm{b} \tag{30.15}$$

さらに,定数行列 A と B を

$$A = \begin{pmatrix} a_{11} & a_{12} \\ a_{21} & a_{22} \end{pmatrix}, \quad B = \begin{pmatrix} b_{11} & b_{12} \\ b_{21} & b_{22} \end{pmatrix} \tag{30.16}$$

と定義するとき,次式が成り立つ (問題 30.2).

$$E(AX) = AE(X) \tag{30.17}$$
$$E(XB) = E(X)B \tag{30.18}$$
$$E(AXB) = AE(X)B \tag{30.19}$$

上式で,A や B は正方行列である必要はない.行列の計算ができる型であればよい.

また,行列のトレースについて次式が成り立つ.

$$E\{\text{tr}(X)\} = E(x_{11} + x_{22}) = E(x_{11}) + E(x_{22}) = \text{tr}\{E(X)\} \tag{30.20}$$

いま,2次元の確率変数ベクトル $\bm{x} = (x_1, x_2)^T$ に対して $V(\bm{x})\,(= \Sigma\, とおく)$ を次式で定義し,x_1 と x_2 の**分散共分散行列**と呼ぶ.

$$\Sigma = V(\bm{x}) = E\left[\{\bm{x} - E(\bm{x})\}\{\bm{x} - E(\bm{x})\}^T\right] = E\left\{(\bm{x} - \bm{\mu})(\bm{x} - \bm{\mu})^T\right\}$$
$$= \begin{pmatrix} E\{(x_1 - \mu_1)^2\} & E\{(x_1 - \mu_1)(x_2 - \mu_2)\} \\ E\{(x_2 - \mu_2)(x_1 - \mu_1)\} & E\{(x_2 - \mu_2)^2\} \end{pmatrix}$$
$$= \begin{pmatrix} V(x_1) & C(x_1, x_2) \\ C(x_2, x_1) & V(x_2) \end{pmatrix} \tag{30.21}$$

「統計学ではこう使う 22」などで述べた分散共分散行列 V は (30.21) 式の推定量である.

(30.21) 式の第 1 行目の右辺を展開すると次のようになる.

$$\Sigma = V(\bm{x}) = E\left(\bm{x}\bm{x}^T - \bm{x}\bm{\mu}^T - \bm{\mu}\bm{x}^T + \bm{\mu}\bm{\mu}^T\right)$$
$$= E\left(\bm{x}\bm{x}^T\right) - E(\bm{x})\bm{\mu}^T - \bm{\mu}E\left(\bm{x}^T\right) + \bm{\mu}\bm{\mu}^T$$
$$= E\left(\bm{x}\bm{x}^T\right) - \bm{\mu}\bm{\mu}^T \tag{30.22}$$

(30.16) 式の行列 A を用いて $A\bm{x} + \bm{b}$ の分散共分散行列を考えると,(30.9) 式

と (30.19) 式より次のようになる．

$$\begin{aligned}
V(A\bm{x}+\bm{b}) &= E\left[\{A\bm{x}+\bm{b}-E(A\bm{x}+\bm{b})\}\{A\bm{x}+\bm{b}-E(A\bm{x}+\bm{b})\}^T\right] \\
&= E\left\{(A\bm{x}+\bm{b}-A\bm{\mu}-\bm{b})(A\bm{x}+\bm{b}-A\bm{\mu}-\bm{b})^T\right\} \\
&= E\left\{A(\bm{x}-\bm{\mu})(\bm{x}-\bm{\mu})^T A^T\right\} \\
&= AE\left\{(\bm{x}-\bm{\mu})(\bm{x}-\bm{\mu})^T\right\}A^T \\
&= AV(\bm{x})A^T = A\Sigma A^T \qquad (30.23)
\end{aligned}$$

「統計学ではこう使う 42」で 2 変量正規分布 $N(\bm{\mu},\Sigma)$ の（同時）確率密度関数を導いた．$\bm{x}$ が $N(\bm{\mu},\Sigma)$ に従うとき，$E(\bm{x})=\bm{\mu}$, $V(\bm{x})=\Sigma$ である．$\bm{y}=A\bm{x}+\bm{b}$ と変換すると，(30.9) 式と (30.23) 式より，$\bm{y}$ は $N(A\bm{\mu}+\bm{b}, A\Sigma A^T)$ に従う（$\bm{y}=A\bm{x}+\bm{b}$ が正規分布に従うことは，「統計学ではこう使う 42」と同様に，変数変換して得られた（同時）確率密度関数が正規分布の形をしていることを確かめることよりわかる）．

さらに，2 次形式の期待値について，トレースの性質 (15.2 節) と (30.20) 式および (30.22) 式より次式が成り立つ．

$$\begin{aligned}
E(\bm{x}^T A\bm{x}) &= E\{\mathrm{tr}(\bm{x}^T A\bm{x})\} = E\{\mathrm{tr}(A\bm{x}\bm{x}^T)\} = \mathrm{tr}\{E(A\bm{x}\bm{x}^T)\} \\
&= \mathrm{tr}\{AE(\bm{x}\bm{x}^T)\} = \mathrm{tr}\{A(\Sigma+\bm{\mu}\bm{\mu}^T)\} = \mathrm{tr}(A\Sigma) + \mathrm{tr}(A\bm{\mu}\bm{\mu}^T) \\
&= \mathrm{tr}(A\Sigma) + \mathrm{tr}(\bm{\mu}^T A\bm{\mu}) = \mathrm{tr}(A\Sigma) + \bm{\mu}^T A\bm{\mu} \qquad (30.24)
\end{aligned}$$

◇ 問 題 ◇

問題 30.1 (30.7) 式を示せ．

問題 30.2 (30.17) 式を示せ．

◆ ═══ **統計学ではこう使う 43（重回帰分析のモデル選択）** ═══ ◆

次の重回帰モデル (Model 1) を考える．

$$\text{Model 1}: \quad \bm{y} = X\bm{\beta}+\bm{\varepsilon}, \quad \bm{\varepsilon} \sim N(\bm{0}, \sigma^2 I_n) \qquad (30.25)$$

ここで，$\bm{y}$ と $\bm{\varepsilon}$ は n 次元ベクトル，X は $n\times(p+1)$ 行列，$\bm{\beta}$ は $(p+1)$ 次元ベクトルとする．

「統計学ではこう使う 36」より，$\bm{\beta}$ の最小 2 乗推定量は

$$\hat{\bm{\beta}} = (X^T X)^{-1} X^T \bm{y} \qquad (30.26)$$

である．(30.26) 式の右辺に (30.25) 式を代入すると

$$\hat{\boldsymbol{\beta}} = (X^T X)^{-1} X^T (X\boldsymbol{\beta} + \boldsymbol{\varepsilon}) = \boldsymbol{\beta} + (X^T X)^{-1} X^T \boldsymbol{\varepsilon} \tag{30.27}$$

となるから，$E(\boldsymbol{\varepsilon}) = \boldsymbol{0}$，$V(\boldsymbol{\varepsilon}) = \sigma^2 I_n$ および (30.9) 式と (30.23) 式より

$$E(\hat{\boldsymbol{\beta}}) = \boldsymbol{\beta} \tag{30.28}$$

$$V(\hat{\boldsymbol{\beta}}) = (X^T X)^{-1} X^T V(\boldsymbol{\varepsilon}) X (X^T X)^{-1} = \sigma^2 (X^T X)^{-1} \tag{30.29}$$

となる．(30.28) 式より，$\hat{\boldsymbol{\beta}}$ は $\boldsymbol{\beta}$ の不偏推定量である．

いま，X を $X = (X_1, X_2)$ のように分割行列として表す．X_1 は $n \times m$ 行列，X_2 は $n \times q$ 行列，$m + q = p + 1$ とする．これに対応して $\boldsymbol{\beta} = \left(\boldsymbol{\beta}_1^T, \boldsymbol{\beta}_2^T\right)^T$ と分割する．$\boldsymbol{\beta}_1$ と $\boldsymbol{\beta}_2$ は，それぞれ，m 次元ベクトル，q 次元ベクトルである．これらを用いると (30.25) 式の Model 1 は次のように表すことができる．

$$\text{Model 1}: \boldsymbol{y} = (X_1, X_2) \begin{pmatrix} \boldsymbol{\beta}_1 \\ \boldsymbol{\beta}_2 \end{pmatrix} + \boldsymbol{\varepsilon} = X_1 \boldsymbol{\beta}_1 + X_2 \boldsymbol{\beta}_2 + \boldsymbol{\varepsilon}, \ \boldsymbol{\varepsilon} \sim N(\boldsymbol{0}, \sigma^2 I_n) \tag{30.30}$$

$\boldsymbol{\beta}_1$ と $\boldsymbol{\beta}_2$ のそれぞれの推定量を $\hat{\boldsymbol{\beta}}_1$ と $\hat{\boldsymbol{\beta}}_2$ と表すと，これらは (30.26) 式より分割行列を用いて

$$\hat{\boldsymbol{\beta}} = \begin{pmatrix} \hat{\boldsymbol{\beta}}_1 \\ \hat{\boldsymbol{\beta}}_2 \end{pmatrix} = (X^T X)^{-1} X^T \boldsymbol{y} = \begin{pmatrix} X_1^T X_1 & X_1^T X_2 \\ X_2^T X_1 & X_2^T X_2 \end{pmatrix}^{-1} \begin{pmatrix} X_1^T \\ X_2^T \end{pmatrix} \boldsymbol{y} \tag{30.31}$$

と表すことができる．ここで，24.2 節で述べた分割行列に関する逆行列の公式を用いる．(24.12) 式を $C = B^T$ として以下に示す．

$$\begin{pmatrix} A & B \\ B^T & D \end{pmatrix}^{-1} = \begin{pmatrix} A^{-1} + GFG^T & -GF \\ -FG^T & F \end{pmatrix} \tag{30.32}$$

$$F = (D - B^T A^{-1} B)^{-1} \tag{30.33}$$

$$G = A^{-1} B \tag{30.34}$$

(30.32) 式で $A = X_1^T X_1$，$B = X_1^T X_2$，$D = X_2^T X_2$ とおいて (30.31) 式の右辺に適用すると次式を得る．

$$\begin{aligned}
\hat{\boldsymbol{\beta}} &= \begin{pmatrix} \hat{\boldsymbol{\beta}}_1 \\ \hat{\boldsymbol{\beta}}_2 \end{pmatrix} = \begin{pmatrix} A^{-1} + GFG^T & -GF \\ -FG^T & F \end{pmatrix} \begin{pmatrix} X_1^T \\ X_2^T \end{pmatrix} \boldsymbol{y} \\
&= \begin{pmatrix} \{A^{-1} X_1^T + GF(G^T X_1^T - X_2^T)\} \boldsymbol{y} \\ -F(G^T X_1^T - X_2^T) \boldsymbol{y} \end{pmatrix}
\end{aligned} \tag{30.35}$$

ところで，$\hat{\boldsymbol{\beta}} = \left(\hat{\boldsymbol{\beta}}_1^T, \hat{\boldsymbol{\beta}}_2^T\right)^T$ の期待値と分散共分散行列は次のように定義される．

$$E(\hat{\boldsymbol{\beta}}) = E \begin{pmatrix} \hat{\boldsymbol{\beta}}_1 \\ \hat{\boldsymbol{\beta}}_2 \end{pmatrix} \tag{30.36}$$

$$\begin{aligned}
V(\hat{\boldsymbol{\beta}}) &= E \left[\left\{ \hat{\boldsymbol{\beta}} - E(\hat{\boldsymbol{\beta}}) \right\} \left\{ \hat{\boldsymbol{\beta}} - E(\hat{\boldsymbol{\beta}}) \right\}^T \right] \\
&= E \left(\begin{pmatrix} \hat{\boldsymbol{\beta}}_1 - E(\hat{\boldsymbol{\beta}}_1) \\ \hat{\boldsymbol{\beta}}_2 - E(\hat{\boldsymbol{\beta}}_2) \end{pmatrix} \left(\hat{\boldsymbol{\beta}}_1 - E(\hat{\boldsymbol{\beta}}_1), \hat{\boldsymbol{\beta}}_2 - E(\hat{\boldsymbol{\beta}}_2) \right)^T \right)
\end{aligned}$$

30.2 分散共分散行列

$$= \begin{pmatrix} E\left[\{\hat{\boldsymbol{\beta}}_1 - E(\hat{\boldsymbol{\beta}}_1)\}\{\hat{\boldsymbol{\beta}}_1 - E(\hat{\boldsymbol{\beta}}_1)\}^T\right] & E\left[\{\hat{\boldsymbol{\beta}}_1 - E(\hat{\boldsymbol{\beta}}_1)\}\{\hat{\boldsymbol{\beta}}_2 - E(\hat{\boldsymbol{\beta}}_2)\}^T\right] \\ E\left[\{\hat{\boldsymbol{\beta}}_2 - E(\hat{\boldsymbol{\beta}}_2)\}\{\hat{\boldsymbol{\beta}}_1 - E(\hat{\boldsymbol{\beta}}_1)\}^T\right] & E\left[\{\hat{\boldsymbol{\beta}}_2 - E(\hat{\boldsymbol{\beta}}_2)\}\{\hat{\boldsymbol{\beta}}_2 - E(\hat{\boldsymbol{\beta}}_2)\}^T\right] \end{pmatrix}$$

$$= \begin{pmatrix} V(\hat{\boldsymbol{\beta}}_1) & C(\hat{\boldsymbol{\beta}}_1, \hat{\boldsymbol{\beta}}_2) \\ C(\hat{\boldsymbol{\beta}}_2, \hat{\boldsymbol{\beta}}_1) & V(\hat{\boldsymbol{\beta}}_2) \end{pmatrix} \tag{30.37}$$

(30.37) 式は (30.21) 式の定義を 3 次元以上へ拡張したものである.$V(\hat{\boldsymbol{\beta}})$,$V(\hat{\boldsymbol{\beta}}_1)$,$V(\hat{\boldsymbol{\beta}}_2)$ は,いずれもその形より非負定値行列である.

分割行列を用いて (30.29) 式の右辺を表現すると

$$V(\hat{\boldsymbol{\beta}}) = \sigma^2 \begin{pmatrix} X_1^T X_1 & X_1^T X_2 \\ X_2^T X_1 & X_2^T X_2 \end{pmatrix}^{-1} = \sigma^2 \begin{pmatrix} A^{-1} + GFG^T & -GF \\ -FG^T & F \end{pmatrix} \tag{30.38}$$

となる.これらより $\boldsymbol{\beta}_1$ と $\boldsymbol{\beta}_2$ のそれぞれの推定量 $\hat{\boldsymbol{\beta}}_1$ と $\hat{\boldsymbol{\beta}}_2$ の期待値と分散共分散行列は (30.36)〜(30.38) 式および (30.28) 式より次式となる.

$$E(\hat{\boldsymbol{\beta}}_1) = \boldsymbol{\beta}_1 \tag{30.39}$$

$$E(\hat{\boldsymbol{\beta}}_2) = \boldsymbol{\beta}_2 \tag{30.40}$$

$$V(\hat{\boldsymbol{\beta}}_1) = \sigma^2(A^{-1} + GFG^T) \tag{30.41}$$

$$V(\hat{\boldsymbol{\beta}}_2) = \sigma^2 F \tag{30.42}$$

次に,Model 1 において $\boldsymbol{\beta}_2 \approx \boldsymbol{0}$ というあいまいな事前情報が存在するものとする.このとき,次の Model 2 を想定するとしよう.

$$\text{Model 2:} \quad \boldsymbol{y} = X_1 \boldsymbol{\beta}_1 + \boldsymbol{\varepsilon}, \ \boldsymbol{\varepsilon} \sim N(\boldsymbol{0}, \sigma^2 I_n) \tag{30.43}$$

Model 2 に基づくと,$\boldsymbol{\beta}_1$ の最小 2 乗推定量は

$$\hat{\boldsymbol{\beta}}_1^* = (X_1^T X_1)^{-1} X_1^T \boldsymbol{y} = A^{-1} X_1^T \boldsymbol{y} \tag{30.44}$$

である.(30.44) 式では,Model 1 を想定した場合の推定量と区別するために * の記号を付けている.Model 2 を想定した場合の $\boldsymbol{\beta}_1$ の推定量 (30.44) 式と,Model 1 を想定した場合の $\boldsymbol{\beta}_1$ の推定量 (30.35) 式の $\hat{\boldsymbol{\beta}}_1 = \{A^{-1} X_1^T + GF(G^T X_1^T - X_2^T)\}\boldsymbol{y}$ とは異なっていることに注意する.ただし,$B = X_1^T X_2 = O$(X_1 のすべての列ベクトルと X_2 のすべての列ベクトルが直交する)なら $G = O$ となるので,$\hat{\boldsymbol{\beta}}_1^* = \hat{\boldsymbol{\beta}}_1$ である.

実際に $\boldsymbol{\beta}_2 = \boldsymbol{0}$ であり,Model 2 が正しいのなら,(30.44) 式の推定量 $\hat{\boldsymbol{\beta}}_1^*$ の期待値と分散は,(30.28) 式と (30.29) 式の計算と同様で,

$$E(\hat{\boldsymbol{\beta}}_1^*) = \boldsymbol{\beta}_1 \tag{30.45}$$

$$V(\hat{\boldsymbol{\beta}}_1^*) = \sigma^2(X_1^T X_1)^{-1} = \sigma^2 A^{-1} \tag{30.46}$$

となる.(30.41) 式の $V(\hat{\boldsymbol{\beta}}_1)$ と (30.46) 式の $V(\hat{\boldsymbol{\beta}}_1^*)$ を比較する.

$$V(\hat{\boldsymbol{\beta}}_1) - V(\hat{\boldsymbol{\beta}}_1^*) = \sigma^2 GFG^T = GV(\hat{\boldsymbol{\beta}}_2)G^T \geq 0 \quad \text{(非負定値行列)} \tag{30.47}$$

となるから,$V(\hat{\boldsymbol{\beta}}_1) \geq V(\hat{\boldsymbol{\beta}}_1^*)$ である.なお,$B = X_1^T X_2 = O$ なら $G = O$ となるの

で, $V(\hat{\boldsymbol{\beta}}_1) = V(\hat{\boldsymbol{\beta}}_1^*)$ が成り立つ.

一方, もし, $\boldsymbol{\beta}_2 \neq \boldsymbol{0}$ であり, Model 2 が正しくないならば, (30.44) 式の $\boldsymbol{y}$ に (30.30) 式を代入すると

$$\hat{\boldsymbol{\beta}}_1^* = (X_1^T X_1)^{-1} X_1^T (X_1 \boldsymbol{\beta}_1 + X_2 \boldsymbol{\beta}_2 + \boldsymbol{\varepsilon})$$
$$= \boldsymbol{\beta}_1 + (X_1^T X_1)^{-1} X_1^T X_2 \boldsymbol{\beta}_2 + (X_1^T X_1)^{-1} X_1^T \boldsymbol{\varepsilon} \quad (30.48)$$

となる. これより,

$$E(\hat{\boldsymbol{\beta}}_1^*) = \boldsymbol{\beta}_1 + (X_1^T X_1)^{-1} X_1^T X_2 \boldsymbol{\beta}_2 \quad (30.49)$$
$$V(\hat{\boldsymbol{\beta}}_1^*) = \sigma^2 (X_1^T X_1)^{-1} = \sigma^2 A^{-1} \quad (30.50)$$

を得る. (30.49) 式の右辺は, $\boldsymbol{\beta}_2 \neq \boldsymbol{0}$ かつ $X_1^T X_2 \neq O$ なら $\boldsymbol{\beta}_1$ から偏りが生じることを示している. $\boldsymbol{\beta}_2 = \boldsymbol{0}$ または $X_1^T X_2 = O$ なら, (30.49) 式は (30.45) 式と一致する. また, (30.50) 式は (30.46) 式と同じである.

ここで, $\boldsymbol{\beta} = (\boldsymbol{\beta}_1^T, \boldsymbol{\beta}_2^T)^T$ の推定を考える.

Model 1 を前提とした場合は (30.26) 式の $\hat{\boldsymbol{\beta}}^T$ を用いる. この推定量の期待値と分散共分散行列は (30.36) 式と (30.38) 式に与えられている.

Model 2 を前提とした場合は $\boldsymbol{\beta}$ を $\hat{\boldsymbol{\beta}}^* = \left(\hat{\boldsymbol{\beta}}_1^{*T}, \hat{\boldsymbol{\beta}}_2^{*T}\right)^T = \left(\hat{\boldsymbol{\beta}}_1^{*T}, \boldsymbol{0}^T\right)^T$ と推定する. $\hat{\boldsymbol{\beta}}_1^*$ は (30.44) 式で与えられており, その期待値と分散共分散行列は (30.49) 式と (30.50) 式となる ($\boldsymbol{\beta}_2 \neq \boldsymbol{0}$ の場合). これらに基づくと, (30.36) 式と (30.37) 式を考慮すれば, $\hat{\boldsymbol{\beta}}^*$ の期待値と分散共分散行列は次のようになる.

$$E(\hat{\boldsymbol{\beta}}^*) = \begin{pmatrix} E(\hat{\boldsymbol{\beta}}_1^*) \\ E(\boldsymbol{0}) \end{pmatrix} = \begin{pmatrix} \boldsymbol{\beta}_1 + (X_1^T X_1)^{-1} X_1^T X_2 \boldsymbol{\beta}_2 \\ \boldsymbol{0} \end{pmatrix} \quad (30.51)$$

$$V(\hat{\boldsymbol{\beta}}^*) = \begin{pmatrix} V(\hat{\boldsymbol{\beta}}_1^*) & C(\hat{\boldsymbol{\beta}}_1^*, \hat{\boldsymbol{\beta}}_2^*) \\ C(\hat{\boldsymbol{\beta}}_2^*, \hat{\boldsymbol{\beta}}_1^*) & V(\hat{\boldsymbol{\beta}}_2^*) \end{pmatrix} = \sigma^2 \begin{pmatrix} A^{-1} & O \\ O & O \end{pmatrix} \quad (30.52)$$

(30.38) 式と (30.52) 式を比較するため, 任意の $p+1$ 次元ベクトル $\boldsymbol{x} = (\boldsymbol{x}_1^T, \boldsymbol{x}_2^T)^T$ ($\boldsymbol{x}_1$ は m 次元ベクトル, $\boldsymbol{x}_2$ は q 次元ベクトル) に対して 2 次形式の差を計算する. (24.19) 式を用いると

$$\boldsymbol{x}^T V(\hat{\boldsymbol{\beta}}) \boldsymbol{x} - \boldsymbol{x}^T V(\hat{\boldsymbol{\beta}}^*) \boldsymbol{x} = (\boldsymbol{x}_2 - G^T \boldsymbol{x}_1)^T F (\boldsymbol{x}_2 - G^T \boldsymbol{x}_1) \geq 0 \quad (30.53)$$

となる. したがって, $V(\hat{\boldsymbol{\beta}}) \geq V(\hat{\boldsymbol{\beta}}^*)$ が成り立つ.

以上をまとめると, もし, $\boldsymbol{\beta}_2 = \boldsymbol{0}$ が成り立っているなら $\hat{\boldsymbol{\beta}}$ と $\hat{\boldsymbol{\beta}}^*$ はいずれも不偏推定量であり, $V(\hat{\boldsymbol{\beta}}) \geq V(\hat{\boldsymbol{\beta}}^*)$ となるから, $\hat{\boldsymbol{\beta}}^*$ の方が望ましい. 一方, $\boldsymbol{\beta}_2 \neq \boldsymbol{0}$ なら, $\hat{\boldsymbol{\beta}}^*$ は分散の観点からは $\hat{\boldsymbol{\beta}}$ より望ましいが, 偏りがある.

実際の場面では $\boldsymbol{\beta}_2$ の値は未知であり, $\hat{\boldsymbol{\beta}}$ または $\hat{\boldsymbol{\beta}}^*$ のどちらの推定量が望ましいのかは $\boldsymbol{\beta}_2$ がどれくらいゼロベクトルに近いかに依存する. データに基づいて, $\boldsymbol{\beta}_2 \neq \boldsymbol{0}$ とみなして Model 1 を選択するか, $\boldsymbol{\beta}_2 = \boldsymbol{0}$ とみなして Model 2 を選択するかについては, 上記の偏りの程度と分散共分散行列の大きさを推定して決定する. このよう

な統計的な決定方式を**モデル選択**とか**変数選択**と呼ぶ.

参 考 図 書

　本書を執筆する際に参考にした図書，そして，読者の方々に薦めたい参考図書をあげておく．
　[1] は高校数学の参考書である．公式が単に羅列されているのではなく，解説や例題も豊富で，高校数学の総まとめとして非常によい．
　[2] [3] [4] は，本書で取り扱ったレベルの微積分や線形代数をていねいに情緒豊かに解説している．
　[5] [6] は大学初年度のテキストとして書かれた標準的で定評のある図書である．
　もう少し高いレベルだと，[7] [8] [9] がよい．[7] は解析学のバイブルとして有名である．[8] も線形代数の優れた教科書としてよく知られている．[9] は統計学者により書かれた優れた線形代数の教科書である．
　[10] は，本書と同じ目的で書かれた図書で，本書と同じくらいのレベルで，計算方法がより具体的に説明されている．[11] [12] は，経営システム工学の分野の研究者により書かれた本書と同じシリーズの図書で，本書より広い範囲をていねいに取り扱っている．

[1] 矢野健太郎, 春日正文：モノグラフ　公式集, 科学新興新社, 1996 (5訂版).
[2] 志賀浩二：微分・積分 30 講, 朝倉書店, 1988.
[3] 志賀浩二：線形代数 30 講, 朝倉書店, 1988.
[4] 志賀浩二：解析入門 30 講, 朝倉書店, 1988.
[5] 笠原晧司：微分積分学, サイエンス社, 1974.
[6] 笠原晧司：線形代数学, サイエンス社, 1982.
[7] 高木貞治：解析概論, 岩波書店, 1961 (改訂第三版).
[8] 佐武一郎：線型代数学, 裳華房, 1974 (増補改題).

[9] 竹内 啓：線形数学，培風館，1974 (補訂版).
[10] 三野大來：統計解析のための線形代数，共立出版，2001.
[11] 宮川雅巳，水野眞治，矢島安敏：経営工学の数理 I，朝倉書店，2004.
[12] 宮川雅巳，水野眞治，矢島安敏：経営工学の数理 II，朝倉書店，2004.

問題の解答

問題 1.1 $\alpha = a+bi$, $\beta = c+di$ とおく.

α が実数 $\Leftrightarrow b=0 \Leftrightarrow \alpha = a = \bar{\alpha}$

$\overline{\alpha+\beta} = \overline{(a+c)+(b+d)i} = (a+c)-(b+d)i = (a-bi)+(c-di) = \bar{\alpha}+\bar{\beta}$

$\overline{\alpha-\beta} = \overline{(a-c)+(b-d)i} = (a-c)-(b-d)i = (a-bi)-(c-di) = \bar{\alpha}-\bar{\beta}$

$\overline{\alpha\beta} = \overline{(ac-bd)+(ad+bc)i} = (ac-bd)-(ad+bc)i = (a-bi)(c-di) = \bar{\alpha}\bar{\beta}$

$\overline{\left(\dfrac{\alpha}{\beta}\right)}\bar{\beta} = \overline{\dfrac{\alpha}{\beta}\beta} = \bar{\alpha} \Longrightarrow \overline{\left(\dfrac{\alpha}{\beta}\right)} = \dfrac{\bar{\alpha}}{\bar{\beta}}$

$\alpha\bar{\alpha} = (a+bi)(a-bi) = a^2+b^2$

問題 1.2 (1) $a^1 = a \Rightarrow 1 = \log_a a$

(2) $a^0 = 1 \Rightarrow 0 = \log_a 1$

(3) $a^m = M \Rightarrow m = \log_a M \Rightarrow M = a^m = a^{\log_a M}$

(7) $a^m = M \Rightarrow \log_b M = \log_b a^m = m\log_b a \Rightarrow m = \log_b M / \log_b a$

問題 2.1 証明は (2.10) 式の場合と同様で,

$$0 \leq \int_c^d \{g(x)t - h(x)\}^2 dx$$
$$= t^2 \int_c^d \{g(x)\}^2 dx - 2t \int_c^d \{g(x)h(x)\} dx + \int_c^d \{h(x)\}^2 dx$$

を t の2次関数と考えて, 判別式をゼロ以下とおけばよい.

問題 2.2 (1) $f(x) = x(1+x+x^2+\cdots) = x+x^2+x^3+\cdots$

(2) $f(x) = \dfrac{-1}{1-(1/x)} = -\{1+(1/x)+(1/x)^2+\cdots\} = -1-(1/x)-(1/x)^2-\cdots$

問題 3.1 (1) ${}_8P_3 = 336$ (2) ${}_8C_3 = 56$ (3) ${}_8C_5 = 56$

問題 3.2 2項定理より次式が成り立つ.

$$(x+1)^6 = {}_6C_0 + {}_6C_1 x + {}_6C_2 x^2 + {}_6C_3 x^3 + {}_6C_4 x^4 + {}_6C_5 x^5 + {}_6C_6 x^6$$

(1) 上式で $x=1$ とおくと, ${}_6C_0 + {}_6C_1 + {}_6C_2 + {}_6C_3 + {}_6C_4 + {}_6C_5 + {}_6C_6 = 2^6 = 64$

(2) 上式で $x=-1$ とおくと, ${}_6C_0 - {}_6C_1 + {}_6C_2 - {}_6C_3 + {}_6C_4 - {}_6C_5 + {}_6C_6 = 0$

問題 4.1 (1) $\displaystyle\lim_{x\to 0+0} \dfrac{\log(1+x)}{x} = \lim_{x\to 0+0} \dfrac{1/(1+x)}{1} = 1$

問題の解答

(2) $\lim_{x\to 0}\dfrac{e^x-(1+x)}{x^2}=\lim_{x\to 0}\dfrac{e^x-1}{2x}=\lim_{x\to 0}\dfrac{e^x}{2}=\dfrac{1}{2}$

問題 4.2 (1) $\log(1+x)=O(x)$ (2) $e^x-(1+x)=O(x^2)$

問題 5.1 (1) $f'(x)=e^{-ax^2}-2ax^2e^{-ax^2}$

(2) $\log f(x)=x\log x$ の両辺を x で微分すると，$\dfrac{f'(x)}{f(x)}=\log x+1$ となる．これより，$f'(x)=x^x(\log x+1)$ を得る．

問題 5.2 $a<\infty$ として，(4.8) 式を示す．コーシーの平均値の定理より
$$\frac{f(x)}{g(x)}=\frac{f(x)-f(a)}{g(x)-g(a)}=\frac{f'(c(x))}{g'(c(x))}$$
が成り立つ．ただし，$c(x)$ は a と x の間の数である．上式で，$x\to a$ とすればよい．このとき，$c(x)\to a$ である．

次に，$a=\infty$ の場合については，$y=1/x$ とおき，$h(y)=f(1/y)$, $k(y)=g(1/y)$ とし，$h'(y)=-\dfrac{1}{y^2}f'(1/y)$, $k'(y)=-\dfrac{1}{y^2}g'(1/y)$ に注意すれば $a<\infty$ の場合と同様に示すことができる．

問題 6.1 $k=0$ なら $f(\lambda)=e^{-\lambda}$ となり，$\lambda>0$ なので最大値は存在しない．$k>0$ とする．$f'(\lambda)=\dfrac{k\lambda^{k-1}}{k!}e^{-\lambda}-\dfrac{\lambda^k}{k!}e^{-\lambda}=\dfrac{\lambda^{k-1}}{k!}e^{-\lambda}(k-\lambda)$ より $f(\lambda)$ は $\lambda=k$ で最大値をとる．$L(\lambda)=\log f(\lambda)=k\log\lambda-\log k!-\lambda$ より，$L'(\lambda)=k/\lambda-1$ となる．これより，$L(\lambda)$ は $\lambda=k$ で最大値をとる．

問題 6.2 $x=0$ なら $f(\lambda)=\lambda$ となり，$\lambda>0$ なので最大値は存在しない．$x>0$ とする．$f'(\lambda)=e^{-\lambda x}-\lambda xe^{-\lambda x}=e^{-\lambda x}(1-\lambda x)$ より $f(\lambda)$ は $\lambda=1/x$ で最大値をとる．$L(\lambda)=\log f(\lambda)=\log\lambda-\lambda x$ より，$L'(\lambda)=1/\lambda-x$ となる．これより，$L(\lambda)$ は $\lambda=1/x$ で最大値をとる．

問題 7.1 $f(x)=\dfrac{1}{a}-\dfrac{x}{a^2}+\dfrac{x^2}{a^3}-\dfrac{x^3}{a^4}+\cdots$ ($|x|<|a|$)

問題 7.2 表 A.1 に示す．

表 A.1 値の比較 (問題 7.2)

x	真値	第2項まで	第3項まで	第4項まで
0.5	0.66667	0.50000	0.75000	0.62500
0.3	0.76923	0.70000	0.79000	0.76300
0.1	0.90909	0.90000	0.91000	0.90900
0.05	0.95238	0.95000	0.95250	0.95238
0.01	0.99010	0.99000	0.99010	0.99010
0	1	1	1	1

問題 8.1 (1) $\dfrac{2}{3}x\sqrt{x}+\dfrac{1}{2}x^4+C$ (2) $\dfrac{1}{4}e^{4x}+C$

問題 8.2 (1) $\dfrac{x^2}{2}\log x-\dfrac{x^2}{4}+C$ (部分積分を用いる) (2) $\dfrac{1}{12}(x^2+1)^6+C$

問題 9.1 (1) e^{-2x} (2) $2x(e^{-2x^2}-7x^2)$

問題 9.2 例として $f(x)=x^2$ $(0\leq x<1)$, $2x$ $(1\leq x<2)$, $-x+3$ $(2\leq x)$ を考える. $G(x)=\int_0^x f(t)dt$ を計算すると, $G(x)=\dfrac{x^3}{3}$ $(0\leq x<1)$, $x^2-\dfrac{2}{3}$ $(1\leq x<2)$, $-\dfrac{x^2}{2}+3x-\dfrac{2}{3}$ $(2\leq x)$ となる. これは $x=1,2$ でも連続になっている.

問題 10.1 (1) $2\log 2-\dfrac{3}{4}$　(2) $\dfrac{1}{30}$

問題 10.2 (1) $\dfrac{1}{3}(2\sqrt{2}-1)$ ($t=x^2+1$ とおいて置換積分を行う)

(2) $\dfrac{1}{2}$ ($t=1+\sqrt{x}$ とおいて置換積分を行う)

問題 11.1 (1) 6　(2) $\dfrac{3}{4}\sqrt{\pi}$　(3) $\dfrac{1}{60}$　(4) π

問題 11.2 (1) $\dfrac{\Gamma(6)}{2^6}=\dfrac{15}{8}$　(2) $\Gamma\left(\dfrac{7}{2}\right)2^{7/2}=15\sqrt{2\pi}$

問題 12.1 (1) $\displaystyle\int_a^b 1\,dx=[x]_a^b=b-a=\dfrac{b-a}{6}(1+4\cdot 1+1)$

(2) $\displaystyle\int_a^b x\,dx=\left[\dfrac{x^2}{2}\right]_a^b=\dfrac{b^2-a^2}{2}=\dfrac{b-a}{6}\left(a+4\cdot\dfrac{a+b}{2}+b\right)$

(3) $\displaystyle\int_a^b x^2\,dx=\left[\dfrac{x^3}{3}\right]_a^b=\dfrac{b^3-a^3}{3}=\dfrac{b-a}{6}\left\{a^2+4\left(\dfrac{a+b}{2}\right)^2+b^2\right\}$

(4) $\displaystyle\int_a^b x^3\,dx=\left[\dfrac{x^4}{4}\right]_a^b=\dfrac{b^4-a^4}{4}=\dfrac{b-a}{6}\left\{a^3+4\left(\dfrac{a+b}{2}\right)^3+b^3\right\}$

$\displaystyle\int_a^b (px^3+qx^2+rx+s)dx=p\int_a^b x^3 dx+q\int_a^b x^2 dx+r\int_a^b x\,dx+s\int_a^b 1\cdot dx$ だから, 3次以下の多項式に対して (12.9) 式が成り立つ.

問題 12.2 真値は 6.4 である. $x_0=0$, $x_1=0.5$, $x_2=1$, $x_3=1.5$, $x_4=2$, $y_0=0$, $y_1=0.0625$, $y_2=1$, $y_3=5.0625$, $y_4=16$

(1) 7.0625　(2) 6.4167

問題 13.1 (1) $\displaystyle\int_1^2 \dfrac{1}{x^2}dx=\left[-\dfrac{1}{x}\right]_1^2=\dfrac{1}{2}$

(2) 積分区間 $[-1,1]$ に $x=0$ の不連続点を含むから, 積分を2つに分けて考える.

$$\int_{-1}^1 \dfrac{1}{x^2}dx=\int_{-1}^0 \dfrac{1}{x^2}dx+\int_0^1 \dfrac{1}{x^2}dx=\lim_{\varepsilon_1\to 0-0}\left[-\dfrac{1}{x}\right]_{-1}^{\varepsilon_1}+\lim_{\varepsilon_2\to 0+0}\left[-\dfrac{1}{x}\right]_{\varepsilon_2}^1$$

右辺のどちらの極限も発散するので, 広義積分は存在しない.

問題 13.2 ベータ関数

$$B(x,y)=\int_0^1 t^{x-1}(1-t)^{y-1}dt$$

を考える. $f(t)=t^{x-1}(1-t)^{y-1}$ とおく.

　端点 1 についての広義積分を考える. $y<1$ の場合だけを考えればよい. $0<t<1$ なので, (13.11) 式と (13.12) 式で $f(x)$ に掛ける $(x-a)^r$ には $(1-t)^r$ を対応させる.

問 題 の 解 答

$$\lim_{t \to 1-0}(1-t)^r f(t) = \lim_{t \to 1-0} t^{x-1}(1-t)^{r+y-1}$$

$r=1-y$ とおく．$y>0$ なら $r\,(=1-y)<1$ に対して上の極限は1となるから (13.11) 式が成り立ち広義積分は存在する．一方，$y\leq 0$ なら，$r\,(=1-y)\geq 1$ に対して (13.12) 式が成り立つことになり，広義積分は存在しない．

端点 0 についての広義積分も同様に考えることにより，$x>0$ のときに広義積分が存在することがわかる．

以上より，ベータ関数は $x>0$, $y>0$ のとき広義積分が存在する．

問題 14.1 A は 3×3, B は 3×3, C は 3×4 である．
$$A^T = \begin{pmatrix} 1 & 3 & 5 \\ 2 & 6 & 8 \\ 4 & 7 & 9 \end{pmatrix}, \ B^T = \begin{pmatrix} 1 & 0.3 & 0.5 \\ 0.3 & 1 & 0.7 \\ 0.5 & 0.7 & 1 \end{pmatrix} (=B), \ C^T = \begin{pmatrix} 2 & 1 & 7 \\ 3 & 2 & 1 \\ 5 & 6 & 9 \\ 4 & 8 & 7 \end{pmatrix}$$

問題 14.2
$$2A+3B = \begin{pmatrix} 2 & 4 & 8 \\ 6 & 12 & 14 \\ 10 & 16 & 18 \end{pmatrix} + \begin{pmatrix} 3 & 0.9 & 1.5 \\ 0.9 & 3 & 2.1 \\ 1.5 & 2.1 & 3 \end{pmatrix} = \begin{pmatrix} 5 & 4.9 & 9.5 \\ 6.9 & 15 & 16.1 \\ 11.5 & 18.1 & 21 \end{pmatrix}$$

$\mathrm{tr}(2A+3B) = 5+15+21 = 41$

$2\mathrm{tr}(A) = 2(1+6+9) = 32$, $3\mathrm{tr}(B) = 3(1+1+1) = 9$

問題 15.1 (1) 6 (2) $e(\boldsymbol{x}) = (2/3, 1/3, 2/3)^T$, $e(\boldsymbol{y}) = (-1/\sqrt{14}, 2/\sqrt{14}, 3/\sqrt{14})^T$ (3) $c=-1.5$ (4) 26

問題 15.2 (1) $AB = \begin{pmatrix} 13 & 0 & -3 \\ -17 & -2 & 14 \\ 28 & 3 & -11 \end{pmatrix}$, $BA = \begin{pmatrix} -19 & 17 & -19 \\ 1 & 2 & 1 \\ 12 & -11 & 17 \end{pmatrix}$

$B^T A^T = \begin{pmatrix} 13 & -17 & 28 \\ 0 & -2 & 3 \\ -3 & 14 & -11 \end{pmatrix}$ $A^T A = \begin{pmatrix} 14 & -13 & 16 \\ -13 & 14 & -13 \\ 16 & -13 & 21 \end{pmatrix}$

$AA^T = \begin{pmatrix} 6 & -7 & 13 \\ -7 & 14 & -16 \\ 13 & -16 & 29 \end{pmatrix}$

(2) (1) の結果より $(AB)^T = B^T A^T$ となる．
(3) $\mathrm{tr}(AB) = 13+(-2)+(-11) = 0$, $\mathrm{tr}(BA) = (-19)+2+17 = 0$
(4) $\mathrm{tr}(A^T A) = \mathrm{tr}(AA^T) = 49$

問題 16.1 (1) 3×3 行列の場合について確認する．
$$\begin{pmatrix} c_1 & 0 & 0 \\ 0 & c_2 & 0 \\ 0 & 0 & c_3 \end{pmatrix} \begin{pmatrix} d_1 & 0 & 0 \\ 0 & d_2 & 0 \\ 0 & 0 & d_3 \end{pmatrix} = \begin{pmatrix} c_1 d_1 & 0 & 0 \\ 0 & c_2 d_2 & 0 \\ 0 & 0 & c_3 d_3 \end{pmatrix}$$
(2) 3×3 上三角行列の場合について確認する．
$$\begin{pmatrix} a_{11} & a_{12} & a_{13} \\ 0 & a_{22} & a_{23} \\ 0 & 0 & a_{33} \end{pmatrix} \begin{pmatrix} b_{11} & b_{12} & b_{13} \\ 0 & b_{22} & b_{23} \\ 0 & 0 & b_{33} \end{pmatrix}$$

$$= \begin{pmatrix} a_{11}b_{11} & a_{11}b_{12}+a_{12}b_{22} & a_{11}b_{13}+a_{12}b_{23}+a_{13}b_{33} \\ 0 & a_{22}b_{22} & a_{22}b_{23}+a_{23}b_{33} \\ 0 & 0 & a_{33}b_{33} \end{pmatrix}$$

問題 16.2 x を任意の q 次元ベクトルとすると, $x^T B^T B x = \|Bx\|^2 \geq 0$ となるから, $B^T B$ は非負定値行列である. BB^T も同様に示すことができる.

問題 17.1 逆行列は存在して次のようになる.
$$A^{-1} = \begin{pmatrix} 1 & -1 & 0 & -1 \\ 0 & 0 & 1 & -1 \\ 0 & -1 & 1 & -1 \\ 0 & 1 & -1 & 2 \end{pmatrix}$$

問題 17.2 行と列に関する基本変形を行うと次のようになる.
$$\begin{pmatrix} 1 & 0 & 0 & 0 \\ 0 & 1 & 0 & 0 \\ 0 & 0 & 0 & 0 \end{pmatrix}$$

問題 18.1 $Ax_1 = a_1 + a_2 + a_3 + a_4$, $Ax_2 = a_1 + 2a_2 + 3a_3 + 4a_4$

問題 18.2 (1) 任意に $x_1, x_2 \in M^\perp$ を選ぶ. 任意の $z \in M$ に対して, $(c_1 x_1 + c_2 x_2)^T z = c_1 x_1^T z + c_2 x_2^T z = 0$ となるから, $c_1 x_1 + c_2 x_2 \in M^\perp$ である. したがって, $M^\perp$ は部分ベクトル空間である.

(2) 任意に $x_1, x_2 \in M_1 \cap M_2$ を選ぶ. $c_1 x_1 + c_2 x_2 \in M_1$ かつ $c_1 x_1 + c_2 x_2 \in M_2$ となるから, $c_1 x_1 + c_2 x_2 \in M_1 \cap M_2$ である. したがって, $M_1 \cap M_2$ は部分ベクトル空間である.

任意に $x_1, x_2 \in M_1 + M_2$ を選ぶ. $x_1 = x_{11} + x_{12}$, $x_2 = x_{21} + x_{22}$, $x_{11}, x_{21} \in M_1$, $x_{12}, x_{22} \in M_2$ である. $c_1 x_1 + c_2 x_2 = (c_1 x_{11} + c_2 x_{21}) + (c_1 x_{12} + c_2 x_{22})$ であり, $c_1 x_{11} + c_2 x_{21} \in M_1$ かつ $c_1 x_{12} + c_2 x_{22} \in M_2$ となる. したがって, $c_1 x_1 + c_2 x_2 \in M_1 + M_2$ であるので, $M_1 + M_2$ は部分ベクトル空間である.

(3) $x \in M_1^\perp \cap M_2^\perp$ とする. すべての $x_1 \in M_1$ に対して $x^T x_1 = 0$, かつ, すべての $x_2 \in M_2$ に対して $x^T x_2 = 0$ だから, $x^T(x_1 + x_2) = 0$ となる. したがって, $x \in (M_1 + M_2)^\perp$ である.

逆に, $x \in (M_1 + M_2)^\perp$ とする. すべての $x_1 \in M_1$ とすべての $x_2 \in M_2$ に対して $x^T(x_1 + x_2) = 0$ となる. ここで, $x_1 = 0$ とおくと $x^T x_2 = 0$ だから $x \in M_2^\perp$ が成り立つ. また, $x_2 = 0$ とおくと $x^T x_1 = 0$ だから $x \in M_1^\perp$ が成り立つ. したがって, $x \in M_1^\perp \cap M_2^\perp$ である.

以上より, $M_1^\perp \cap M_2^\perp = (M_1 + M_2)^\perp$ が成り立つ.

問題 19.1 (1) $\text{rank}(A^T) = 1$, $M(A^T) = \{y : y = c(1, -1, 2)^T\}$, $\dim M(A^T) = 1$ である. $M(A^T)$ は R^3 において原点と点 $(1, -1, 2)$ を通る直線である.

(2) $\text{rank}(A^T) = 2$, $M(A^T) = \{y : y = c_1(1, 1, 3)^T + c_2(2, -1, 3)^T\}$, $\dim M(A^T) = 2$ である. $M(A^T)$ は R^3 においてベクトル $(1, 1, 3)^T$ とベクトル $(2, -1, 3)^T$ が張る平面である.

問題 19.2 任意に $x_1, x_2 \in K(A)$ を選ぶ. $A(c_1 x_1 + c_2 x_2) = c_1 A x_1 + c_2 A x_2 = \mathbf{0}$ となるから, $c_1 x_1 + c_2 x_2 \in K(A)$ である. したがって, $K(A)$ は部分ベクトル空間である.

問題 20.1 (1) 条件 $(2')$ を順次用いて, $|e_1, e_2, e_3| = 1$, $|e_1, e_3, e_2| = -1$ $|e_2, e_1, e_3| = -1$, $|e_2, e_3, e_1| = 1$, $|e_3, e_1, e_2| = 1$, $|e_3, e_2, e_1| = -1$ となる. また, $|e_1, e_1, e_2|$ などのように, 2つ以上の基本ベクトルが同時に現れるとゼロになる.

$$a = ae_1 + a'e_2 + a''e_3, \quad b = be_1 + b'e_2 + b''e_3, \quad c = ce_1 + c'e_2 + c''e_3$$

$$\begin{aligned}
|a, b, c| &= |ae_1 + a'e_2 + a''e_3, be_1 + b'e_2 + b''e_3, ce_1 + c'e_2 + c''e_3| \\
&= ab'c''|e_1, e_2, e_3| + ab''c'|e_1, e_3, e_2| + a'bc''|e_2, e_1, e_3| \\
&\quad + a'b''c|e_2, e_3, e_1| + a''bc'|e_3, e_1, e_2| + a''b'c|e_3, e_2, e_1| \\
&= ab'c'' - ab''c' - a'bc'' + a'b''c + a''bc' - a''b'c
\end{aligned}$$

(2) (1) の場合と同様に, $|a_1, a_2, a_3| = |A|$, $|a_1, a_3, a_2| = -|A|$ $|a_2, a_1, a_3| = -|A|$, $|a_2, a_3, a_1| = |A|$, $|a_3, a_1, a_2| = |A|$, $|a_3, a_2, a_1| = -|A|$ となる. また, $|a_1, a_1, a_2|$ などのように, 2つ以上の同じベクトルが同時に現れるとゼロになる.

$$A = \begin{pmatrix} a_{11} & a_{12} & a_{13} \\ a_{21} & a_{22} & a_{23} \\ a_{31} & a_{32} & a_{33} \end{pmatrix} = (a_1, a_2, a_3), \quad B = \begin{pmatrix} b_{11} & b_{12} & b_{13} \\ b_{21} & b_{22} & b_{23} \\ b_{31} & b_{32} & b_{33} \end{pmatrix} = (b_1, b_2, b_3)$$

$$\begin{aligned}
|AB| &= |Ab_1, Ab_2, Ab_3| \\
&= |b_{11} a_1 + b_{21} a_2 + b_{31} a_3, b_{12} a_1 + b_{22} a_2 + b_{32} a_3, b_{13} a_1 + b_{23} a_2 + b_{33} a_3| \\
&= b_{11} b_{22} b_{33} |a_1, a_2, a_3| + b_{11} b_{32} b_{23} |a_1, a_3, a_2| + b_{21} b_{12} b_{33} |a_2, a_1, a_3| \\
&\quad + b_{21} b_{32} b_{13} |a_2, a_3, a_1| + b_{31} b_{12} b_{23} |a_3, a_1, a_2| + b_{31} b_{22} b_{13} |a_3, a_2, a_1| \\
&= |A|(b_{11} b_{22} b_{33} - b_{11} b_{32} b_{23} - b_{21} b_{12} b_{33} + b_{21} b_{32} b_{13} + b_{31} b_{12} b_{23} - b_{31} b_{22} b_{13}) \\
&= |A||B|
\end{aligned}$$

問題 20.2 $|A| = 2$

$$\Delta = \begin{pmatrix} 0 & -1 & 0 \\ 2 & 1 & 0 \\ -2 & -1 & 2 \end{pmatrix}, \quad A^{-1} = \frac{1}{|A|} \Delta = \begin{pmatrix} 0 & -1/2 & 0 \\ 1 & 1/2 & 0 \\ -1 & -1/2 & 1 \end{pmatrix}$$

問題 21.1 (1)

$$P_M = \begin{pmatrix} 1 & 0 & 0 \\ 0 & 1 & 0 \\ 0 & 0 & 0 \end{pmatrix}, \quad P_{M^\perp} = I_3 - P_M = \begin{pmatrix} 0 & 0 & 0 \\ 0 & 0 & 0 \\ 0 & 0 & 1 \end{pmatrix}$$

(2)

$$P_M = \frac{1}{3} \begin{pmatrix} 2 & 1 & 1 \\ 1 & 2 & -1 \\ 1 & -1 & 2 \end{pmatrix}, \quad P_{M^\perp} = I_3 - P_M = \frac{1}{3} \begin{pmatrix} 1 & -1 & -1 \\ -1 & 1 & 1 \\ -1 & 1 & 1 \end{pmatrix}$$

問題 21.2 $P_M^2 = P_M$ だから, $P_M P_{M^\perp} = P_M(I_p - P_M) = P_M - P_M^2 = P_M - P_M =$

O となる．$P_{M^\perp}P_M = O$ も同様である．

問題 22.1 A の固有値 $\lambda = 1$ の固有ベクトルは $(1,0)^T$，固有値 $\lambda_2 = 2$ の固有ベクトルは $(1/\sqrt{2}, 1/\sqrt{2})^T$ である．$\lambda_1 + \lambda_2 = 1 + 2 = 3 = \mathrm{tr}(A)$, $\lambda_1 \lambda_2 = 2 = |A|$ となる．

$A^{-1} = \begin{pmatrix} 1 & -1/2 \\ 0 & 1/2 \end{pmatrix}$ の固有値 $\lambda'_1 = 1$ の固有ベクトルは $(1,0)^T$，固有値 $\lambda'_2 = 1/2$ の固有ベクトルは $(1/\sqrt{2}, 1/\sqrt{2})^T$ である．

$$P^{-1}AP = \begin{pmatrix} 1 & 1/\sqrt{2} \\ 0 & 1/\sqrt{2} \end{pmatrix}^{-1} \begin{pmatrix} 1 & 1 \\ 0 & 2 \end{pmatrix} \begin{pmatrix} 1 & 1/\sqrt{2} \\ 0 & 1/\sqrt{2} \end{pmatrix} = \begin{pmatrix} 1 & 0 \\ 0 & 2 \end{pmatrix}$$

$$\Longrightarrow P^{-1}A^n P = \begin{pmatrix} 1^n & 0 \\ 0 & 2^n \end{pmatrix}$$

$$\Longrightarrow A^n = P \begin{pmatrix} 1^n & 0 \\ 0 & 2^n \end{pmatrix} P^{-1} = \begin{pmatrix} 1 & 2^n - 1 \\ 0 & 2^n \end{pmatrix}$$

問題 22.2 B の固有方程式は $-(\lambda-2)^2(\lambda+2) = 0$ だから，固有値は $\lambda_1 = 2$ (重根), $\lambda_2 = -2$．$\lambda_1 = 2$ に対して 1 次独立な 2 つの固有ベクトル $(1/\sqrt{2}, 0, 1/\sqrt{2})^T$, $(0, 1, 0)^T$ が存在する．$\lambda_2 = -2$ の固有ベクトルは $(1/\sqrt{2}, 0, -1/\sqrt{2})^T$ である．これら 3 つの固有ベクトルは 1 次独立なので対角化可能である．

C の固有方程式は $-(\lambda-1)^3 = 0$ だから，固有値は $\lambda = 1$ (3 重根) である．$\lambda = 1$ に対して 1 次独立な固有ベクトルは $(1,0,0)^T$, $(0,0,1)^T$ の 2 つしか存在しない．したがって，対角化可能ではない．

問題 23.1 固有値 $\lambda_1 = 3, \lambda_2 = 1, \lambda_3 = -1$ のそれぞれに対して，長さ 1 の固有ベクトルは $\boldsymbol{w}_1 = (1/\sqrt{2}, 0, 1/\sqrt{2})^T$, $\boldsymbol{w}_2 = (0, 1, 0)^T$, $\boldsymbol{w}_3 = (1/\sqrt{2}, 0, -1/\sqrt{2})^T$ である．

問題 23.2 問題 23.1 より

$$W = (\boldsymbol{w}_1, \boldsymbol{w}_2, \boldsymbol{w}_3) = \begin{pmatrix} 1/\sqrt{2} & 0 & 1/\sqrt{2} \\ 0 & 1 & 0 \\ 1/\sqrt{2} & 0 & -1/\sqrt{2} \end{pmatrix}$$

となる．これより，次式を得る．

$$W^T A W = \Lambda = \begin{pmatrix} 3 & 0 & 0 \\ 0 & 1 & 0 \\ 0 & 0 & -1 \end{pmatrix}$$

$$A = 3 \begin{pmatrix} 1/\sqrt{2} \\ 0 \\ 1/\sqrt{2} \end{pmatrix} (1/\sqrt{2}, 0, 1/\sqrt{2}) + 1 \begin{pmatrix} 0 \\ 1 \\ 0 \end{pmatrix} (0, 1, 0)$$

$$+ (-1) \begin{pmatrix} 1/\sqrt{2} \\ 0 \\ -1/\sqrt{2} \end{pmatrix} (1/\sqrt{2}, 0, -1/\sqrt{2})$$

$$= 3 \begin{pmatrix} 1/2 & 0 & 1/2 \\ 0 & 0 & 0 \\ 1/2 & 0 & 1/2 \end{pmatrix} + 1 \begin{pmatrix} 0 & 0 & 0 \\ 0 & 1 & 0 \\ 0 & 0 & 0 \end{pmatrix} + (-1) \begin{pmatrix} 1/2 & 0 & -1/2 \\ 0 & 0 & 0 \\ -1/2 & 0 & 1/2 \end{pmatrix}$$

$$A^{-1} = \frac{1}{3}\begin{pmatrix} 1/2 & 0 & 1/2 \\ 0 & 0 & 0 \\ 1/2 & 0 & 1/2 \end{pmatrix} + \frac{1}{1}\begin{pmatrix} 0 & 0 & 0 \\ 0 & 1 & 0 \\ 0 & 0 & 0 \end{pmatrix} + \frac{1}{(-1)}\begin{pmatrix} 1/2 & 0 & -1/2 \\ 0 & 0 & 0 \\ -1/2 & 0 & 1/2 \end{pmatrix}$$

$$= \frac{1}{3}\begin{pmatrix} -1 & 0 & 2 \\ 0 & 3 & 0 \\ 2 & 0 & -1 \end{pmatrix}$$

問題 24.1 (1) 次式の両辺の行列式を考えればよい．

$$\begin{pmatrix} AB & AD \\ CB & CD \end{pmatrix} = \begin{pmatrix} A & O \\ C & O \end{pmatrix}\begin{pmatrix} B & D \\ O & O \end{pmatrix}$$

(2) 第 $p+j$ 列を第 j 列に加える（$j=1,2,\cdots,p$）．このような操作を行っても行列式は変化しない．次に，第 i 行の -1 倍を第 $p+i$ 行に加える（$i=1,2,\cdots,p$）．やはり，このような操作を行っても行列式は変化しない．そして (24.23) 式より次式が成り立つ．

$$\begin{vmatrix} A & B \\ B & A \end{vmatrix} = \begin{vmatrix} A+B & B \\ B+A & A \end{vmatrix} = \begin{vmatrix} A+B & B \\ O & A-B \end{vmatrix} = |A+B||A-B|$$

問題 24.2 (1) 次式の両辺の行列式を考えればよい．

$$\begin{pmatrix} A & B \\ C & D \end{pmatrix} = \begin{pmatrix} I_p & B \\ O & D \end{pmatrix}\begin{pmatrix} A - BD^{-1}C & O \\ D^{-1}C & I_q \end{pmatrix}$$

(2) 固有方程式は次のようになるから題意を得る．

$$|X - \lambda I_{p+q}| = \begin{vmatrix} A - \lambda I_p & B \\ O & D - \lambda I_q \end{vmatrix} = |A - \lambda I_p||D - \lambda I_q| = 0$$

問題 25.1 $f_x = -e^{-x}y^2 + y^3$, $f_{xx} = e^{-x}y^2$, $f_{xy} = -2e^{-x}y + 3y^2$, $f_y = 2e^{-x}y + 3xy^2$, $f_{yx} = -2e^{-x}y + 3y^2$, $f_{yy} = 2e^{-x} + 6xy$

問題 25.2 $z - (4e^{-1} + 8) = (-4e^{-1} + 8)(x-1) + (4e^{-1} + 12)(y-2)$

問題 26.1 $h = x - a$, $k = y - b$ とおく．

$$(x-a, y-b)\begin{pmatrix} f_{xx}(a,b) & f_{xy}(a,b) \\ f_{xy}(a,b) & f_{yy}(a,b) \end{pmatrix}\begin{pmatrix} x-a \\ y-b \end{pmatrix} = (h,k)\begin{pmatrix} A & B \\ B & C \end{pmatrix}\begin{pmatrix} h \\ k \end{pmatrix}$$

$$= Ah^2 + 2Bhk + Ck^2 = A\left(h + \frac{B}{A}k\right)^2 + \frac{1}{A}(AC - B^2)k^2$$

これより，判定方法 2 の (1) と (2) が成り立つ．

判定方法 (3) は，$AC - B^2$ はヘッセ行列の行列式であり，これが負なら，2 つの固有値の符号が異なるので，判定方法 1 の (3) が成り立つことによる．

問題 26.2 (1) $f_x = 3x^2 + y^2 + 4x = 0$, $f_y = 2xy + 2y = 0$ の解を求めると $(x, y) = (0, 0)$, $(-4/3, 0)$, $(-1, 1)$, $(-1, -1)$ となる．$f_{xx} = 6x + 4$, $f_{xy} = 2y$, $f_{yy} = 2x + 2$ となる．

$(0, 0)$ では，$A = 4 > 0$, $B = 0$, $C = 2$ より $AC > B^2$ となるから極小になる．$(-4/3, 0)$ では，$A = -4 < 0$, $B = 0$, $C = -2/3$ より $AC > B^2$ となるから極大になる．$(-1, 1)$ では，$A = -2$, $B = 2$, $C = 0$ より $AC < B^2$ となるから鞍点をとる．$(-1, -1)$ では，

$A=-2$, $B=-2$, $C=0$ より $AC<B^2$ となるから鞍点をとる．
(2) $f_x=4x-2y-2=0$, $f_y=-2x+2y-2=0$ を解くと $(x,y)=(2,3)$ となる．$f_{xx}=4$, $f_{xy}=-2$, $f_{yy}=2$ となる．$A=4>0$, $B=-2$, $C=2$ より $AC>B^2$ となるから $(2,3)$ で最小になる．

問題 27.1 例 27.2 と同様に考えて，$\boldsymbol{x}^T A\boldsymbol{x}$ の最大値は A の最大固有値，$\boldsymbol{x}^T A\boldsymbol{x}$ の最小値は A の最小固有値になる．実際に，A の固有値を求めると

$$\begin{vmatrix} 1-\lambda & 0 & 1 \\ 0 & 1-\lambda & 0 \\ 1 & 0 & 1-\lambda \end{vmatrix} = -\lambda(\lambda-1)(\lambda-2)=0$$

となるから，最大値は 2，最小値は 0 である．

問題 27.2 $F(\boldsymbol{x};\lambda)=\boldsymbol{x}^T A\boldsymbol{x}-\lambda(\boldsymbol{x}^T B\boldsymbol{x}-1)$ とおいて，$\boldsymbol{x}$ で偏微分してゼロベクトルに等しいとおく．

$$\frac{\partial F}{\partial \boldsymbol{x}}(\boldsymbol{x};\lambda) = 2A\boldsymbol{x}-2\lambda B\boldsymbol{x} = \boldsymbol{0}$$

これより，$B^{-1}A\boldsymbol{x}=\lambda\boldsymbol{x}$ であり，行列 $B^{-1}A$ の固有値・固有ベクトルを求める問題になる．この両辺に $\boldsymbol{x}^T B$ を左から掛けると，$\boldsymbol{x}^T A\boldsymbol{x}=\lambda\boldsymbol{x}^T B\boldsymbol{x}=\lambda$ となるから，$\boldsymbol{x}^T A\boldsymbol{x}$ の極値 (最大値と最小値) は $B^{-1}A$ の最大固有値および最小固有値に対応する．また，それらを与える点 $\boldsymbol{x}$ は $\boldsymbol{x}^T B\boldsymbol{x}=1$ となるように長さを調整した固有ベクトルに対応する．

問題 28.1 (1) $20/3$ (2) $\dfrac{1}{2}(-e^{-3}+e^{-2})$

問題 28.2 $\displaystyle\iint_D f(x,y)dxdy = \int_0^1\left\{\int_0^{1-x} xy\,dy\right\}dx = \int_0^1 \frac{x(1-x)^2}{2}dx = \frac{1}{24}$

問題 29.1 平行四辺形の半分の三角形の面積 S を求める．台形と長方形をあわせた面積から 2 つの三角形の面積を引く．

$$S = \frac{1}{2}(a+b)(d-c)+ac-\frac{1}{2}ac-\frac{1}{2}bd = \frac{1}{2}(ad-bc)$$

したがって，平行四辺形の面積は $2S=ad-bc$ である．

問題 29.2 $x=r\cos\theta$, $y=r\sin\theta$ と変換する．$r:0\to a$, $\theta:0\to 2\pi$, $J=r$ となる．

$$\int_0^{2\pi}\left\{\int_0^a \frac{1}{\sqrt{a^2-r^2}}r\,dr\right\}d\theta = \int_0^{2\pi}\left[-\sqrt{a^2-r^2}\right]_0^a d\theta = \int_0^{2\pi} a\,d\theta = 2\pi a$$

問題 30.1 $E(\boldsymbol{x}^T\boldsymbol{a})=E(x_1a_1+x_2a_2)=E(a_1x_1+a_2x_2)$ となるから，残りの等号は (30.6) 式より成り立つ．

問題 30.2

$$\begin{aligned}
E(AX) &= \begin{pmatrix} E(a_{11}x_{11}+a_{12}x_{21}) & E(a_{11}x_{12}+a_{12}x_{22}) \\ E(a_{21}x_{11}+a_{22}x_{21}) & E(a_{21}x_{12}+a_{22}x_{22}) \end{pmatrix} \\
&= \begin{pmatrix} a_{11}E(x_{11})+a_{12}E(x_{21}) & a_{11}E(x_{12})+a_{12}E(x_{22}) \\ a_{21}E(x_{11})+a_{22}E(x_{21}) & a_{21}E(x_{12})+a_{22}E(x_{22}) \end{pmatrix} \\
&= AE(X)
\end{aligned}$$

索　引

ア　行

アダマールの不等式　127, 131
鞍点　170

1次結合　112
1次従属　113
1次独立　112
一様分布　61, 66
一般化分散　131
一般項　11, 12, 17, 18
陰関数の定理　175
因数分解　9

上三角行列　102
上に凹　39
上に凸　39
上に有界　22

n 次導関数　36
F 分布　73
MSE　73

カ　行

回帰モデル　43
開区間　7
開集合　7
階乗　16
階数　118
外生変数　90
χ^2 分布　72, 83
下界　22
核　120
角　91, 96
確率関数　19
確率変数　19
確率密度関数　40, 60, 191
掛け算　92
下限　22, 58
加減　151
型　87
ガンマ関数　69, 83, 190

ガンマ分布　71, 191
幾何分布　13
奇関数　63
期待値　19, 53, 65, 83, 185, 198
基底　114
基本行列　106, 124
　——の逆行列　108
基本ベクトル　112, 126
基本変形（行列の）　106
　行に関する——　106
　列に関する——　106
逆関数の微分法　32
逆行列　98, 108, 152
逆正弦変換　54
共分散　186
行ベクトル　86
共役複素数　3
行列式　125, 154
　——の展開　129
極限　22
極限値　22
極座標変換　189
極小　37
極小値　37, 169
極大　37
極大値　37, 169
極値　37, 169
虚数　3
虚部　3
寄与率　149

偶関数　62
空集合　6
矩形領域　7, 180
組合せ　16
グラム・シュミットの直交化法　115

元　6
原始関数　50

高階導関数　36
広義積分　56, 79
高次導関数　36
合成関数　166, 177
　——の微分法　32, 166
合成変数　149
コーシー・シュワルツの不等式　10
コーシーの平均値の定理　35
コーシー分布　84
固有値　139, 144
固有ベクトル　139, 144
固有方程式　139

サ　行

差　7
最小値　163
最小2乗推定量　177, 197
最小2乗法　43, 172
最大値　38, 163
最尤推定量　14, 38, 165
三角行列　102, 127
三角不等式　93
残差平方和　43, 136, 177

次元　114
　——の公式　121
指数　4
指数関数　5, 25
指数分布　43, 61, 66, 71
指数法則　4
自然数の累乗　11
自然対数　4
　——の底　4, 25
下三角行列　102
下に凹　39
下に凸　39
下に有界　22
質的変数　90
実部　3
射影　133
射影行列　134, 137
写像　118

重回帰分析　136, 197
重回帰モデル　136, 177, 197
集合　6
重積分　180
収束する　22
収束半径　46
周辺確率密度関数　185
主成分分析　149, 177
シュミットの直交化法　115
主要部　48
シュワルツの不等式　10
準多重共線性　131
順列　16
上界　22
上限　22, 58
条件付き確率密度関数　155, 185
条件付き極値問題　174
乗法　92
常用対数　4
剰余項　44, 167
シンプソンの公式　77

スカラー　86
スカラー倍　88
スペクトル分解　145, 149
スモール・オーダー　27

正確多重共線性　131
正規分布　40, 61, 66, 73, 84, 165
正則　98
正定値行列　103, 105, 127, 146, 171
成分　87
正方行列　87
積　13, 92, 151
積集合　7
積分区間　55, 62
積分定数　50
積分領域　180
絶対収束　81
接平面　164
説明変数　90, 136
ゼロ行列　89
ゼロベクトル　89
漸近展開　47, 49

相関係数　14, 96
相関係数行列　97, 104

増減　37

タ 行

第 i 成分　86
第 i 要素　86
第 1 主成分　149, 177
対角化　141, 145
対角化可能　141
対角行列　101, 127
対角成分　89, 101
台形公式　75
対称行列　100, 135, 144
対数　4
対数関数　5
対数変換　38, 54
対数尤度関数　15, 165
対数尤度方程式　165
第 2 主成分　149, 178
多項定理　18
多項分布　18
多重共線性　131
縦ベクトル　86
多変量解析法　90
多変量正規分布　155
多変量データ　90
単位行列　98
単位ベクトル　91
単回帰モデル　172

値域　118
チェインルール　166
置換積分　52, 64
超幾何分布　20
直交　91, 100, 115
直交行列　99, 127
直交補空間　117, 121, 134, 138

底　4
———の変換公式　5
定積分　55
———の基本的性質　57
テイラー級数　45
テイラー展開　45, 53, 188
テイラーの公式　44, 167
デルタ法　53
展開 (行列式の)　129
　行による———　129
　列による———　129
転置　86

転置行列　87
導関数　31
等差数列　11
同時確率密度関数　165, 184, 191, 194
同時累積分布関数　165
等比数列　12
特異値　148
特異値分解　148
独立　185, 192
トレース　89, 196

ナ 行

内生変数　90
内積　91, 173
長さ　91
なめらかな関数　30

2 階の偏導関数　161
2 項定理　17
2 項分布　18, 38, 54
2 次関数　3
2 次形式　95, 100, 103, 104, 173, 201
2 次導関数　36
2 次の偏導関数　161
2 次方程式　2
2 変量正規分布　192
ニュートンの方法　41

ハ 行

倍率調整　188
発散　22
張る空間　114, 133
張る部分ベクトル空間　137
半開区間　7
判別式　3

被積分関数　50
左側連続　24
非復元抽出　21
非負値定行列　103, 146, 199
微分　30, 163
———の基本的性質　31
微分可能　30, 163
微分係数　30
微分公式　33
微分積分法の基本定理　59, 62

標準化　105
標準基底　114
標準正規分布　67, 189
標本共分散　97
標本相関係数　97
標本分散　97

復元抽出　21
複素数　3
不定積分　50
負定値行列　103, 171
負の2項分布　47
部分集合　6
部分積分　52, 62
不偏推定量　73, 198
フルランク　124
分割行列　151, 198
分散　13, 19, 53, 65
分散共分散行列　97, 104, 195, 198

平均　13
平均値の定理　35, 168
平均2乗誤差　73
平均ベクトル　194
閉区間　7
平方完成　2
平方根　102
平方根変換　54
平方和　13, 96
べき等行列　102, 135, 143
ベクトル空間　114
ベクトルによる偏微分　173
ベータ関数　70, 83, 190
ベータ分布　72, 191
ヘッセ行列　168
変曲点　39
偏差積和　14, 96

変数選択　201
変数変換　64, 187, 191, 192
偏導関数　160
偏微分　160
偏微分可能　160
変量　90

ポアソン分布　29, 43, 49
補集合　6
母不良率　54

マ 行

マクローリン級数　45
マクローリン展開　45
交わり　7
マハラノビスの距離　105

右側連続　24, 29

無限集合　6
無限小　26
　高位の——　27
　同位の——　27
無限大　28
無限和　12
結び　6

面積　55

目的変数　90, 136
モデル選択　197

ヤ 行

ヤコビアン　187

有界集合　7
有界閉集合　163
有限集合　6

有限修正係数　21
尤度関数　14, 165
尤度方程式　165
ユークリッドの距離　105

余因子　129
余因子行列　130
要素　6, 87
横ベクトル　86

ラ 行

ラグランジュ乗数　175
ラグランジュ乗数法　174
ラージ・オーダー　27
ランク　118
　——の性質　122
ランク落ち　124
ランダウの記号　27

離散型確率変数　19
量的変数　90

累積分布関数　28, 60, 78

列ベクトル　86
連鎖率　166
連続　23, 162
連続型確率変数　60, 184, 185, 191, 194
連続関数　23, 163

ロピタルの定理　26, 36
ロルの定理　34

ワ 行

和　8
和空間　117
和集合　6

著者略歴

永田　靖（ながた　やすし）

1957 年　大阪府に生まれる
1985 年　大阪大学大学院基礎工学研究科博士後期課程修了
現　在　早稲田大学創造理工学部経営システム工学科教授
　　　　工学博士

著　書
『入門統計解析法』（日科技連出版社，1992 年）
『統計的方法のしくみ』（日科技連出版社，1996 年）
『統計的多重比較法の基礎』（共著，サイエンティスト社，1997 年）
『グラフィカルモデリングの実際』（共著，日科技連出版社，1999 年）
『入門実験計画法』（日科技連出版社，2000 年）
『多変量解析法入門』（共著，サイエンス社，2001 年）
『SQC 教育改革』（日科技連出版社，2002 年）
『サンプルサイズの決め方』（朝倉書店，2003 年）

科学のことばとしての数学

統計学のための数学入門 30 講

定価はカバーに表示

2005 年 3 月 25 日　初版第 1 刷
2017 年 2 月 10 日　　　第 14 刷

著　者　永　田　　　靖
発行者　朝　倉　誠　造
発行所　株式会社 朝 倉 書 店
　　　　東京都新宿区新小川町6-29
　　　　郵便番号　162-8707
　　　　電話　03 (3260) 0141
　　　　FAX　03 (3260) 0180
　　　　http://www.asakura.co.jp

〈検印省略〉

© 2005 〈無断複写・転載を禁ず〉

東京書籍印刷・渡辺製本

ISBN 978-4-254-11633-5　C 3341

Printed in Japan

JCOPY 〈(社)出版者著作権管理機構 委託出版物〉

本書の無断複写は著作権法上での例外を除き禁じられています．複写される場合は，そのつど事前に，(社)出版者著作権管理機構（電話 03-3513-6969，FAX 03-3513-6979，e-mail: info@jcopy.or.jp）の許諾を得てください．